高职高专“十二五”规划教材

计算机专业系列

Premiere Pro CS4
视频编辑案例实训教程

主　编　陈久健

副主编　谢建梅　陈訸玮

南京大学出版社

内容简介

本书通过非线性视频编辑基础、Premiere Pro CS4 入门与提高实训和 Premiere Pro CS4 综合实训三大环节，全面介绍了 Premiere Pro CS4 主要功能和视频创意设计技巧，并循序渐进地安排了一系列行之有效的实训项目。

"非线性视频编辑基础"部分主要介绍了视频编辑理论基础知识、素材的管理、视频素材的编辑、三点四点编辑、视频编辑工具介绍等，较全面介绍了非线性视频编辑的基础知识和基本操作。

"入门与提高实训"部分精心安排了 27 个实训项目，涵盖了 Premiere Pro CS4 的主要功能。本部分通过"任务驱动"和"模拟实战"的方式，引导学生逐步熟悉软件功能，从而进入更高层次的学习。每个实训项目具有很强的针对性、实用性和可操作性。

"综合实训"部分安排了 3 个案例，通过详细的分析和制作过程讲解，引导读者将软件功能和实际应用紧密结合起来，启发读者逐步掌握 Premiere Pro CS4 设计实用作品的技能，拓展创作影视作品的思维。

本案例教程侧重实用性，以"任务驱动＋模拟实战"的结构方式构建内容，使学习者在案例制作过程中轻松掌握软件的操作和原理。本书适合作为各级、各类高职院校和社会短训班的教材，同时也是影音设计爱好者相当实用的自学读物。

图书在版编目(CIP)数据

Premiere Pro CS4 视频编辑案例实训教程 / 陈久健主编. —南京：南京大学出版社，2013.7

高职高专"十二五"规划教材. 计算机专业系列

ISBN 978-7-305-11796-1

Ⅰ. ①P… Ⅱ. ①陈… Ⅲ. ①视频编辑软件－高等职业教育－教材 Ⅳ. ①TN94

中国版本图书馆 CIP 数据核字(2013)第 161817 号

出版发行　南京大学出版社
社　　址　南京市汉口路 22 号　　邮　编 210093
网　　址　http://www.NjupCo.com
出 版 人　左　健

丛 书 名　高职高专"十二五"规划教材·计算机专业系列
书　　名　Premiere Pro CS4 视频编辑案例实训教程
主　　编　陈久健
责任编辑　邱　丹　蔡文彬　　编辑热线 025-83686531

照　　排　江苏南大印刷厂
印　　刷　南京大众新科技印刷有限公司
开　　本　787×1092　1/16　印张 16.75　字数 387 千
版　　次　2013 年 7 月第 1 版　2013 年 7 月第 1 次印刷
ISBN　978-7-305-11796-1
定　　价　34.00 元

发行热线　025-83594756
电子邮件　Press@NjupCo.com
　　　　　Sales@NjupCo.com(市场部)

前　言

Premiere Pro CS4 是由 Adobe 公司开发的影视编辑软件。它功能强大，易学易用，深受广大影视制作和影视后期编辑人员的喜爱，已经成为这一领域最流行的软件之一。目前，我国众多高职院校和本科院校的数字媒体艺术专业和新闻传播专业都将 Premiere Pro CS4 作为一门重要的专业课程。为了高职院校的教师全面、系统地讲授这门课程，我们组织了多位长期从事 Premiere 教学的老师合作编写了本书。

本案例教程注重实用，融视频编辑理论和应用实战技巧为一体，精心挑选和设计了一些典型案例作为实例，力求通过课堂演练，使学生快速掌握软件的应用技巧；通过对软件基础知识的讲解，使学生深入学习软件功能；在学习了基础知识和基本操作后，通过综合实训案例，拓展了学生的实际应用能力。

本书有配套的书中所有案例的素材及部分效果文件。另外，为方便教师教学，本书提供了相应的 PPT 课件、考试大纲等教学资源。本书建议学时为 64 学时，其中实训为 40 学时。各章的参考学时参见表 1。

表 1　学时分配表

章　节	课程内容	学时分配	
		讲授	实训
第一章	非线性编辑基础知识	1	1
第二章	Premiere 基础操作	2	3
第三章	实训 1、实训 2	3	4
	实训 3、实训 4	2	5
第四章	实训 5、实训 6	2	4
	实训 7、实训 8	2	4
	实训 9	2	4
第五章	综合实训 1	3	5
	综合实训 2	4	5
	综合实训 3	3	5
课 时 总 计		24	40

本书由陈久健主编，参加本书编写的作者均为从事视频编辑教学工作的资深教师，有着丰富的教学经验和影视作品编辑经验。全书由陈久健副教授组稿并负责编写主要内

容,陈訸玮老师负责编写第 2 章的全部内容,谢建梅老师负责编写第 4 章的“外挂滤镜特效应用”内容。参加本书编写的还有周培英、章玉斌、裴应胜、江娇媚等,对他们的劳动和协助,在此深表谢意。

本书参考了一些相关同类书籍内容,并使用了网络提供的素材资源,对他们的劳动成果在此亦深表谢意。

本书适合作为各级、各类高职院校和社会短训班的教材,同时也是影音设计爱好者相当实用的自学读物。

由于时间紧迫,加之我们水平有限,书中难免存在错误和不妥之处,敬请广大读者批评指正。

编 者

2013 年 3 月

目　录

第一篇　非线性视频编辑基础

第二篇 Premiere Pro CS4 基础与提高实训

第三篇　Premiere Pro CS4 综合实训

第一篇
非线性视频编辑基础

第1章　非线性编辑基础知识

随着计算机技术的发展，传统的线性磁带编辑方法已基本被淘汰，取而代之的是一种能对原始视频素材的任意部分进行随机存取、修改和剪辑处理的非线性编辑技术。

1.1　线性编辑和非线性编辑

非线性编辑是相对于线性编辑而言的，本书即将介绍的 Premiere 正是一种专业的非线性编辑工具，下面简要介绍非线性编辑的一些基本常识。

1. 线性编辑和非线性编辑简介

传统的影视制作是利用编辑机来完成的，剪辑师先使用放像机从磁带中选取一段需要的素材，将其记录到录像机的磁带中，然后再寻找下一个镜头，接着进行记录工作，直至把所有合适的素材按照节目要求全部顺序记录下来为止。由于磁带上所记录的画面是按顺序存放的，不能在某两个画面之间插入一个镜头，也无法删除某个不需要的镜头，要进行这类操作，就需要将后面的内容重新录制一遍，这种编辑方式称为线性编辑。显然，线性编辑的效率很低。

非线性编辑则是采用计算机图像技术和数字压缩技术将视频、音频素材数字化，存储在计算机的存储介质中，然后对原始素材进行编辑处理，并将最终作品以文件的形式存储到硬盘、光盘或录像带等记录设备上。由于原始素材是被数字化后保存在计算机存储介质上的，所以其信息存储位置是并列和平行的，与原始素材输入到计算机时的先后顺序无关。这样，就能对存储在硬盘上的数字化音频、视频素材进行随意的排列组合，并可进行方便的修改。

2. 非线性编辑系统的特点

随着数字视频技术的日益发展，非线性编辑系统的优势越来越明显，其突出特点如下：

(1) 编辑效率高。传统的线性编辑需要对素材进行反复的审阅比较，才能选择所需的镜头进行编辑组接和特技处理；而在非线性编辑系统中，大量的素材都存储在硬盘上，搜索相当方便、灵活，且编辑精度可以精确到零帧。

(2) 集成度高。非线性编辑系统集编辑、特技、字幕、背景、配音和网上传输功能于一体，全面取代了线性编辑中录像机、切换台、数字特技机、编辑机、多轨录音机、调音台、MIDI 创作、时基校正器等设备。

(3) 便于把握影片的整体结构。具有非线性编辑的特性，如编辑点瞬间即可找到；可以根据需要任意加长或删除画面等，使用十分灵活。

(4) 信号质量高。使用传统的录像带进行编辑时,素材磁带磨损大,每次“翻版”都会造成一定的信号损失。而在非线性编辑系统中,由于系统采用高速硬盘作为存储器,内部全都使用数字信号,因此在系统中进行编辑处理和多带复制时,信号基本不损失。

(5) 运行费用低。非线性编辑系统的编辑效率高,磁鼓的磨损小,极大地降低了制作成本和制作周期;而且由于后期制作设备很少,其投资量也少,要增加功能只需要通过软件的升级就能实现。

(6) 易于网络化。非线性编辑系统可充分利用网络方便地传输数码视频,实现资源共享,还可利用网络上的计算机协同创作。

(7) 使用同一操作环境。非线性编辑系统是在同一操作环境中完成图像、声音、特技、字幕等工作,因此易于学习和掌握。

1.2 非线性编辑系统的构成

非线性编辑系统主要由数字计算机平台、非线性编辑板卡和非线性编辑软件三个部分组成。

1. 数字计算机平台

数字计算机是进行非线性编辑的基本硬件平台,主要分为个人计算机(PC)和苹果机(Mac)两种类型。

早期的非线性编辑系统多采用 Mac 平台。随着微型机技术的发展,非线性编辑的主流平台逐渐转向 PC 下的 Windows 2000 和 Windows XP。

2. 非线性编辑板卡

非线性编辑板卡是进行非线性编辑的核心部件,其主要功能是实现模拟信号与数字信号的互相转换。具体功能一般包括:音/视频的采集、音/视频的压缩、音/视频的回放及部分实时特技的实现。

非线性编辑板卡分为单通道和双通道两种类型。单通道编辑板卡只能处理一层画面,两层以上画面的处理和特技功能由计算机软件来完成,因而不能满足对实时性和复杂画面的处理要求。双通道编辑板卡能够处理两层以上的画面,可以实时完成部分特技功能。

业余条件下,只需一块 IEEE 1394 卡即可。专业级的非线性编辑板卡的功能则要强大得多,比如,Matriox 公司的 Digisuite 系列非线性编辑板卡可以进行五层实时处理,五个通道都可以独立设置多重特技,支持千变万化的特技制作。

3. 非线性编辑软件

非线性编辑软件一般具有编辑、特技处理、动画创作、字幕制作等功能。随着计算机硬件性能的提高,视频编辑处理对专用器件的依赖越来越小,软件的作用则更加突出。常见的非线性编辑软件有 Adobe 的 Premiere、康奈普斯的 Edius、友立的绘声绘影和中科大洋等,它们都具有功能强大的视频编辑、特技处理、音频合成、字幕制作、图像合成和协同工作等功能。

1.3　非线性编辑的主要内容

非线性编辑主要包括素材采集与导入、素材编辑、特技处理、字幕制作和影片输出等基本内容。

1. 素材采集与导入

素材采集是利用 Premiere Pro 等非线性编辑软件，将模拟视频、音频信号转换成数字信号存储到计算机中，或者将外部的数字视频存储到计算机中，成为可以处理的素材。

素材导入则主要是把其他软件处理过的视频、图像、声音等导入到 Premiere Pro 等非线性编辑软件中。

2. 素材编辑

素材编辑是指设置素材的入点与出点，以便选择素材中所需的部分，再按时间顺序组接成新的素材。

3. 特技处理

视频素材的特技处理主要包括转场、特效和合成叠加，音频素材的特技处理主要包括转场和特效。影视作品中的各种特效画面效果，便是通过特技处理来实现的。

4. 字幕制作

字幕是视频作品的重要组成部分，是图像、声音的补充和延伸，可以独立地表情达意。字幕包括文字和图形两个方面。常见的形式有片头字幕、片中字幕、片尾字幕等。

5. 视频输出

视频编辑完成后，可以将其回录到录像带上，也可以生成各种在计算机上播放的视频文件，还可以发布到网上或者刻录成 VCD/DVD 光盘等。

1.4　非线性编辑的常用术语

非线性视频编辑处理涉及一系列专用的概念，下面简单介绍其中最常用的一些术语。

1. 帧

帧(Frame)是传统影视和数字视频中的基本信息单元。任何视频在本质上都是由若干静态画面构成的，每一幅静态的画面即为一个单独的帧。如果按时间顺序放映这些连续的静态画面，图像就会动起来。

提示：人类的视觉存在一个视觉暂留现象，当按 24～30 帧/秒的速度播放静态画面时，就能产生平滑和连续的视频效果。

2. 帧速率

帧速率即每秒钟扫描的帧数。对于 PLA 制式的电视系统，其帧速率为 25 帧/秒；NTSC 制式的电视系统，其帧速率为 30 帧/秒。

3. 采集

视频采集是指将模拟原始素材数字化并将其导入计算机的过程。随着 DV 的普及，

DV 输出的数字信号可以通过 IEEE 1394 接口直接保存到电脑中。

4. 场景/镜头

一个场景也可以称为一个镜头，它是视频作品的基本元素。大多数情况下它是指摄像机一次拍摄的一小段内容。在编辑过程中，常常需要对拍摄的冗长场景进行剪切。

5. 字幕/标题

字幕和标题的英文均为 Title，它泛指在影像中人工加入的所有标志性元素，如文字、图形、照片、标记等。

6. 转场/切换

转场（Transition）是指在两个场景之间添加的过渡效果。例如，最简单的转场是淡入淡出效果。

7. 特效/滤镜

在视频处理中，特效和滤镜两个术语的含义相似。其中，滤镜突出在亮度、色彩、对比度等方面的调整上，而特效则侧重于对影像进行的各种变形和动作效果。

8. 剪辑

剪辑是指影片的原始素材。它可以是一段电影、一幅静止图像或者一个声音文件。

9. 时:分:秒:帧

“时:分:秒:帧”是电影与电视工程师协会规定的，用来描述剪辑持续时间的时间代码标准。比如，时基设定为每秒 30 帧，则持续时间为 00:12:18:15 的剪辑表示动画将播放 12 分 18 秒 5 帧。

10. 压缩

压缩（Compression）是一种用于重组或删除数据以减小剪辑文件容量大小的特殊方法。

11. 电视制式

区分不同视频制式的主要依据有分辨率、场频、载频、信号带宽和彩色信息等。目前，国际通行的彩色电视广播制式有三种，即 NTSC、PAL、SECAM 三种制式。

(1) NTSC 制

正交平衡调幅制——National Television Systems Committee，简称 NTSC 制。采用这种制式的主要国家有美国、加拿大和日本等。这种制式解决了彩色电视和黑白电视兼容的问题，但也存在容易失真、色彩不稳定等缺点。这种制式的帧速率为 29.97 帧/秒，每帧 525 行 262 线，标准分辨率为 720×480。

(2) PAL 制

正交平衡调幅逐行倒相制——Phase Alternative Line，简称 PAL 制。中国、德国、英国和其他一些西北欧国家采用这种制式。这种制式克服了 NTSC 制因相位敏感造成色彩失真的缺点。这种制式帧速率为 25 帧/秒，每帧 625 行 312 线，标准分辨率为 720×576。

(3) SECAM 制

行轮换调频制——Sequential Couleur Avec Memoire，简称 SECAM 制。采用这种制式的有法国、前苏联和东欧一些国家。这种电视制式的特点是不怕干扰、色彩保真度高。这种制式的帧速率为 25 帧/秒，每帧 625 行 312 线，标准分辨率为 720×576。

第 2 章　Premiere Pro CS4 基本操作

在对 Adobe Premiere Pro CS4 的主要工作界面进行了解之后即可开始进行编辑工作。进行编辑工作前首先要收集和准备素材，然后新建项目，最后还要对素材进行编辑。本章将按照编辑影片的工作流程对 Adobe Premiere Pro CS4 的基本操作进行介绍。

2.1　Premiere Pro CS4 的启动

通过双击桌面快捷图标或选择菜单命令打开 Adobe Premiere Pro CS4，启动后会进入启动页面，如图 2－1－1 所示。单击【新建项目】命令将弹出相应的对话框，如图 2－1－2所示。项目(Project)是一种单独的 Premiere 文件，包含了序列以及组成序列的素材(视频片段、音频文件、静态图像以及字幕等)；也存储了关于序列和参考的信息，比如采集设置、切换和音频混合；还包含了所有编辑结果的数据。项目文件的后缀名是“. prproj”。

＊ 注意：项目文件应存放在一个同名的文件夹中。

图 2－1－1　启动页面

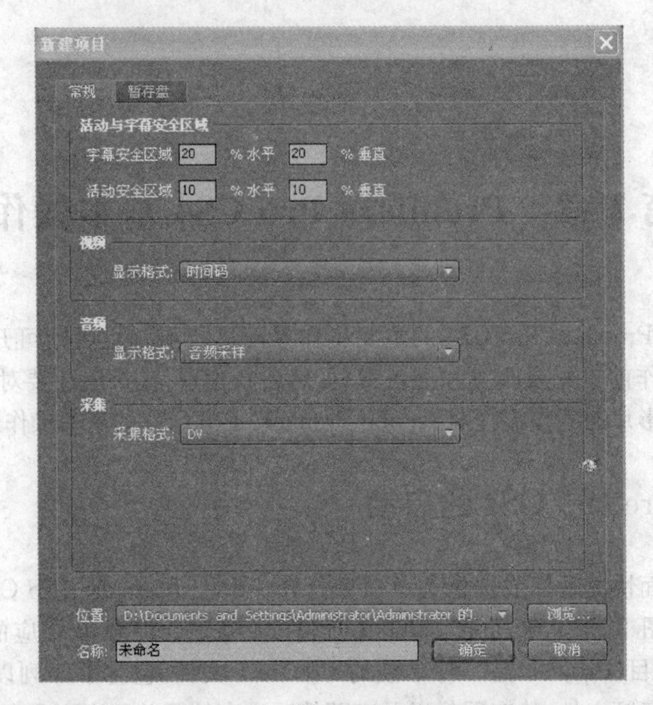

图 2-1-2 “新建项目”对话框

根据需要选择视频、音频编辑的方法，一般情况下多选择“时间线方式”和“音频样本方式”，视频捕获方式默认为“DV 方式”，最后输入项目要保存的“地址”和“项目名称”，单击【确定】按钮进入【新建序列】对话框，如图 2-1-3 所示。

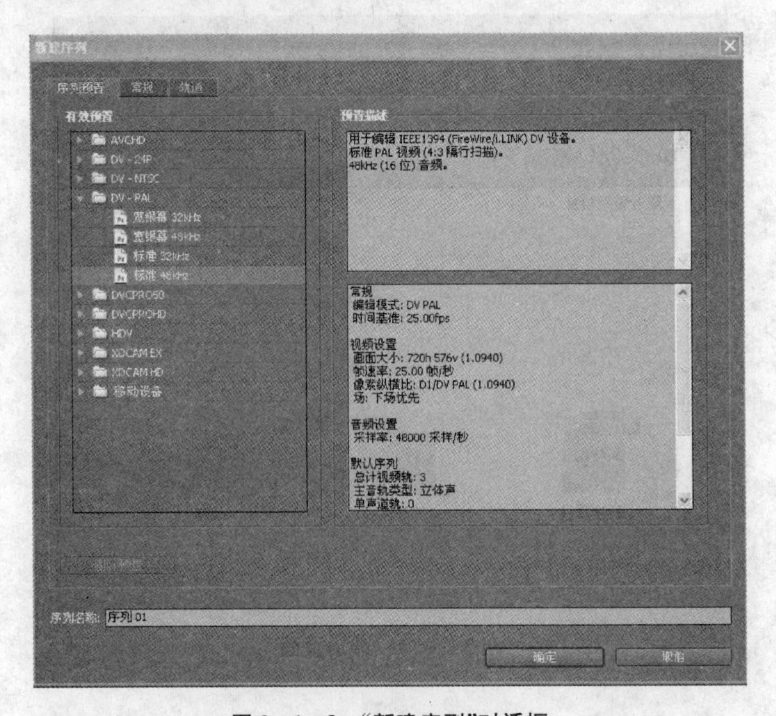

图 2-1-3 “新建序列”对话框

在【新建序列】对话框中选择模式，由于我国采用的是“DV - PAL”制式，一般来说，在新建项目时大多选择 DV - PAL 制中的“标准 48 kHz”模式。用户还可以单击【常规】选项卡对更详细的内容进行自定义设置，如图 2 - 1 - 4 所示。

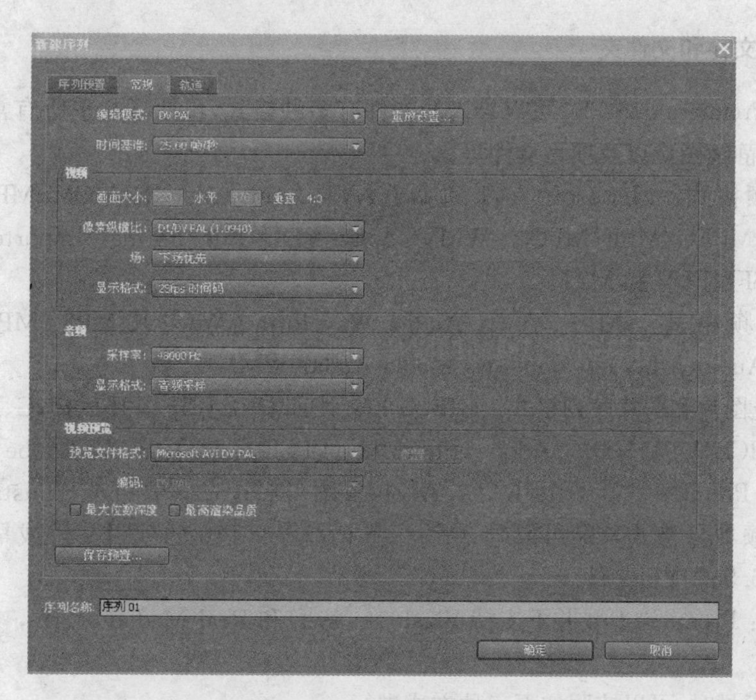

图 2 - 1 - 4　“常规”选项卡

单击【确定】进入 Adobe Premiere Pro CS4 的项目工作窗口，如图 2 - 1 - 5 所示，该窗口由项目窗口、时间线窗口、工具栏、监视器窗口、字幕编辑器窗口、特效面板等构成。

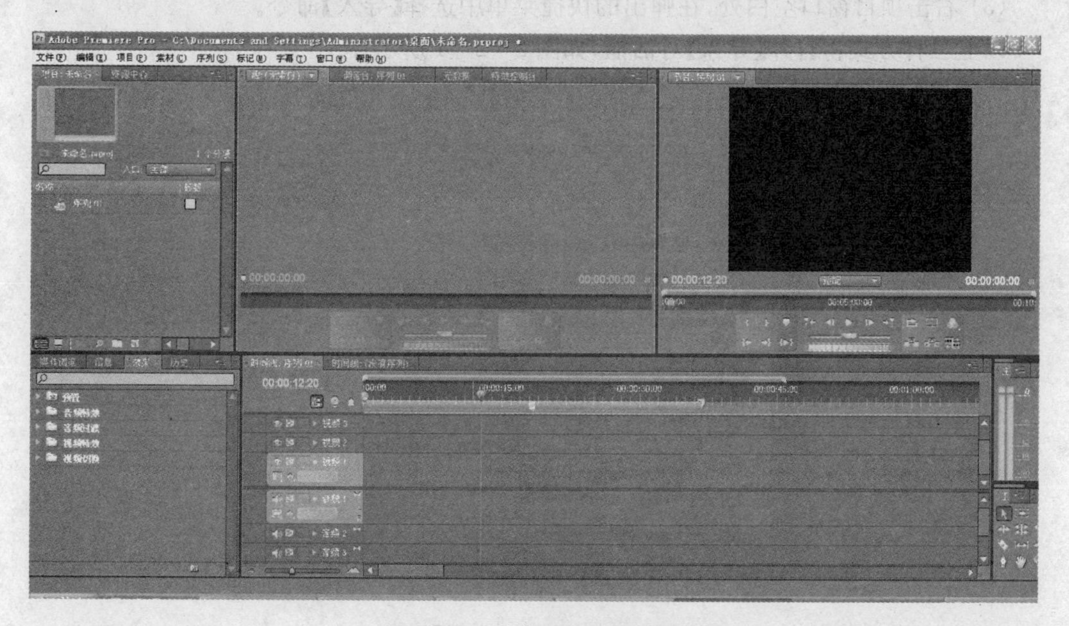

图 2 - 1 - 5　“项目工作”窗口

2.2 素材管理

2.2.1 导入文件和文件夹

Adobe Premiere Pro CS4 可以导入的文件有多种格式,包括了几乎所有常用格式的视频、音频和静帧图像以及项目文件等。

(1) 视频格式。Microsoft AVI 和 DV AVI、Animated GIF、MOV、MPEG - 1 和 MPEG - 2(MPEG/MPE/MPG)、WMV、Sony VDU File Format Importer(DLX)、Netshow(ASF)、FLV 和 M2T。

(2) 音频格式。AIFF、AVI、Audio Waveform(WAV)、MP3、MPEG/MPG、QuickTime Audio(MOV)和 Windows Media Audio(WMA)。

(3) 静止图片和图片序列格式。GIF、JPEG/JPE/JPG/JFIF、TIFF、PNG、BMP/DIB/RLE、TGA/ICB/VST/VDA、Adobe Photoshop(PSD)、ICO、PCX、Adobe Illustrator(AI)、Adobe Premiere 6.0 Title(PTL)、Adobe Title Designer(PRTL)、Filmstrip(FLM)。

(4) 视频项目格式。即可以导入另一个 Premiere Pro 的项目文件或早期版本如 CS3、6.0 或 6.5 的项目文件。

* 注意:Premiere Pro 并不支持 Flash(*.swf)和 Real Media(*.rm,*.rmvb)格式的文件。

在导入素材时,可以按照如下三种方式进行:

(1) 选择文件菜单中的【导入】命令;

(2) 双击项目窗口的空白处;

(3) 右击项目窗口空白处,在弹出的快捷菜单中选择【导入】命令。

以上三种方式将打开【导入】对话框,如图 2-2-1 所示。

图 2-2-1 "导入"对话框

在默认情况下，Adobe Premiere Pro CS4 的【导入】对话框显示的是所有支持类型的素材，为了快速定位导入的某一类型的文件，可以在【文件类型】下拉列表框中选择某类素材类型后再导入，例如，如果选择的素材类型为“. avi”格式，那么其他格式的素材将全部被隐藏。

在选择文件时如果要选择多个文件，可以按住“Shift 键”实现连续选择；如果是非连续的文件，可以按住“Ctrl 键”实现间断式选择，被选中的文件都会出现在项目窗口中。

如果导入的素材是一个文件夹，则在选中该文件夹或打开该文件夹后单击【导入文件夹】按钮。

2.2.2　导入序列图片

如果要导入的素材是一系列静帧图片，可以选中序列静帧图片的第一张，同时勾选【导入】对话框下方的【序列图像】复选框，则从选中的静帧图片开始到序列的最后一张静帧图片将全部被导入项目面板，如图 2-2-2 所示。

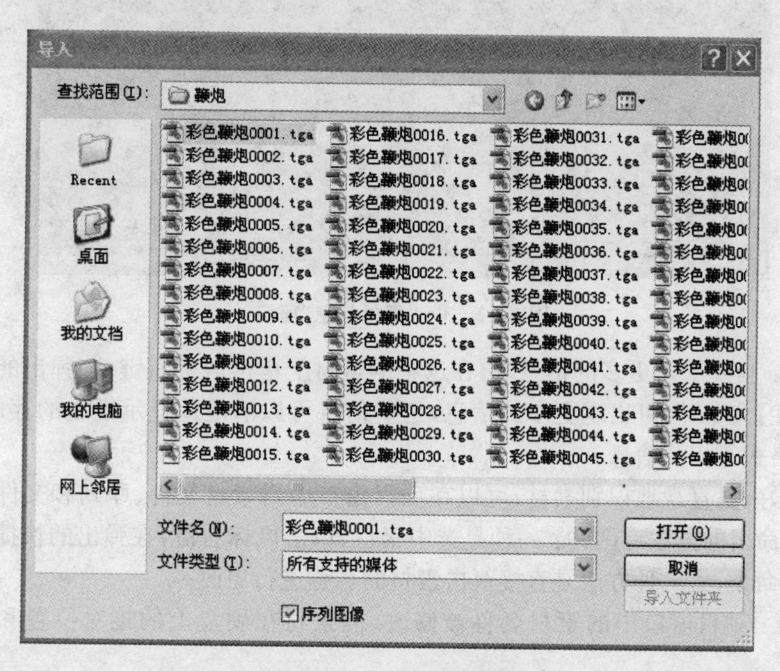

图 2-2-2　导入序列图片

导入静帧序列在非线性编辑中比较常见，因为序列文件一般是为了保存图像的通道信息而输出的，这些带有统一编号的静帧图片作为序列文件保存可以将视频信息的原始状态完整地保存起来。

2.2.3　导入 Premiere 项目文件

Adobe Premiere Pro CS4 可以导入另一个 Premiere Pro 的项目文件，在【导入】对话框中直接选择以“. prproj”为后缀名的项目文件，再单击【打开】按钮即可。

2.2.4 素材信息的查看与重命名

为了便于剪辑，应了解导入素材的相关信息，素材信息可以通过两种方式查看。

方法一：在项目窗口中直接选中素材名称，素材名称右侧将显示被选素材的类型、帧、入点、出点、持续时间和速率等相关信息，拖拉项目窗口右下方的滑块可以依次看到素材的各个属性参数，如图 2-2-3 所示。

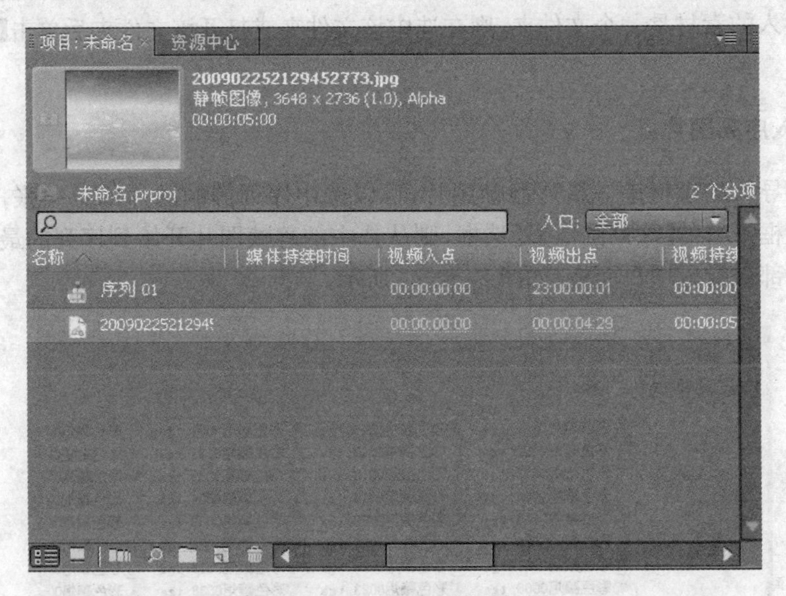

图 2-2-3 "素材信息"窗口

方法二：当要了解更多的信息时，在选中的素材上单击鼠标右键，在弹出的快捷菜单中选择【属性】命令，即可出现更多的信息，这些信息可以清楚地显示素材的存放路径、类型、大小和格式等相关信息。

为了更好、更直观地识别素材，可以在项目窗口中对素材文件、序列和文件夹等进行重命名。重命名的方法有两种：一种是选中素材，单击鼠标右键，在弹出的快捷菜单中选择"重命名"命令；另一种方法是直接双击素材的名称进行更改。

* 注意：项目窗口中的素材名称被修改，但素材在硬盘上的绝对位置和名称是不变的。

2.2.5 素材分类与查找

Premiere 项目中的所有素材都直接显示在项目面板中，由于名称、类型等属性的不同，素材在项目面板中的排列方式往往会杂乱不堪，从而在一定程度上影响工作效率。为此，必须对项目中的素材进行统一管理，例如将相同类型的素材放置在统一文件夹内，或将相关联的素材放置在一起等，即对素材进行分类管理。

素材的分类可以通过新建文件夹进行。在项目窗口中右击空白位置，在弹出的快捷菜单中选择【新建文件夹】命令新建一个文件夹，默认情况下，文件的名称是"文件夹 01、文件夹 02、文件夹 03……”，可以对它们重命名，然后导入素材，也可以将文件夹周围的素材拖放进去，如图 2-2-4 所示。通过给文件夹重命名，可以让素材的存放位置更加直观，便于查找。一般划分为“视频”、“音频”和“字幕”三类文件。

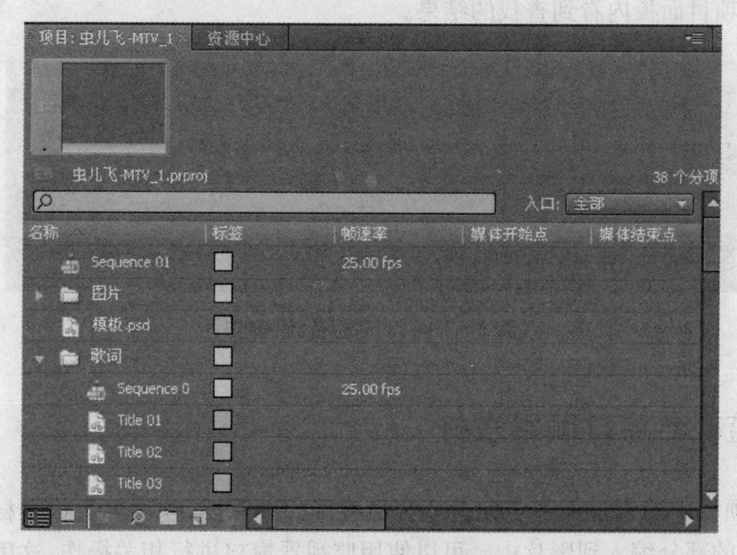

图 2-2-4　新建文件夹

随着项目进度的推进，在项目面板中的素材会越来越多，Premiere 专门提供了查找素材的功能，从而极大地方便了用户操作。

1. 简单查找

如果用户知道素材名称，可以将项目面板的素材显示方式切换为“列表”视图，直接在项目窗口的搜索框内输入所查素材的“部分或全部名称”。此时，包含用户所输关键字的素材都将显示在项目窗口内，如图 2-2-5 所示。

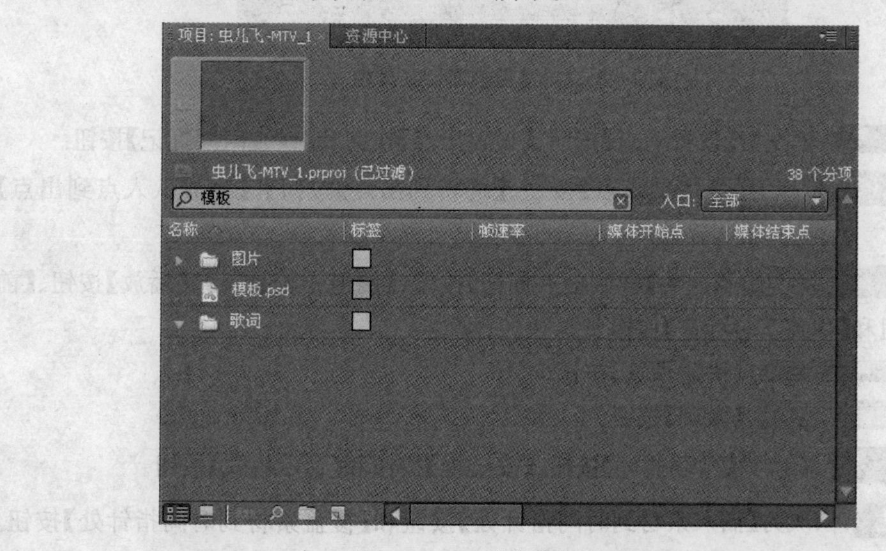

图 2-2-5　“简单查找”窗口

2. 高级查找

单击项目面板中的【查找】按钮，在跳出的【查找】对话框中，分别在“列”和“操作”栏内设置查找条件，并在“查找目标”栏中设置，如图 2-2-6 所示。完成设置后，单击【查找】按钮，即可在项目面板内看到查找的结果。

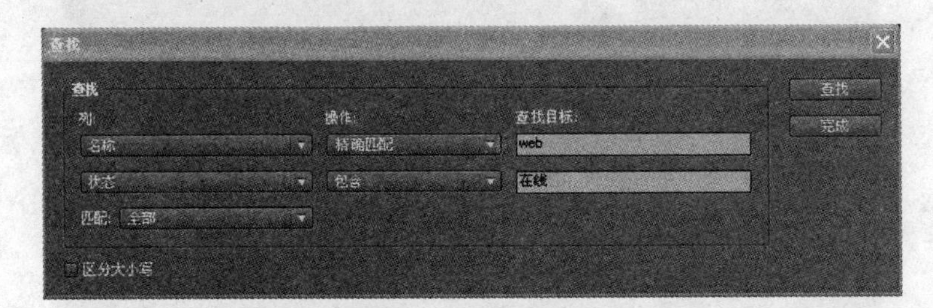

图 2-2-6 “高级查找”窗口

2.3 在监视器窗口编辑素材

通常在项目中的素材不一定完全适合最终影片的需要，往往要去掉素材中不需要的部分，将有用的部分编入到影片中。可以使用监视器窗口进行相关操作，这里主要介绍素材源窗口、节目窗口和修整窗口的使用。

2.3.1 素材源窗口和节目窗口

素材源窗口能够查看和编辑项目窗口或时间线窗口中某个序列的单个素材，常用的窗口工具栏如图 2-3-1 所示。

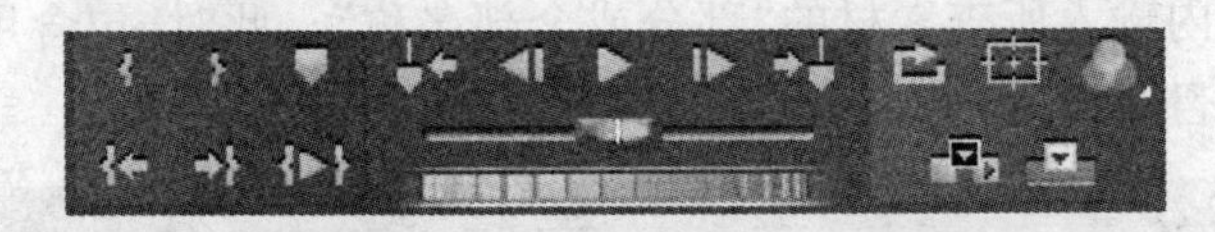

图 2-3-1 常用的窗口工具栏

，依次为【设置入点】按钮、【设置出点】按钮和【设置时间标记】按钮。

，依次为【跳转到入点】按钮、【跳转到出点】按钮和【播放从入点到出点】按钮。

，依次为【移到上一标记】按钮、【倒退一帧】按钮、【播放】按钮、【前进一帧】按钮和【移到下一标记】按钮。

，【快速预览】按钮。

，【微调】按钮。

，依次为【循环播放】按钮、【安全框】按钮和【显示模式】按钮。

，依次为【插入素材到时间指针处】按钮和【覆盖素材到时间指针处】按钮。插入是将素材源监视器中的素材插入到时间线中，时间指针之后的素材依次后移；覆盖是将素材源监视器中的素材插入到时间线中，时间指针之后的素材依次被覆盖，而不是向后移动。

1. 设置入点和出点

入点和出点是指标志素材可用部分的起始时间与结束时间，以便 Premiere 有选择地调用素材，即只使用入点和出点区间之内的素材片段。简单地说，是让用户在添加素材之前，将素材内符合需求的部分挑选出来后直接使用。具体步骤如下：

(1) 在新建项目中打开一个素材，在素材源监视器中进行预览，如图 2-3-2 所示。

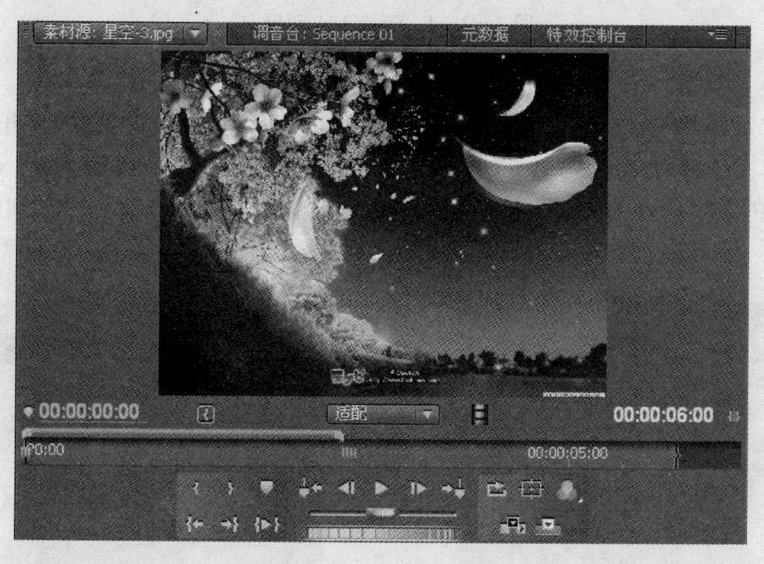

图 2-3-2　素材预览

(2) 拖动时间指针到入点需要的帧画面，单击【设置入点】按钮设置入点，窗口显示入点时间为"00：00：01：12"，然后拖动指针到出点需要的帧画面，单击【设置出点】按钮设置出点，窗口显示出点时间为"00：00：04：00"，此时在素材源窗口中可以看到时间线从入点到出点的区间部分显示为阴影，如图 2-3-3 所示。

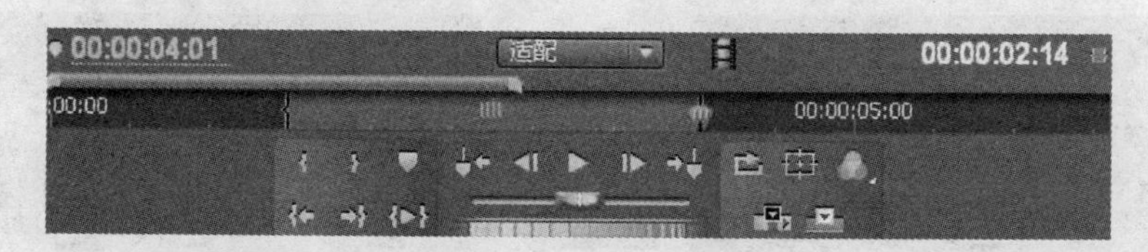

图 2-3-3　设置入点和出点

(3) 将素材添加到时间线窗口后，可以发现素材的播放时间与内容发生了变化，Premiere 不再播放入点与出点区间以外的素材内容。在之后的编辑操作中，如果不需要之前设定的入点和出点，只需右击素材源面板内的"时间标尺"，执行【清除素材标记】|【入点和出点】命令即可，如图 2-3-4 所示。

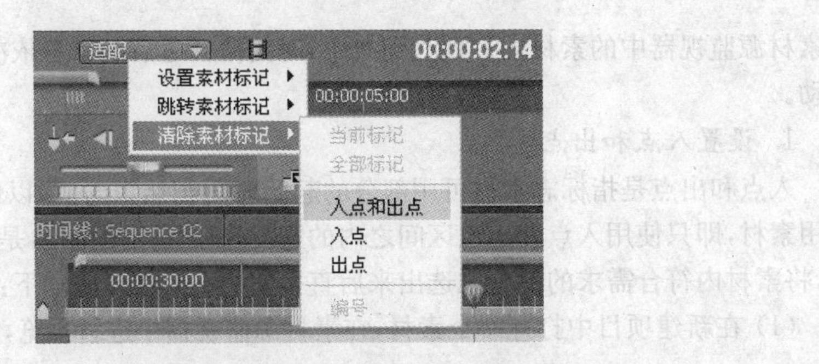

图 2-3-4　清除入点和出点

2. 插入与覆盖

(1) 将“素材 A”拖放到时间线面板的视频 1 轨道上，在素材源窗口中打开“素材 B”。

(2) 移动时间指针到素材 A 的中间，单击素材源面板中的【插入】按钮，Premiere 会将视频轨道上的素材一分为二，并将素材源面板内的素材添加到两者之间，如图 2-3-5 所示。

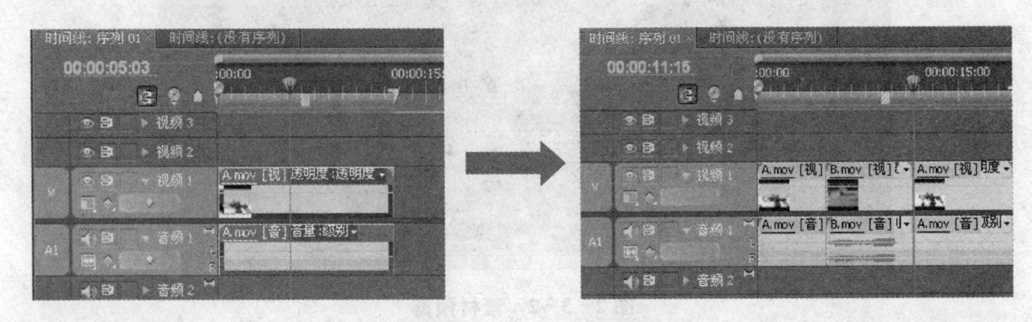

图 2-3-5　插入编辑

(3) 与插入编辑不同，如果用户在步骤(2)中单击素材源面板中的【覆盖】按钮，新素材会从当前时间指针处替换相应时间的原有素材片段，如图 2-3-6 所示，同时使时间线上原有素材的内容减少。

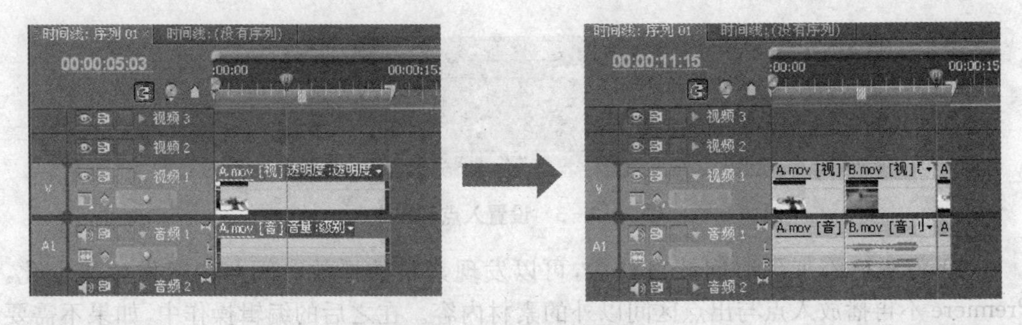

图 2-3-6　覆盖编辑

从布局上看，“节目窗口”与“素材源窗口”非常相似，在功能上，两者大同小异，所不同的是“素材源窗口”主要针对源素材进行操作，而“节目监视器窗口”的操作对象是时间线窗口上的序列，如图 2-3-7 所示。

图 2-3-7　节目窗口

2.3.2　修整窗口

监视器窗口可以校正序列中两个相邻素材片段的相邻帧。执行【窗口】|【修整监视器】命令，可以打开"修整"监视器窗口，如图 2-3-8 所示。

图 2-3-8　"修整"监视器窗口

(1) 将时间指针移动到两段素材的相邻处，在"修整"监视器窗口中单击鼠标左键，"修整"窗口的左视图将显示剪接点左边的素材片段，右视图则显示的是剪接点右边的素材片段。

(2) 将光标悬停在左边的预览窗口或右边的预览窗口上，当其变为"波纹编辑工具"时，用户可以改变前一段素材的出点或后一段距离的入点；当鼠标变为"滚动工具"时，可同时修改两个相邻素材片段的相邻帧，即出点和入点。

2.4 三点编辑和四点编辑

三点编辑和四点编辑，都是对于源素材的剪辑方法，三点、四点是指素材入点和出点的个数。

2.4.1 三点编辑

(1) 在“项目窗口”中选择一个素材在素材源窗口中预览，单击素材源窗口中的【设置入点】按钮在“第 15 帧”处设置入点，如图 2－4－1 所示。

图 2－4－1 项目窗口中设置入点

(2) 在“节目窗口”中，单击【设置入点】按钮在“8 秒 19 帧”处设置入点，单击【设置出点】按钮在“12 秒 17 帧”处设置出点，在时间线窗口中出入点之间的区间被阴影覆盖，如图 2－4－2 所示。

图 2－4－2 节目窗口中设置出入点

(3) 单击“素材源窗口”中的【覆盖】按钮,在时间线窗口中可以看到,原来在素材源窗口中设置入点之后的素材覆盖了在节目窗口中设置入点和出点之间的素材,但时间线窗口中所有素材的总长度不会改变。如图 2-4-3 所示。

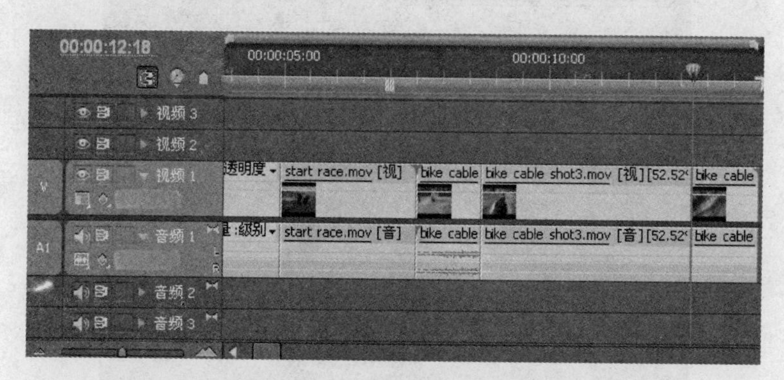

图 2-4-3 素材源窗口的覆盖

如果素材源长度比目标更短,将跳出一个【适配素材】对话框,可根据需要进行设置,然后单击【确定】,如图 2-4-4 所示。

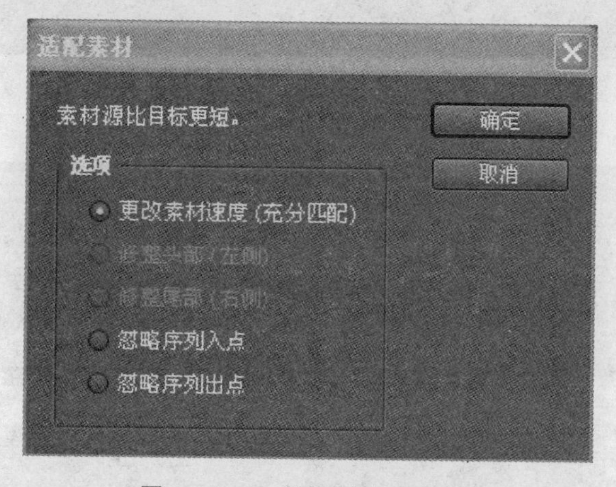

图 2-4-4 “适配素材”对话框

【适配素材】对话框各选项定义如下:

更改素材速度(充分匹配):改变素材的速度以适应节目窗口中设定长度;

修整头部(左侧):修整素材的入点以适应节目窗口中设定的长度;

修整尾部(右侧):修整素材的出点以适应节目窗口中设定的长度;

忽略序列入点:忽略节目窗口中设定的入点;

忽略序列出点:忽略节目窗口中设定的出点。

2.4.2 四点编辑

四点编辑是在素材源窗口和节目窗口中,分别标记两个入点、两个出点。

(1) 拖动一个素材到“时间线窗口”,双击素材使其在“素材源窗口”中显示。

(2) 在“素材源窗口”中的“第 20 帧”和“第 1 秒 11 帧”处分别设置入点与出点，在节目窗口中的“第 4 秒”和“第 5 秒 15 帧”处也分别设置入点与出点，如图 2-4-5、2-4-6 所示。

图 2-4-5　拖动素材到时间线窗口

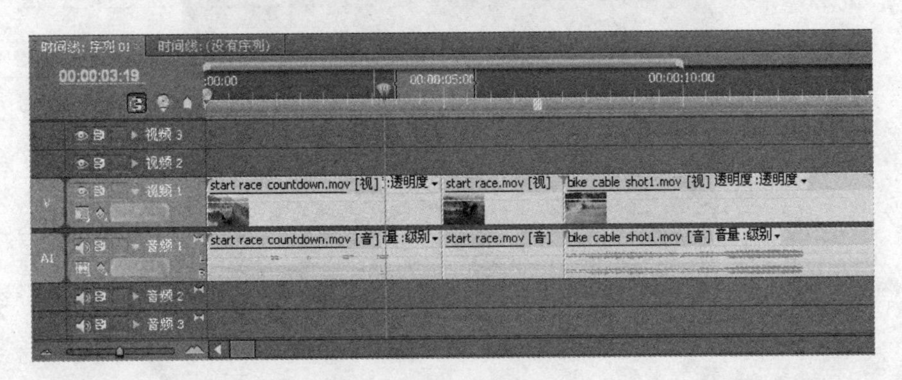

图 2-4-6　设置出入点

(3) 单击图 2-4-5 下方的【覆盖】按钮。如果两对标记之间的持续长度不一样，会弹出【适配素材】对话框，为了适配入点与出点间的长度，可根据需要进行设置。

2.5　使用时间线窗口剪辑

视频的剪辑主要是在时间线窗口中完成的。项目中的多个序列可以按标签的方式排列在时间线窗口中，可以向序列中的任意一个视频轨道添加视频素材，而音频素材则添加到相应的音频轨道中。素材片段之间可以添加转场效果，视频 2 轨道以及更高级的轨道可以用来进行视频合成，附加的音频轨道可以进行音频混合或更高级的设置。在时间线窗口中，用户可以完成多项编辑任务。

2.5.1　素材的移动

在时间线窗口移动素材，可选择轨道中的素材，按下左键，拖动素材到要移动到的位置，然后释放鼠标左键即可。

移动素材时，确认时间线窗口右上角的【吸附】按钮被按下，当两个素材贴近时，相临边缘如同正、负磁铁之间产生吸引力一样，会自动对齐或靠拢，如图 2-5-1 所示。

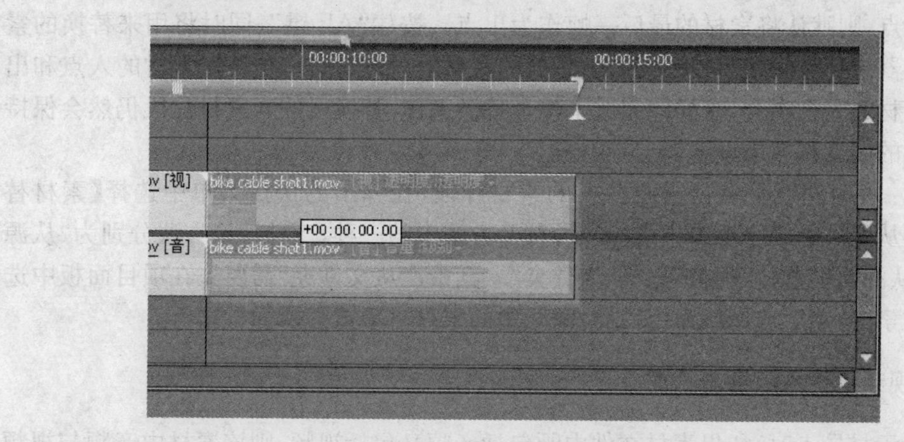

图 2-5-1　素材移动界面

当两段素材之间存在空白区域，要将后一段素材移动到紧贴前一个素材之后，还可以单击两个素材之间的空白区域，执行【编辑】|【波纹删除】命令，或执行右键快捷菜单中的【波纹删除】命令，空白区域被删除，空白区域后方的素材会自动补上。

2.5.2　素材的复制和粘贴

在素材的编辑过程中，经常会出现重复使用某段素材的情况，或者为某段素材添加了特效之后，其他素材要使用与之相同的特效时，要对素材属性进行复制。

1. 素材的粘贴

(1) 选择素材，执行【编辑】|【复制】命令。

(2) 在时间线窗口视频轨道上选择粘贴位置。

(3) 执行【编辑】|【粘贴】命令。

2. 素材的粘贴插入

(1) 选择素材，执行【编辑】|【复制】命令。

(2) 在时间线窗口视频轨道上选择目标轨道。

(3) 拖动时间线指针到准备粘贴插入的位置。

(4) 执行【编辑】|【粘贴插入】命令。

3. 粘贴属性

(1) 选择素材，执行【编辑】|【复制属性】命令。

(2) 在时间线窗口视频轨道上选择需要粘贴属性的目标素材。

(3) 执行【编辑】|【粘贴属性】命令，将前一素材的属性拷贝给当前素材。

2.5.3 素材的替换

如果时间线上的某段素材不合适，需要用其他的素材来替换，可以通过"素材替换"功能来实现。具体方法有以下两种：

方法一：在项目窗口中双击用来替换的素材，使其在素材源监视器中显示，给这个素材设置入点和出点。默认情况下，如果不设置入点，则默认将素材的第一帧作为入点；如果不设置出点，则默认将素材的最后一帧作为出点。按住"Alt 键"，同时将用来替换的素材从源监视器拖到时间线窗口中需要被替换的素材上，释放鼠标，被替换素材的入点和出点与替换素材的完全吻合，这样即完成了整个替换工作，替换后的新素材片段仍然会保持被替换片段的属性和效果设置。

方法二：在时间线上右击需要替换的素材片段，在弹出的快捷菜单中选择【素材替换】命令，再从弹出的级联菜单中选择三种替换方法中的一种，三种替换方法分别为"从源监视器"、"从源监视器，匹配帧"和"从文件夹"。其中，"从文件夹"需要先在项目面板中选中要替换的素材，然后选择该命令，则时间线中的素材自动被替换。

2.5.4 音视频素材的组合与分离

在进行素材导入时，如果素材文件中既包括音频又包括视频，则该素材内音频与视频部分的关系称为硬相关。在编辑过程中，如果人为地将两个相互独立的音频和视频素材联系在一起，则两者之间的关系称为软相关。

1. 分离素材中的音视频

对于既包含音频又包含视频的素材来说，由于音频部分与视频部分存在硬相关，用户对素材进行的"复制"、"移动"和"删除"等操作将同时应用于素材的音频部分与视频部分，如图2-5-2 所示。

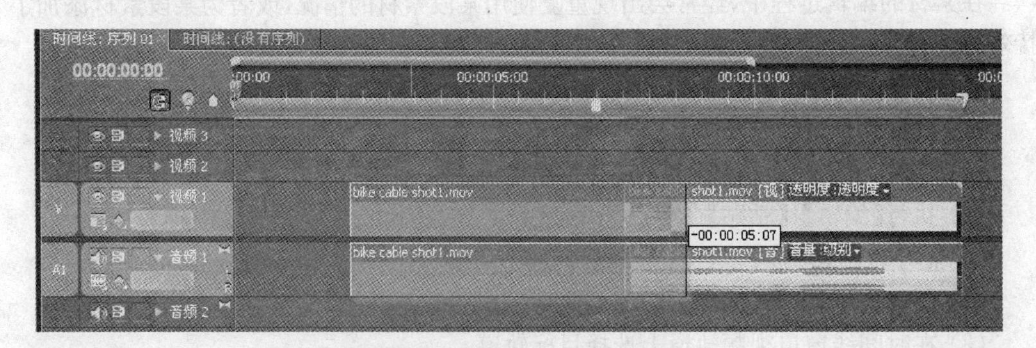

图 2-5-2 音频、视频硬相关

在时间线窗口中选择某段素材，执行【素材】|【解除音视频链接】命令或右键快捷菜单中的【解除音视频链接】命令，即可解除相应素材内音频与视频部分的硬相关的联系。执行命令后在时间线窗口中移动素材的视频部分将不会影响音频轨道内的素材，如图2-5-3 所示。

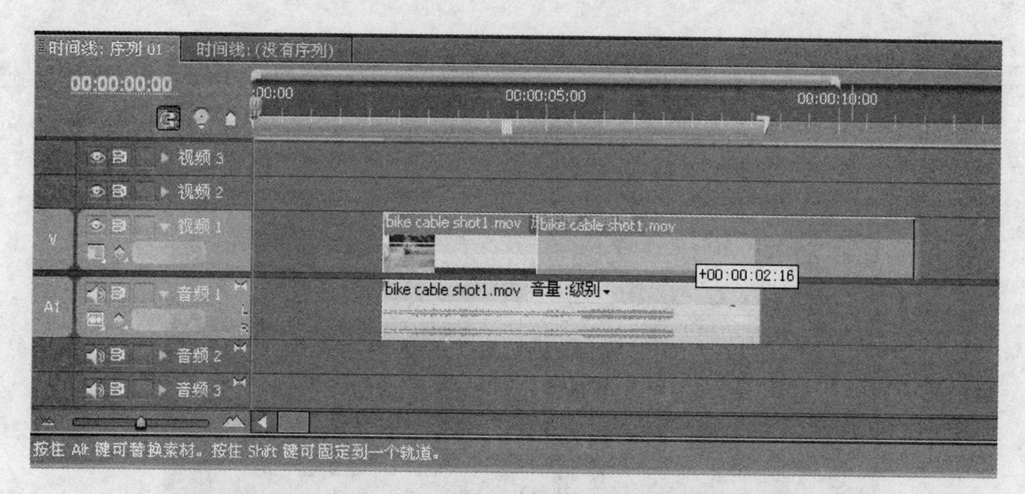

图 2-5-3　解除音频、视频硬相关

2. 组合音视频素材

在时间线面板内拖动鼠标框选要进行组合的“视频素材”与“音频素材”，如图 2-5-4 所示。右击选择的任意一个素材，执行弹出菜单内的【链接音视频】命令，即可在所选音频与视频素材之间建立软相关的联系。

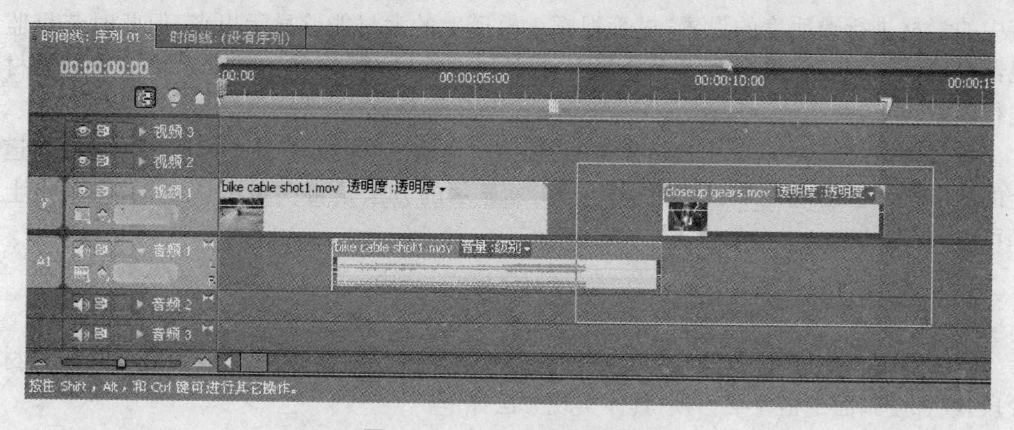

图 2-5-4　组合音视频素材

2.5.5　轨道的添加、删除和隐藏

默认情况下，时间线窗口中的轨道数量为音频和视频轨道各 3 条，称为“视频 1”、“视频 2”、“视频 3”和“音频 1”、“音频 2”、“音频 3”，右击任意轨道的名称，弹出如图 2-5-5 所示的快捷菜单，在其中可以进行“重命名”、“添加轨道”和“删除轨道”的操作。

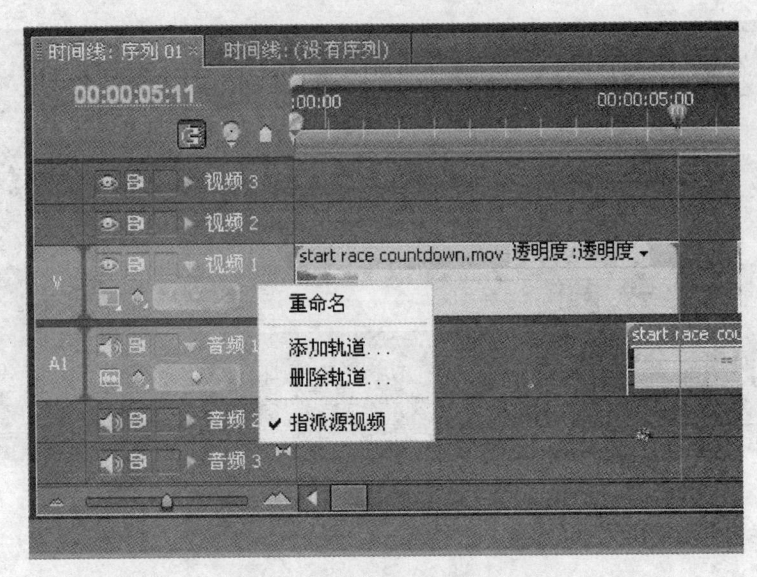

图 2-5-5　轨道操作的快捷菜单

隐藏轨道的目的是使时间线上的素材效果便于在节目监视器中观察。因为在默认情况下，高一级的轨道会将低一级的轨道中的素材覆盖。视频 1 轨道与视频 2 轨道同时存在时，在节目监视器中只会显示视频 2 轨道上的视频素材效果。如果对视频 2 轨道中的素材进行透明度的设置，尽管视频 1 轨道上的素材能够显示出来，但此时节目监视器中展示的视频效果会显得十分混乱而不利于编辑，因此有必要对视频 1 中的素材进行隐藏。

隐藏轨道的方法是：单击轨道前方的"切换轨道输出"图标，将其去掉后该条视频轨道上的图像就不会出现在节目监视器中。恢复显示的方法是再次单击该图标，将其点上即可。

2.5.6　设置素材的播放速度

在编辑素材的过程中，经常要对素材的播放速度进行调整，如快放或者慢放某段素材片段，或者使画面定格在某一帧，具体实现方法如下：

方法一：默认情况下，素材的播放速率为 100%，要改变素材的播放速率可以使用工具面板中的"速率伸缩工具"，在时间线窗口中直接拖动素材的边缘改变播放速率，如图 2-5-6所示。向后拖动"速率伸缩工具"会延长时间线的总长度，同时使素材的播放速度变慢，具体的速率会显示在时间线的素材标题中，如图 2-5-7 所示。

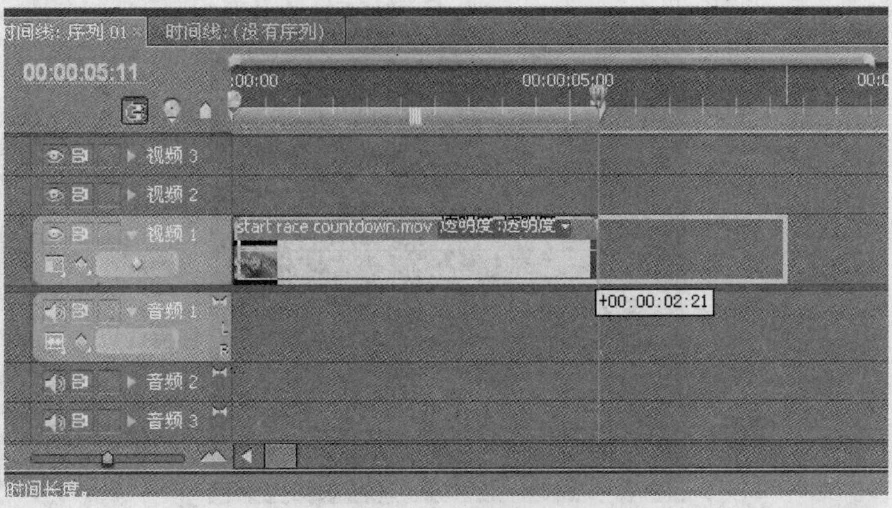

图 2-5-6 改变播放速率

图 2-5-7 速率显示

也可以右击时间线窗口中需要改变速度的素材片段，在弹出的快捷菜单中选择【速度/持续时间】命令，打开【素材速度/持续时间】对话框，如图 2-5-8 所示，在其中输入数字或者拖动滑块来改变素材的速度和持续时间。当设定的速度百分比大于 100%时，素材呈现快速播放效果；当设定的速度百分比小于 100%时，素材呈现慢速播放效果。

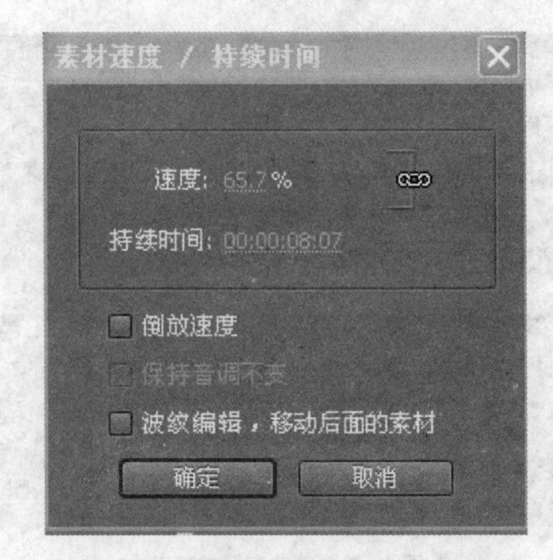

图 2-5-8 “素材速度/持续时间”对话框

如果对话框中的【倒放速度】复选框被选中，则素材在时间线窗口中呈现倒放效果，同时以设定的速率进行播放。

方法二：具体操作步骤如下。

(1) 选择一段素材，鼠标右击，在弹出的快捷菜单中选择【显示剪辑关键帧】|【时间重置】|【速度】级联命令，剪辑上将显示一条表示速度的“黄色线”和一条“白色宽带”，如图2-5-9 所示。

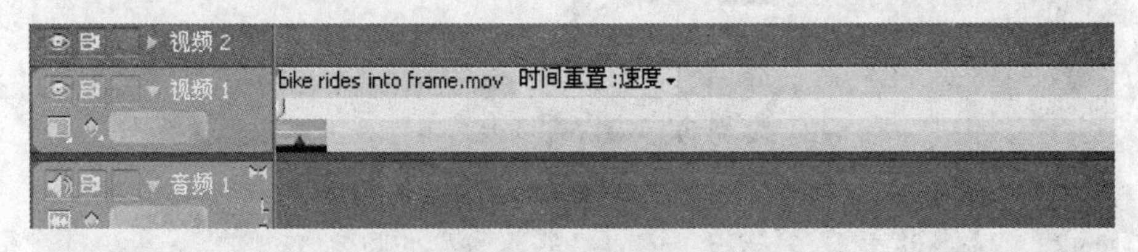

图 2-5-9 显示剪辑设置

(2) 将时间指针移到素材的某个时间点，按住“Ctrl 键”并单击黄线，在白色宽带部分将出现一个速度关键帧；同样方法可在另一个时间点添加关键帧，如图 2-5-10 所示。

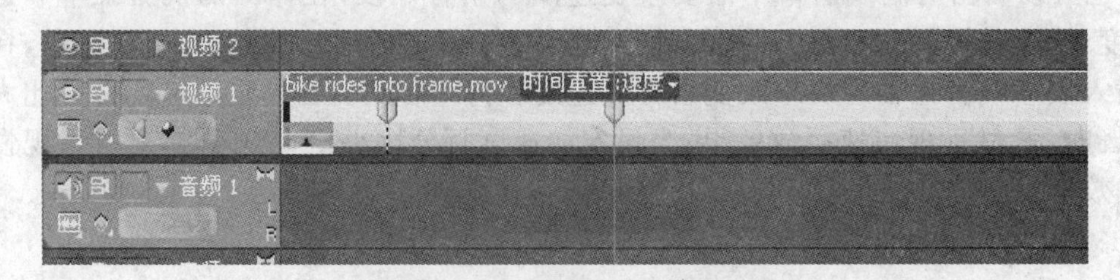

图 2-5-10 添加速度关键帧

(3) 将鼠标移动到两个关键帧之间的黄色线上，向上拖动到“200%”，如图 2-5-11 所示，此时剪辑长度被缩短，播放剪辑，关键帧之间的视频内容呈快动作播放。

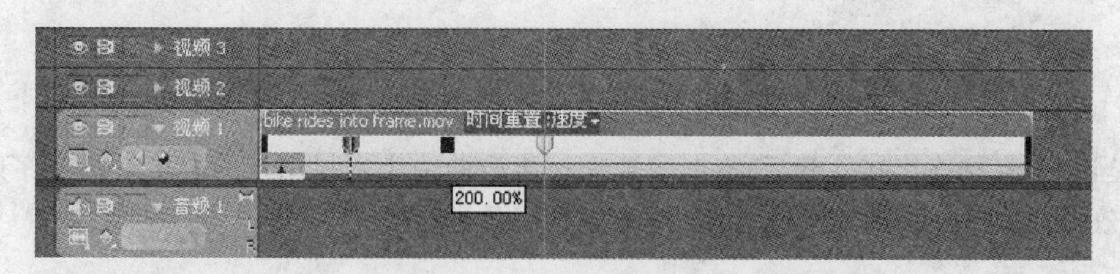

图 2-5-11　缩短剪辑长度

(4) 执行【编辑】|【撤销】命令撤销上一步操作，向下拖动黄色线到“25％”，如图 2-5-12 所示，剪辑长度被拉伸，播放剪辑，关键帧之间的视频内容呈慢动作播放。

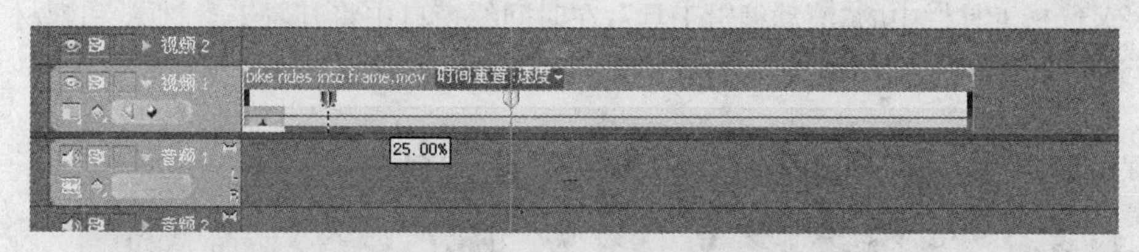

图 2-5-12　拉伸剪辑长度

(5) 撤销上一步操作，按住“Ctrl 键”的同时单击第一个关键帧并向右拖动，即可创建反向速度关键帧，时间线窗口中效果如图 2-5-13 所示。

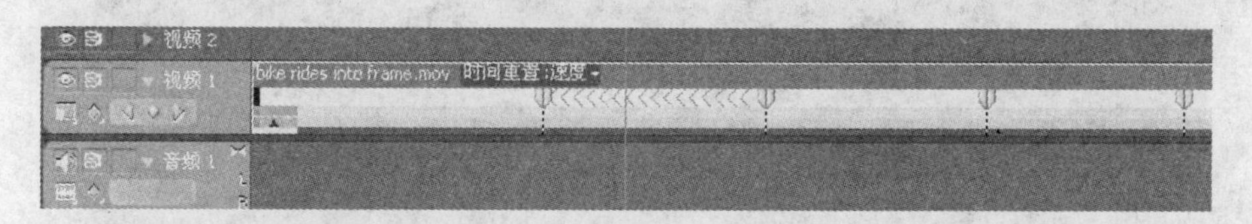

图 2-5-13　创建反向速度关键帧

(6) 撤销上一步操作，按住“Ctrl＋Alt 组合键”，单击第一个关键帧并向右拖动，即可创建静态帧，时间线窗口中效果如图 2-5-14 所示。

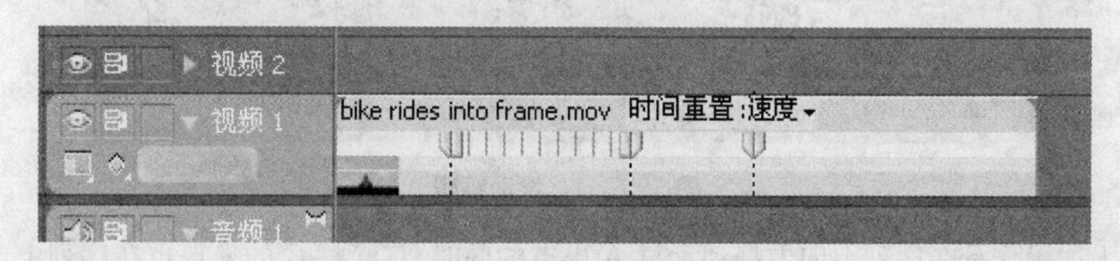

图 2-5-14　创建静态帧

上述方法可以在同一段素材的不同时间点同时进行“快进”、“慢进”、“反向运动”和“帧定格”操作。

2.6 使用视频编辑工具

当两个素材连接在一起后,有时需要通过更改前一个素材出点的方式来调整序列的整体效果,可以使用 Premiere 提供的序列编辑工具进行操作。

2.6.1 滚动编辑

(1) 在素材源窗口中分别为素材 A 和素材 B 设置“入点”和“出点”,并将其添加到“视频 1”轨道上。

(2) 选择工具栏中的“滚动编辑工具”,在时间线窗口中将其置于素材 A 和素材 B 之间,当光标变为“双层双向箭头”图标时,向右拖动鼠标,如图 2-6-1 所示。

图 2-6-1 滚动编辑

上述操作是在序列上向右拖动素材 A 出点的同时,将素材 C 的入点也在序列上向右移动相应距离,从而在不更改序列持续时间的情况下,增加素材 A 在序列内的持续播放时间,减少素材 C 在序列内相应的播放时间。

2.6.2 波纹编辑

波纹编辑能够在不影响相邻素材的情况下,对序列内某一素材的入点或出点进行调整。

(1) 在“素材源窗口”中分别为素材 A 和素材 B 设置“入点”和“出点”,并将其添加到

“视频 1”轨道上。

(2) 选择工具栏中的“波纹编辑工具”，将其置于素材 A 的末尾，当光标变为“右括号与双击箭头”的图标时，向左拖动鼠标，如图 2-6-2 所示。

图 2-6-2　波纹编辑

上述操作中，波纹编辑工具在序列中向左移动素材 A 的出点，缩短其播放时间与内容；同时，素材 B 不发生任何变化，但在序列上的位置随着素材 A 持续时间的减少而调整，素材 A 和素材 B 不会出现空隙但两段素材的总长度缩短。

2.6.3　滑移编辑

(1) 在“素材源窗口”中分别为素材 A、素材 B 和素材 C 设置“入点”和“出点”，并将其依次添加到“视频 1”轨道上。

(2) 选择工具面板中的“错落工具”，将其置于时间线面板中素材 B 上并向左拖动鼠标，如图 2-6-3 所示。

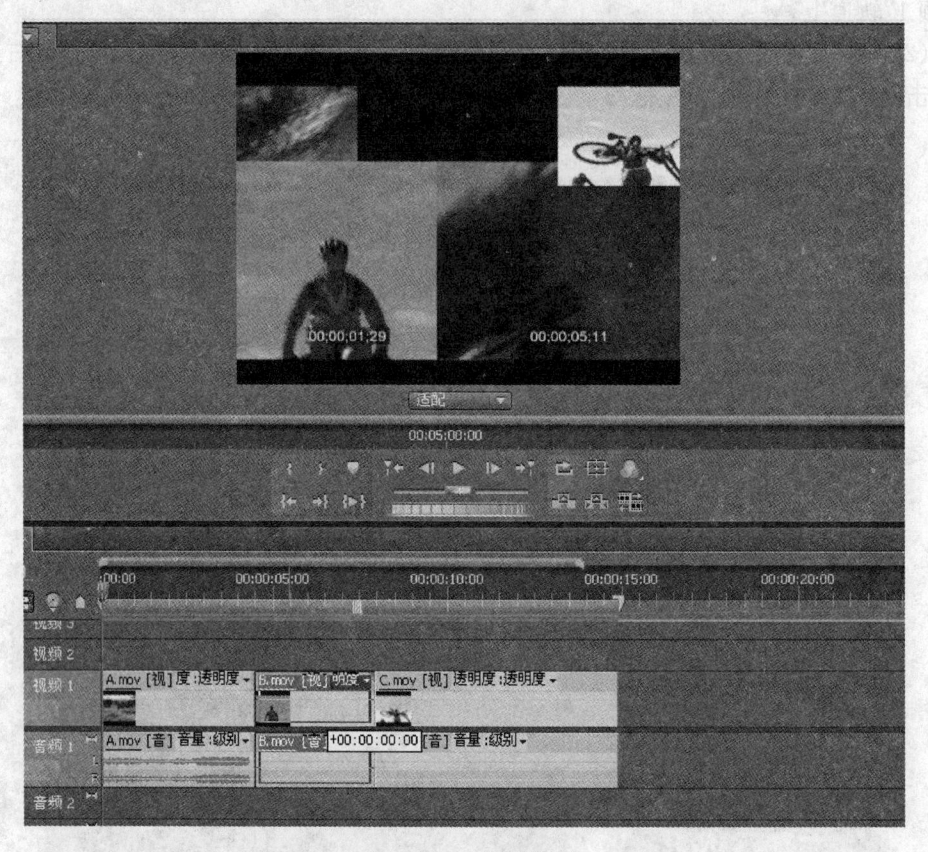

图 2-6-3　滑移编辑

上述操作不会影响三段素材的总长度，但素材 B 的播放内容会发生改变，素材 B 的入点和出点会同时向源素材的末端移动，反之则会向起始端移动。

2.6.4　滑动编辑

滑动编辑能在保持序列持续不变的情况下，在序列内修改素材的入点和出点，但滑动编辑修改的不是当前所操作的素材，而是与该素材相邻的其他素材。

(1) 在素材源窗口中分别为素材 A、素材 B 和素材 C 设置入点和出点，并将其依次添加到视频 1 轨道上。

(2) 选择工具面板中的“滑动工具”，将其置于时间线面板中素材 B 上并向左拖动鼠标，如图 2-6-4 所示。

图 2-6-4　滑动编辑

上述操作使序列内素材 A 的出点与素材 C 的入点同时向左移动，素材 A 的持续时间减少，素材 C 的持续时间增加，且二者增减时间相同，素材 B 的播放内容与持续时间不变。

第二篇

Premiere Pro CS4 基础与提高实训

第 3 章　Premiere Pro CS4 基础实训

3.1　实训 1　Premiere Pro CS4 的安装

技术要点：软件的安装和破解。

实例概述：软件的安装是学习视频编辑的前提。如何安装 Premiere Pro CS4 是学生必须掌握的基本技能，本实例重点介绍了其安装和破解的方法。

操作步骤：本实例操作过程将分为 3 个步骤，具体操作步骤如下所述。

1. 安装前的准备

安装前，在 hosts 文件中添加 Adobe 激活方面的网址，屏蔽在线激活验证。打开“C:\WINDOWS\system32\drivers\etc\”目录，找到 hosts，右击 hosts 文件，将【属性】/【只读】选项去掉，然后用记事本打开该文件，添加下列内容：

127. 0. 0. 1 activate. adobe. com
127. 0. 0. 1 activate. adobe. com
127. 0. 0. 1 practivate. adobe. com
127. 0. 0. 1 ereg. adobe. com
127. 0. 0. 1 activate. wip3. adobe. com
127. 0. 0. 1 wip3. adobe. com
127. 0. 0. 1 3dns－3. adobe. com
127. 0. 0. 1 3dns－2. adobe. com
127. 0. 0. 1 adobe－dns. adobe. com
127. 0. 0. 1 adobe－dns－2. adobe. com
127. 0. 0. 1 adobe－dns－3. adobe. com
127. 0. 0. 1 ereg. wip3. adobe. com
127. 0. 0. 1 activate－sea. adobe. com
127. 0. 0. 1 wwis－dubc1－vip60. adobe. com
127. 0. 0. 1 activate－sjc0. adobe. com

保存后关闭。最后把 hosts 文件属性改回为只读。

2. Premiere Pro CS4 软件的安装步骤

(1) 打开文件夹，运行文件夹中 Setup. exe 进行安装，如图 3－1－1 所示。

(2) 安装文件运行后，出现系统配置文件检查界面，如图 3－1－2 所示。

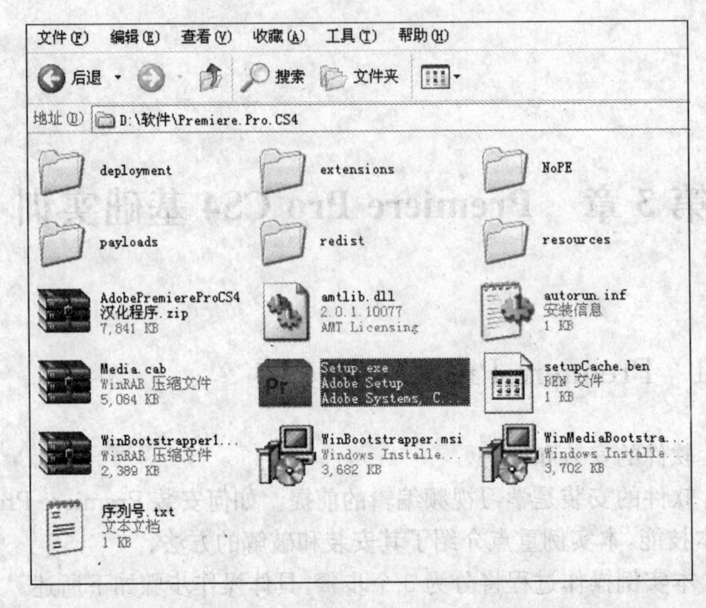

图 3-1-1　Premiere Pro CS4 安装文件夹

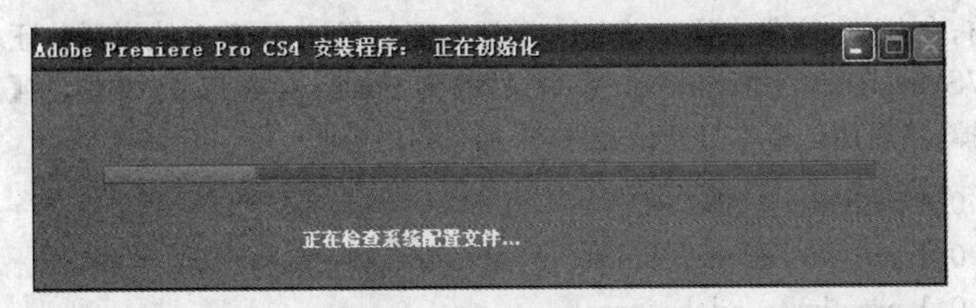

图 3-1-2　"初始化"界面

(3) 进入【欢迎】对话框。记住不要输入序列号，选择"我要安装并使用 Premiere Pro CS4 试用版"，如图 3-1-3 所示。

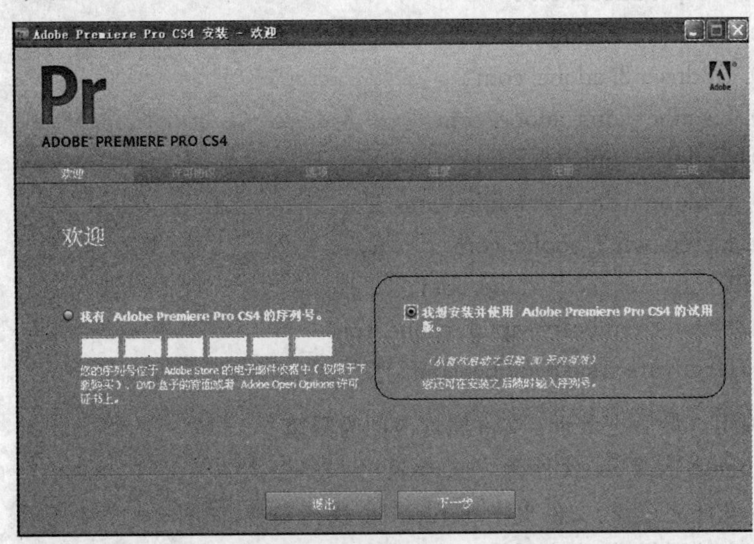

图 3-1-3　"欢迎"对话框

（4）打开【许可协议】对话框，选择语言，单击【接受】按钮，如图 3－1－4 所示。

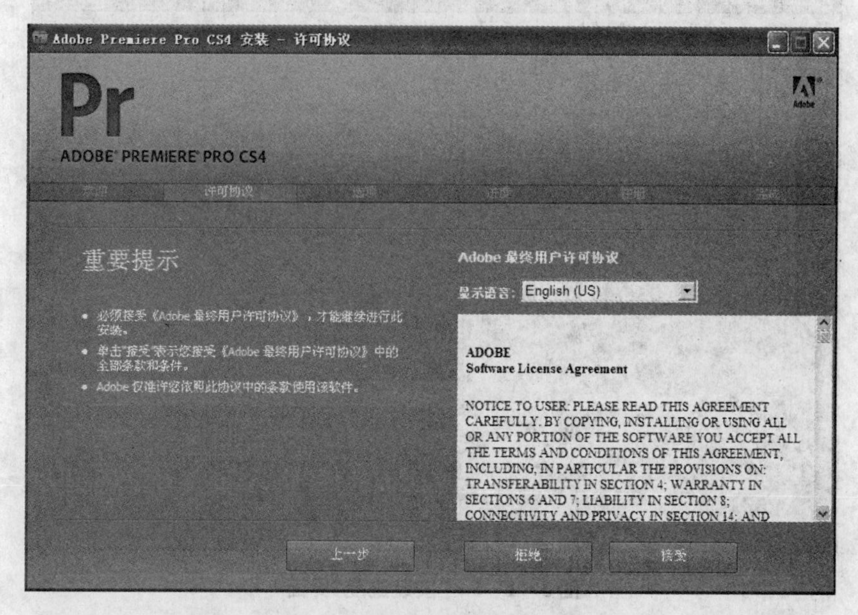

图 3－1－4　"许可协议"对话框

（5）打开【选项】对话框，选择需安装的组件，选择安装位置后，单击【安装】按钮，如图 3－1－5 所示。

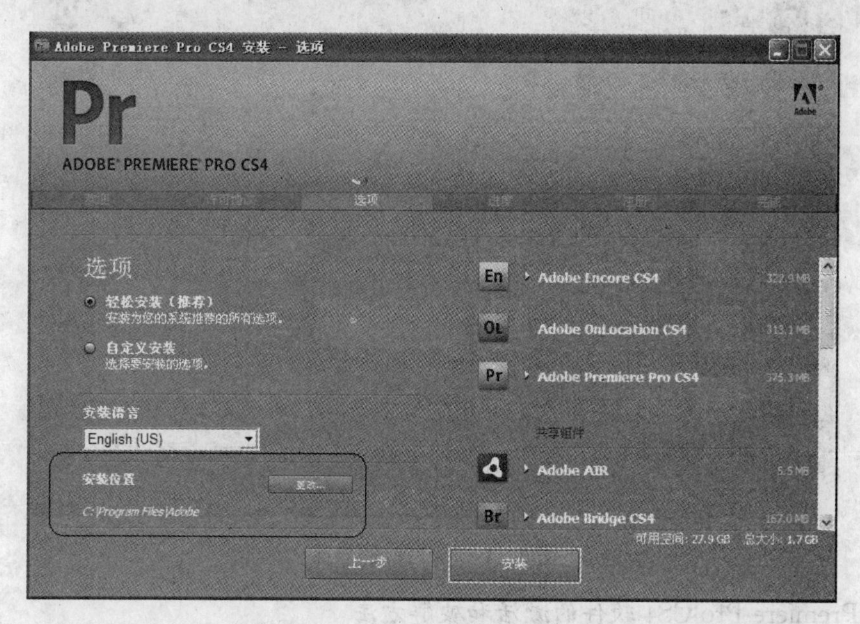

图 3－1－5　"选项"对话框

（6）进入安装界面，显示"安装进度"，如图 3－1－6 所示。

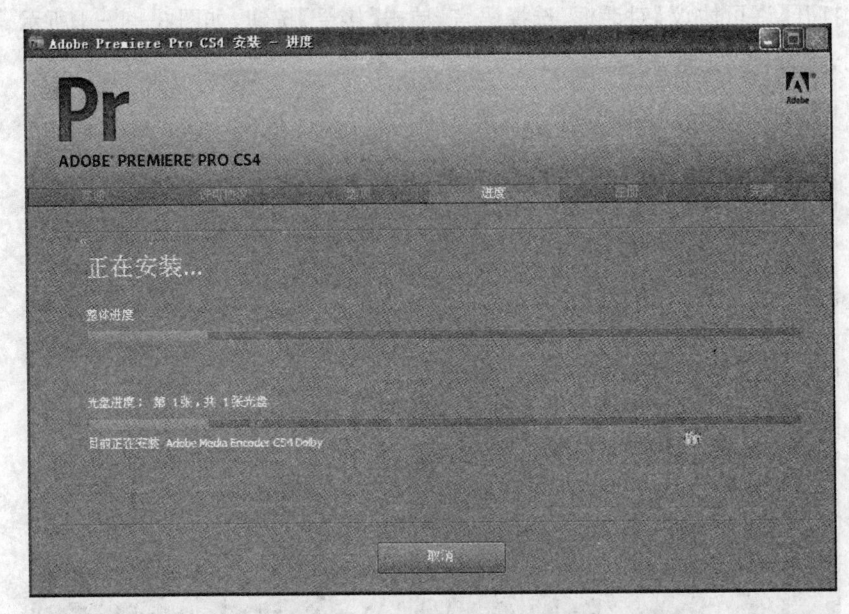

图 3-1-6 “安装进度”界面

(7) 进入“完成”界面，出现“谢谢”文字后，说明安装成功，如图 3-1-7 所示。

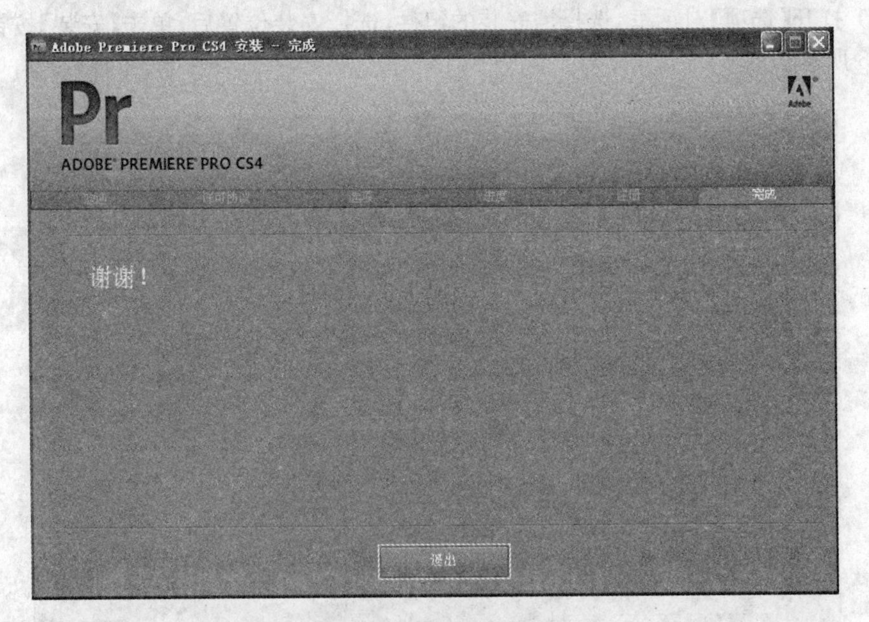

图 3-1-7 “完成”界面

3. Premiere Pro CS4 软件的激活和破解方法

(1) 启动 Adobe Premiere Pro CS4 软件，如图 3-1-8 所示。

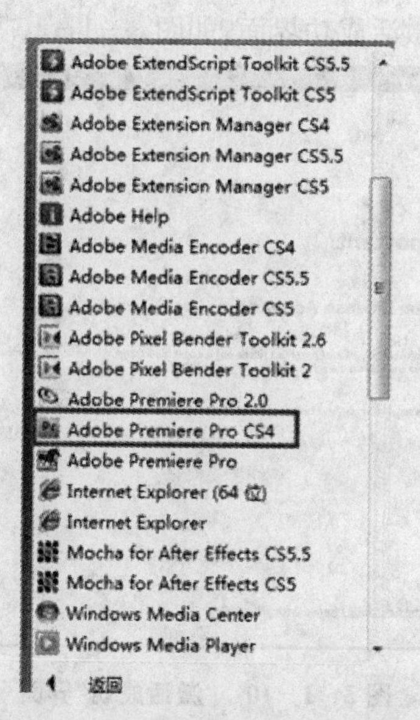

图 3-1-8　从"开始"菜单启动软件

(2) 软件第一次运行会弹出激活窗口，这时输入序列号，点击【下一步】按钮，如图 3-1-9所示。

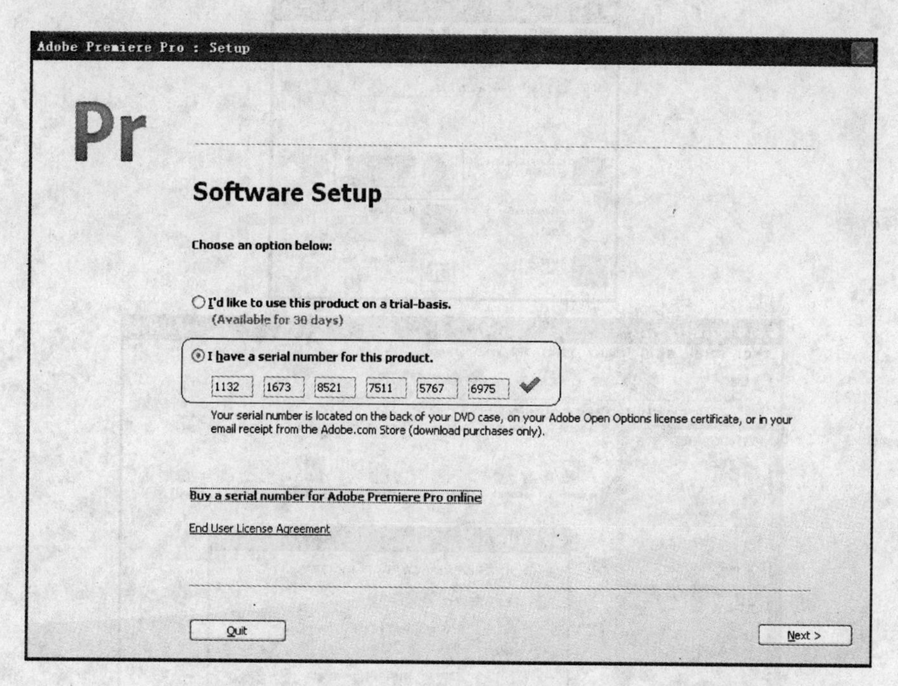

图 3-1-9　"激活"窗口

(3) 点击【下一步】,弹出激活成功界面,如图 3-1-10 所示。

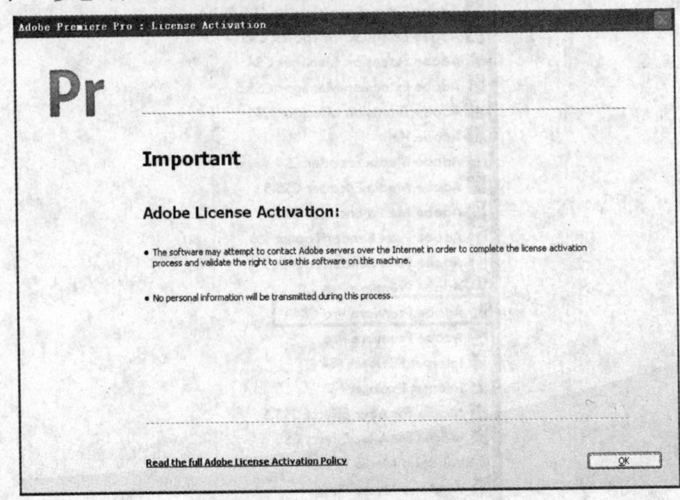

图 3-1-10 "激活成功"界面

(4) 激活成功后,将破解文件"amtlib.dll"复制到安装目录"C:\Program Files\Adobe\Adobe Premiere Pro CS4"中,替换掉原来的同名文件,如图 3-1-11 所示。

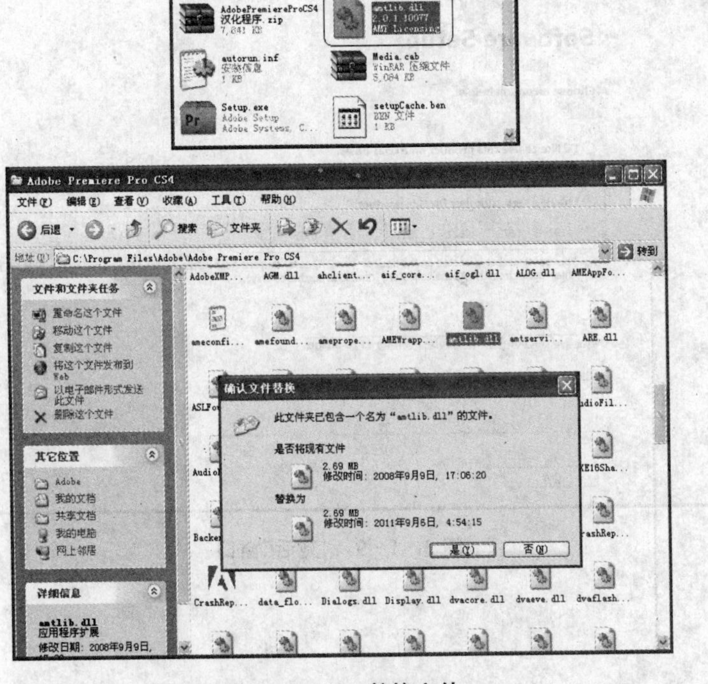

图 3-1-11 替换文件

（5）替换成功后，重新启动 Adobe Premiere Pro CS4 软件，软件就可以无限期的使用了。

3.2　实训 2　Premiere Pro CS4 的基本操作

3.2.1　基本操作流程

技术要点：视频素材的导入、编辑和输出流程。

实例概述：本例介绍 Adobe Premiere Pro CS4 软件使用的操作流程：包括新建项目文件、导入素材、编辑素材、输出结果。

制作步骤：本实例操作过程将分为 5 个步骤，具体操作步骤如下所示。

1. 新建项目文件

（1）启动软件，单击【新建项目】按钮，打开“新建项目”窗口，如图 3-2-1 所示。

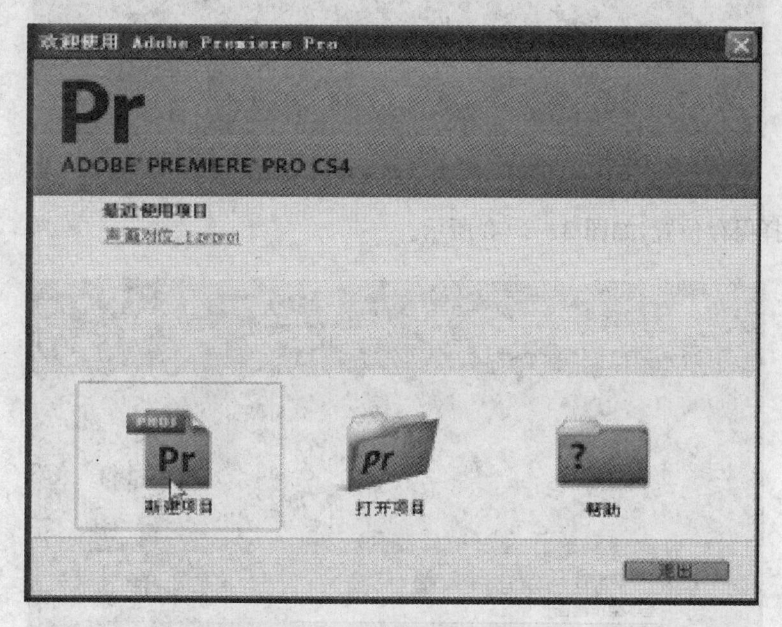

图 3-2-1　“新建项目”窗口

（2）选择 DV-PAL 制式下“标准 48 kHz”，如图 3-2-2 所示。

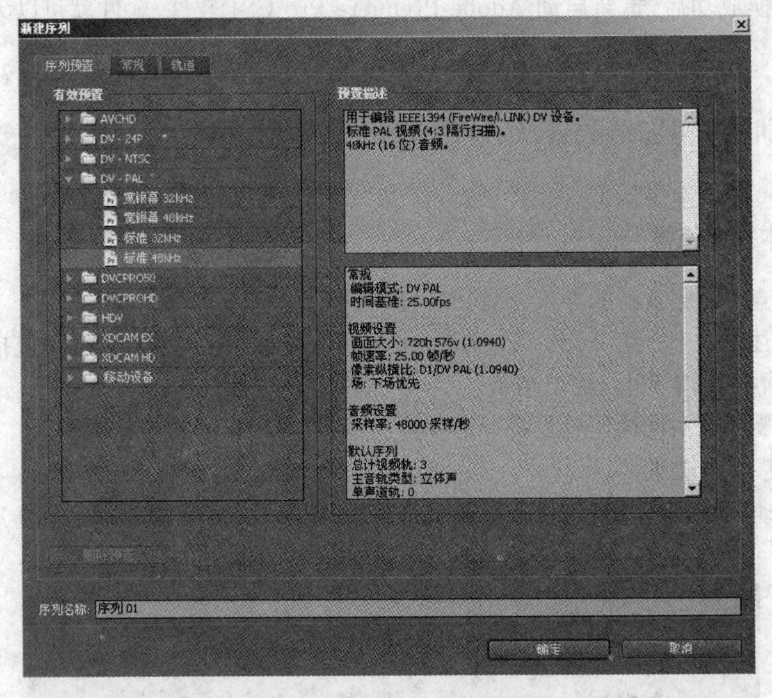

图 3-2-2 “新建序列”窗口

(3) 选择保存位置,如图 3-2-3 所示。

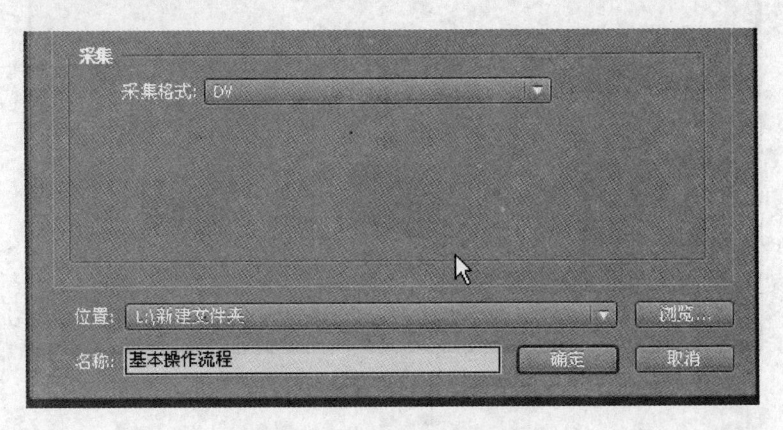

图 3-2-3 “保存位置”对话框

2. 导入素材文件

(1) 进入编辑界面后,选择菜单命令【窗口】|【工作区】|【编辑】(快捷键 Alt+Shift+3 键),恢复为编辑状态下的界面布局,如图3-2-4所示。

图 3-2-4　“编辑”界面

(2) 选择【文件】|【导入】命令，在弹出的导入窗口中，选择“实训 2\实训 2-01”中的素材“日出. avi”、“生长. avi”、“花开 A. avi”、“花开 B. avi”4 个视频文件和 1 个“01. wav”音频文件，单击【打开】按钮，将素材文件导入到项目窗口，如图 3-2-5 所示。

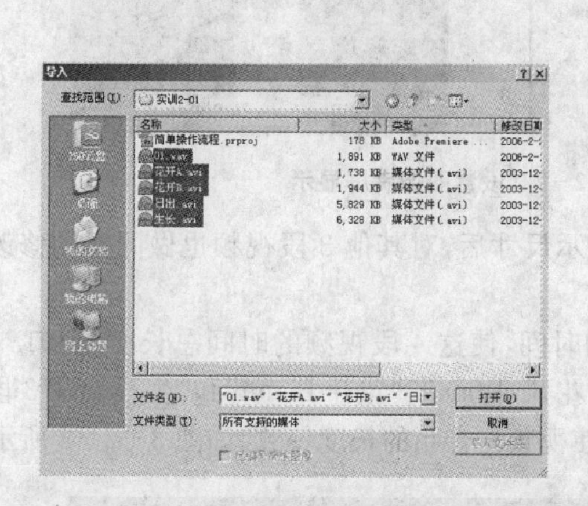

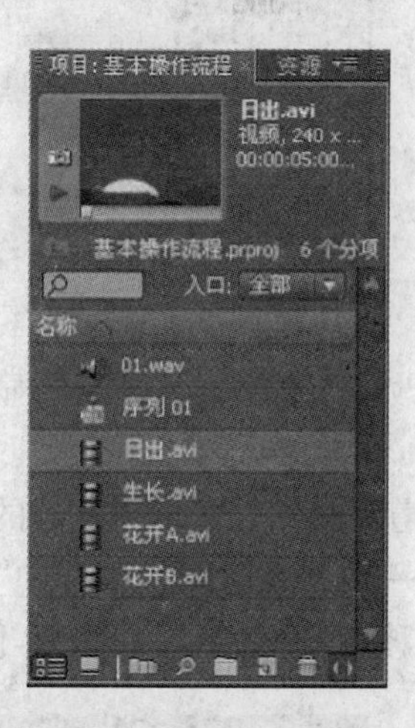

图 3-2-5　“导入”窗口

3. 将素材文件拖放到时间线上

(1) 在项目窗口中，按顺序依次选择素材“日出. avi”、“花开 A. avi”、“花开 B. avi”和“生长. avi”4 个视频文件，拖至时间线序列 01 中“视频 1”轨道中。

(2) 在项目窗口中，再选择素材“01. wav”音频文件，拖至时间线序列 01 中“音频 1”轨道中，如图 3-2-6 所示。

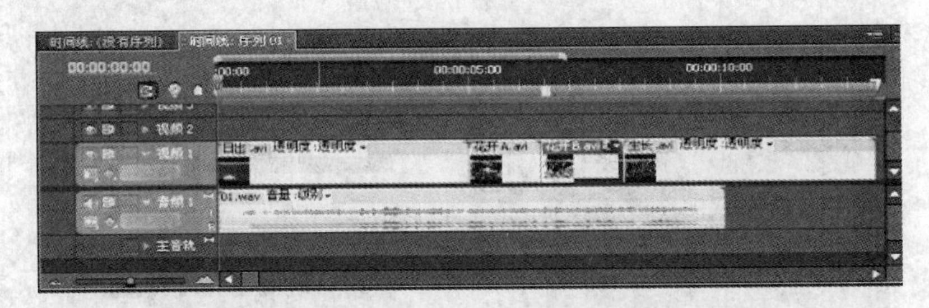

图 3-2-6　将素材文件拖放至时间线

4. 简单编辑素材

(1) 从预览窗口中可以看到这些视频素材尺寸较小,不能满屏显示,可以将其放大显示。在时间线中"日出.avi"上单击鼠标右键,在弹出的菜单中选择【适配为当前画面大小】命令,将图像"满屏"显示,如图 3-2-7 所示。

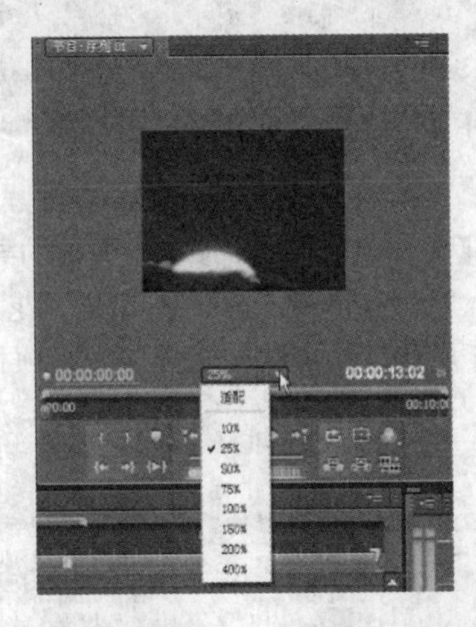

图 3-2-7　设置图像满屏显示

(2) 修改完"日出.avi"画面的显示尺寸后,对其他 3 段视频也做同样的修改,使其满屏显示。

(3) 接着缩短"日出.avi"视频的时间,使这 4 段视频的时间总长度与"01.wav"音频文件的长度一致。在时间线中选中"花开 A.avi"、"花开 B.avi"和"生长.avi"3 段视频,将其一同向前移动,覆盖掉剩余部分,使视频与音频的长度一致,如图 3-2-8 所示。

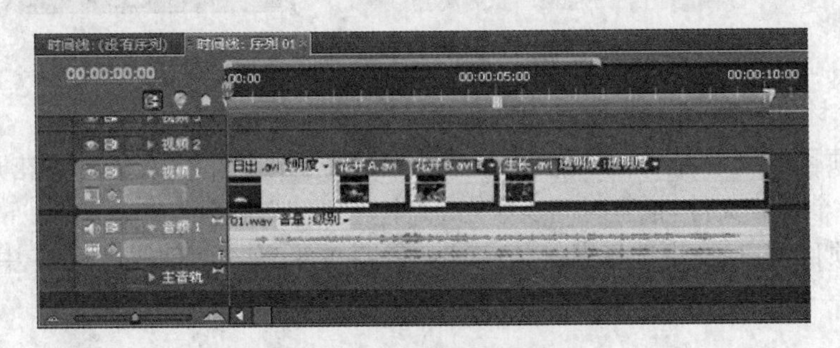

图 3-2-8　调整音视频长度

（4）可以按“空格键”或“Enter 键”预览最终效果，太阳升起、音乐响起、花儿绽放、草儿迅速生长……一个演示作品就完成了，如图 3－2－9 所示。

图 3－2－9　作品显示

5．输出视频文件

（1）选择菜单命令【序列】|【渲染】整段工作区，弹出“渲染”窗口，如图 3－2－10 所示。

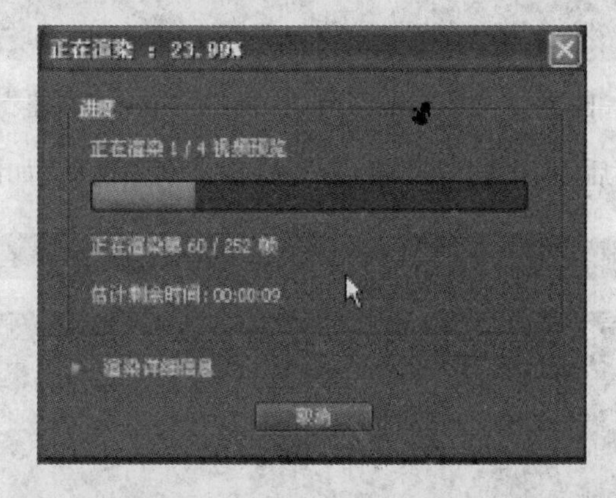

图 3－2－10　“渲染”窗口

（2）选择菜单命令【文件】|【导出】|【影片】，设置输出文件名称，单击【确定】，如图 3－2－11所示。

图 3－2－11　设置输出文件名

(3) 软件自动启动 Adobe Media Encoder CS4 编码器,如图 3-2-12 所示。

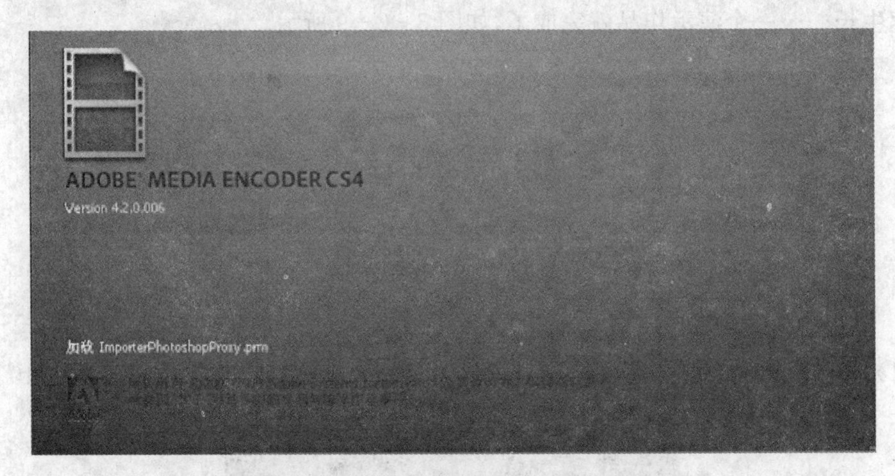

图 3-2-12 **Adobe Media Encoder CS4 编码器**

(4) 进入下图界面后,点击【开始队列】,开始输出视频文件,如图 3-2-13 所示。

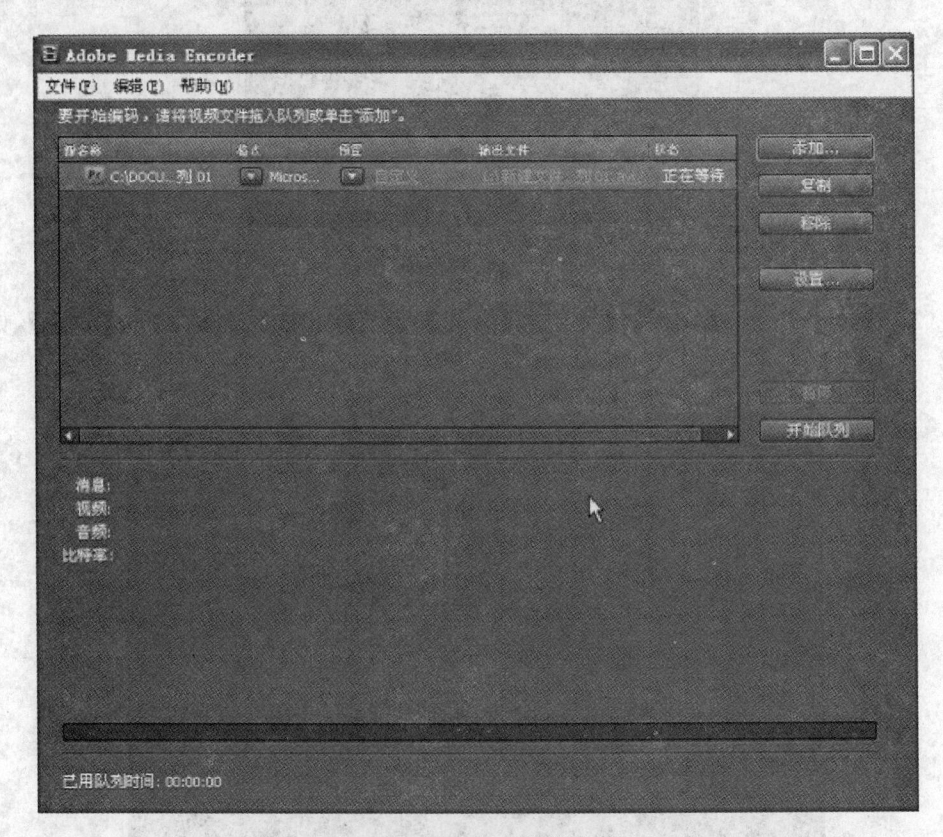

图 3-2-13 **输出视频文件**

3.2.2 声画对位

技术要点：添加标记。

实例概述：为一段歌词添加标记，并在相应歌词放置与歌词内容一致视频画面，使声音和画面对位。

制作步骤：本实例操作过程将分为 4 个步骤，具体操作步骤如下所述。

1. 新建项目文件

(1) 启动软件，单击【新建项目】按钮，打开“新建项目”窗口。

(2) 选择 DV - PAL 制式下“标准 48 kHz”。

(3) 选择保存位置。

2. 导入素材文件

选择【文件】|【导入】命令，在弹出的导入窗口中，选择“实训 2\实训 2 - 02”文件夹中素材“天堂 sc03. avi”、“天堂 sc10. avi”、“天堂 sc11. avi”、“天堂 sc12. avi”、“天堂 sc13. avi”、“天堂 sc20. avi”视频文件和“天堂片段. wav”音频文件，单击【打开】按钮，将素材文件导入到项目窗口。

3. 给音频添加标记

(1) 在项目窗口中选中“天堂片段. wav”音频文件，将其拖至时间线中。按“空格键”播放，可以监听音频的内容，这是歌曲“天堂”的片段，演唱的内容有 4 句：第一句为“蓝蓝的天空”，第二句为“清清的湖水哎耶”，第三句为“绿绿的草原”，第四句为“这是我的家哎耶”，如图 3 - 2 - 14 所示。

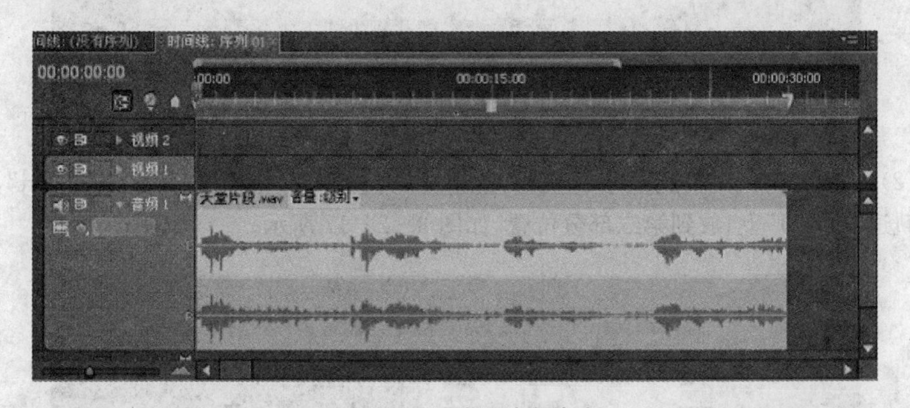

图 3 - 2 - 14 监听音频内容

(2) 当播放第一句时，按右侧小键盘上的“ * 键”，在时间线的标尺线上添加标记。在唱到第二、第三和第四句时，依次按一下小键盘上的“ * 键”，这样在时间线的标尺线上添加 3 个标记，如图 3 - 2 - 15 所示。

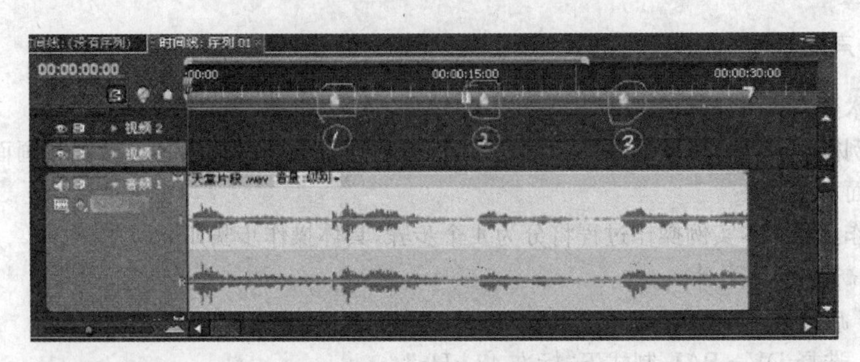

图 3-2-15　添加音频标记

4. 给音频添加对应画面

(1) 在时间线标尺上添加了标记之后，接着给被标记点分开的 4 部分添加对应的画面。从项目窗口中找到蓝天的素材，这里为“天堂 sc10. avi”，将其拖至轨道“视频 1”上，放到第一部分位置，如图 3-2-16 所示。

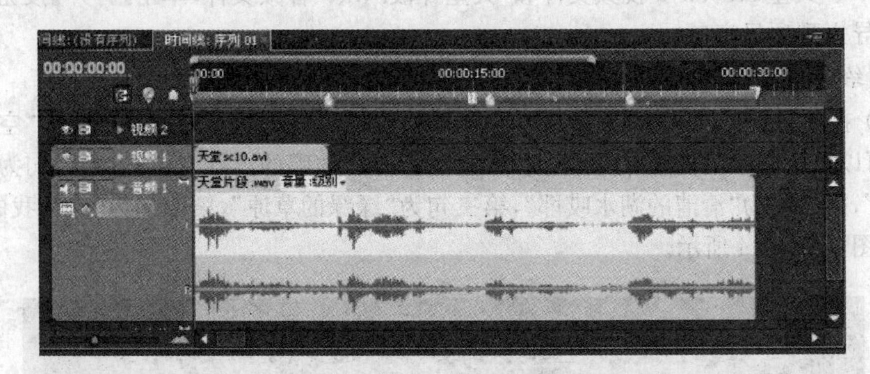

图 3-2-16　添加画面(1)

(2) 从项目窗口中找到湖水的素材，这里为“天堂 sc11. avi”和“天堂 sc12. avi”，将其拖至轨道“视频 1”上，放到第二部分位置，如图 3-2-17 所示。

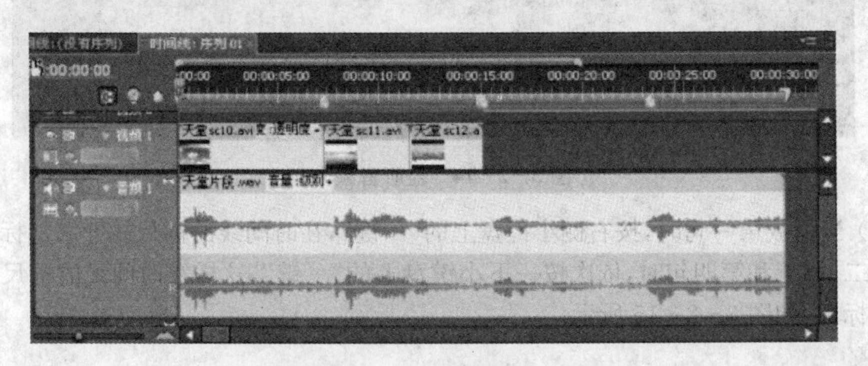

图 3-2-17　添加画面(2)

(3) 从项目窗口中找到草原的素材，这里为“天堂 sc13. avi”，将其拖至轨道“视频 1”上，放到第三部分位置，如图 3-2-18 所示。

图 3-2-18　添加画面(3)

(4) 从项目窗口中找到蒙古包的素材，这里为“天堂 sc20. avi”和“天堂 sc03. avi”，将其拖至轨道“视频 1”上，放到第四部分位置，如图 3-2-19 所示。

图 3-2-19　添加画面(4)

3.2.3　多机位视频素材的编辑

技术要点：多机位视频素材的编辑。

实例概述：在【窗口】菜单中可以直接打开“多机位监视器”窗口，方便地进行任一机位视角的相互换切。本例中导入了同一时间段中四个机位拍摄的四段素材，采用多机位编辑功能进行不同机位画面的自由切换制作。

制作步骤：本实例操作过程将分为 4 个步骤，具体操作步骤如下所述。

1. 新建项目与导入素材

(1) 新建一个名为“多机位视角”的项目文件，选择国内电视制式通用的 DV-PAL 下的“标准 48 kHz”。

(2) 导入“实训 2\实训 2-03”文件夹中配套的视频文件素材“机位 01. avi”、“机位 02. avi”、“机位 03. avi”和“机位 04. avi”，如图 3-2-20 所示。

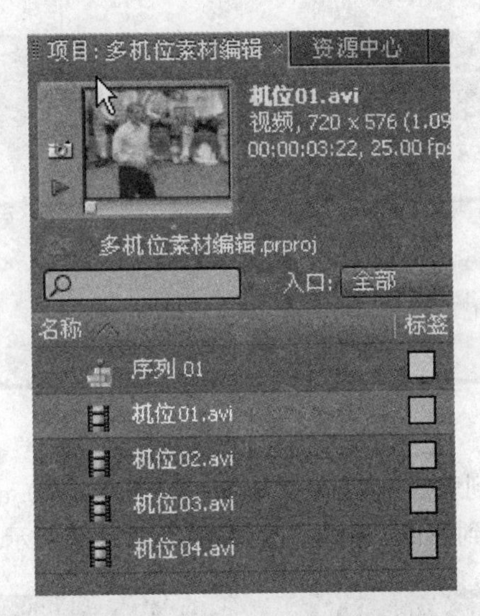

图 3-2-20　导入视频素材

(3)“机位 01. avi”是足球比赛场边的教练的反应镜头；“机位 02. avi”是在足球传出的左侧拍摄；“机位 03. avi”是在足球传出的右侧拍摄；“机位 04. avi”是赛场门前的大范围拍摄。

2. 放置多机位素材

(1) 将“机位 01. avi”、“机位 02. avi”和“机位 03. avi”分别拖至时间线序列 01 的“视频 1”、“视频 2”和“视频 3”轨道上，再将“机位 04. avi”拖至时间线“视频 3”轨道上方的空白处，会自动增加“视频 4”轨道来放置“机位 04. avi”素材，如图 3-2-21 所示。

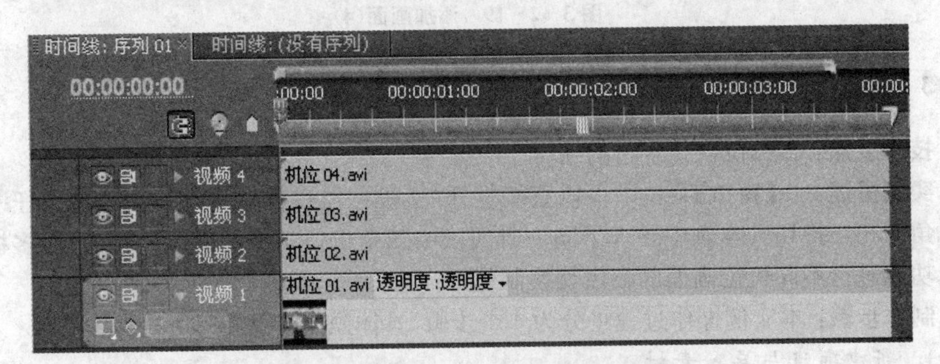

图 3-2-21　在序列 01 时间线放置素材

(2) 选择菜单命令【文件】|【新建】|【序列】(快捷键为 Ctrl+N)，新建一个时间线，名称为“序列 02”，从项目窗口中将“序列 01”拖至序列 02 时间线的“视频 1”轨道中，如图 3-2-22 所示。

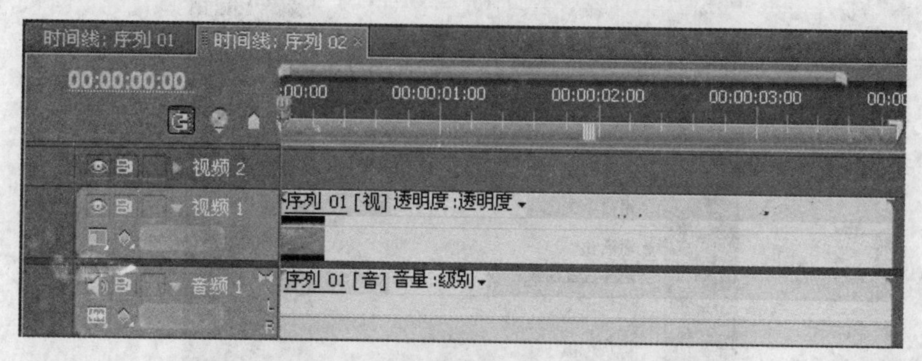

图 3－2－22　在序列 02 时间线中嵌套序列 01 素材

3. 激活多机位素材

(1) 选择菜单命令【窗口】|【多机位监视器】,打开"多机位"窗口,此时还不能使用多机位设置,如图 3－2－23 所示。

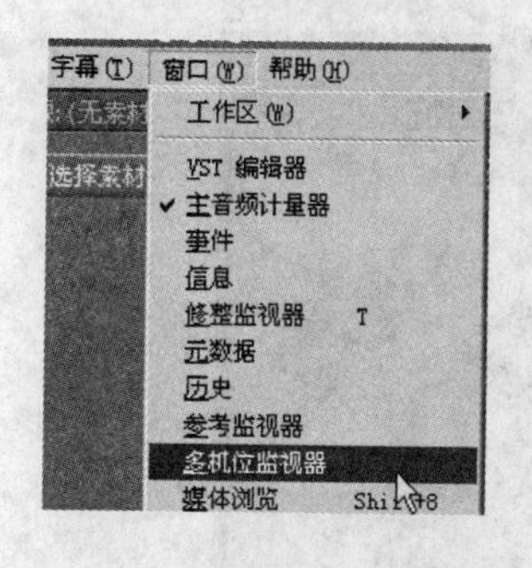

图 3－2－23　打开多机位监视器

(2) 先在序列 02 时间线中选中"序列 01",选择菜单命令【素材】|【多机位】|【激活】,或者在时间线中的序列 01 上按鼠标右键选择【多机位/激活】,都可以将序列 01 中所包含的多机位轨道内容激活。激活后,时间线中序列 01 素材段名称前将有"[MC 1]"字样,如图 3－2－24 所示。

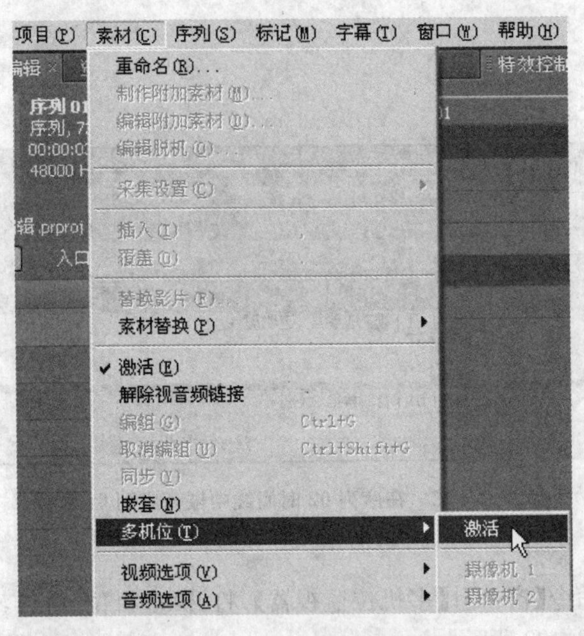

图 3-2-24　激活多机位素材

（3）此时再选择菜单命令【窗口】|【多机位监视器】，打开“多机位”窗口，即可看到左右两大部分多机位画面，左侧的 4 个小画面为 4 个机位的镜头，右侧的一个大画面为最终的效果，如图 3-2-25 所示。

图 3-2-25　激活后多机位窗口中素材显示效果

4. 多机位画面的镜头切换

(1) 在“多机位”窗口中，可以像导演一样对所显示的 4 路不同机位镜头的信号进行自由切换，此时要做的只是用鼠标单击需要切换的画面即可，当然最好具有像导演一样专业的眼光来进行合理的镜头切换。这里先使用左下角的“机位 03. avi”作为开始画面，即将时间移至“第 0 帧”处，单击一下左下角的小画面，这样在右侧部分显示最终输出的画面信号为“机位 03. avi”。同时时间线中视频轨道的素材名称前显示有“[MC 3]”字样，如图 3-2-26所示。

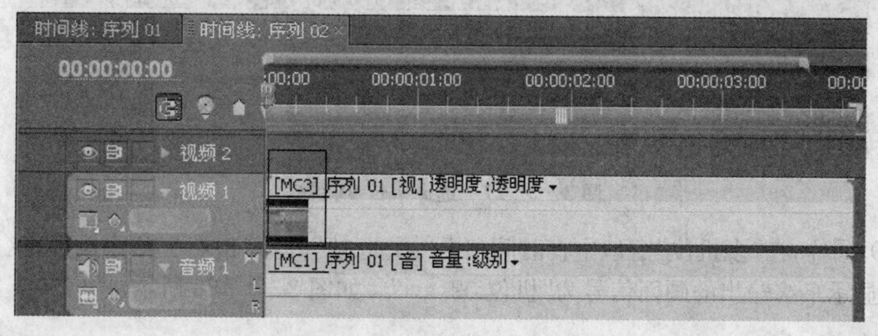

图 3-2-26　选择机位 03 镜头

(2) 在“多机位”窗口中将时间移至“第 12 帧”处，单击左上角小画面，这样在右侧部分显示最终输出的画面信号为“机位 01. avi”，如图 3-2-27 所示。

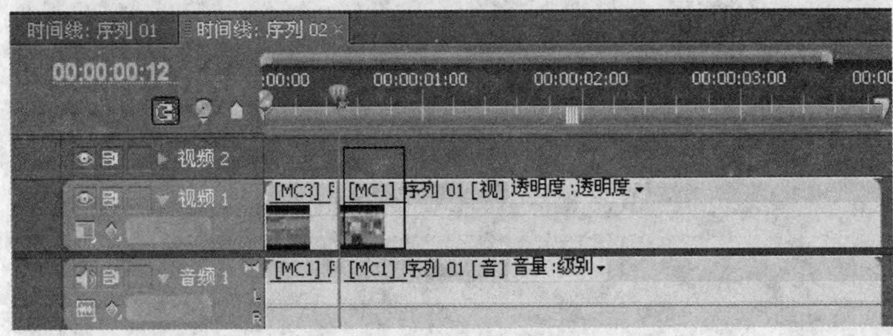

图 3-2-27　选择机位 01 镜头

(3) 同样,在"多机位"窗口中将时间移至"第 20 帧"处,单击右上角小画面,这样在右侧部分显示最终输出的画面信号为"机位 02. avi"。如图 3-2-28 所示。

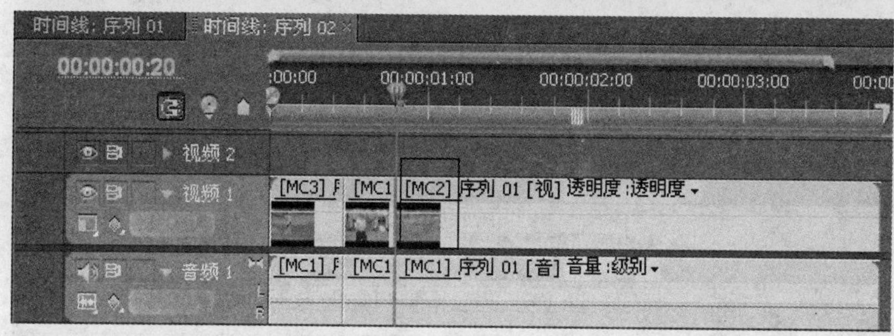

图 3-2-28　选择机位 02 镜头

(4) 在“多机位”窗口中将时间移至“第 1 秒 20 帧”处，单击右下角小画面，这样在右侧部分显示最终输出的画面信号为“机位 04. avi”，如图 3-2-29 所示。

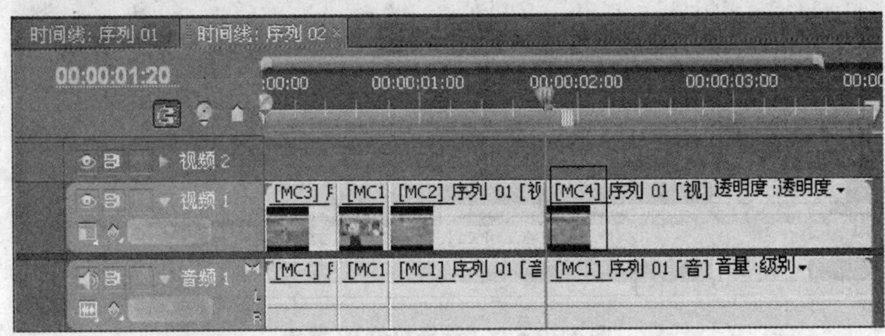

图 3-2-29　选择机位 04 镜头

(5) 在“多机位”窗口中将时间移至“第 3 秒 05 帧”处，单击左上角小画面，这样在右侧部分显示最终输出的画面信号为“机位 01. avi”，如图 3-2-30 所示。

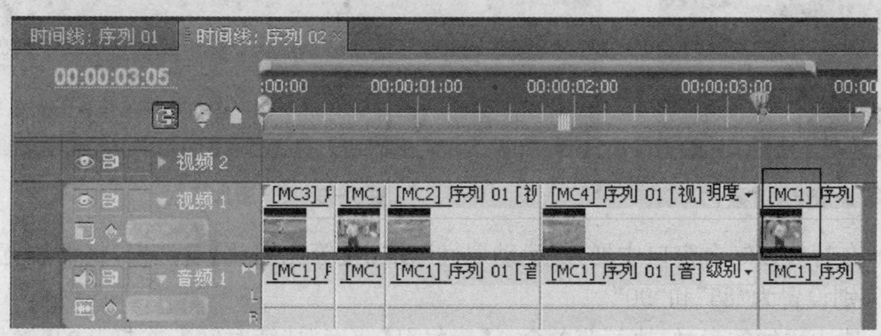

图 3-2-30　显示机位 01 镜头

(6) 关闭“多机位”窗口，预览最终的机位镜头切换效果。

本节通过实例演示，导入了 4 台摄像机在 4 个机位同时拍摄的 4 段赛场镜头，采用多机位编辑功能在时间进程不变的情况下，有选择地播放其中某一机位的镜头。制作过程中，先在一个序列时间线的多个轨道中放置各个机位素材，然后新建一个序列时间线，将前一序列放置到新的序列时间线中，并激活多机位功能，这样就可以在“多机位”窗口中进行多机位的镜头切换了。

3.3　实训 3　视频编辑

3.3.1　画轴卷动效果

技术要点：添加视频切换效果。

实例概述：本实例学习添加视频切换的方法，掌握“擦除转场持续时间”和“擦除转场方向”的设置。通过制作画轴及设置相关参数，利用擦除转场，制作出画轴展开效果。

制作步骤：本实例操作过程将分为 6 个步骤，具体操作步骤如下所述。

1. 新建项目与导入素材

(1) 启动 Premiere Pro CS4，新建一个名为“画轴卷动”的项目文件，并选择保存位置。

(2) 执行菜单命令【文件】|【导入】，导入本书配套教学素材“实训 3\实训 3－01”文件夹中的“山寨瑞雪.jpg”，如图 3－3－1 所示。

2. 设置素材缩放比例和持续时间

(1) 在项目窗口中选择导入的素材，将其添加到“视频 2”轨道，如图 3－3－2 所示，鼠标右键单击添加的素材，从弹出的快捷菜单中选择【适配为当前画面大小】菜单项，将其素材调整到“全屏”状态。

图 3－3－1　素材

图 3－3－2　添加素材

(2) 在特效控制台窗口中展开“运动属性”，取消【等比缩放】复选框，将缩放宽度和缩放高度分别设置为“85”和“90”。

(3) 选中添加的素材，执行菜单命令【素材】|【速度/持续时间】，在打开的【素材速度/持续时间】对话框中设置持续时间为“12 秒”，单击【确定】按钮，如图 3－3－3 所示。

图 3－3－3　调整速度后的素材

3. 新建并设置白色蒙版

(1) 执行菜单命令【文件】|【新建】|【彩色蒙版】，打开【新建彩色蒙版】对话框，设置如图 3－3－4 所示，单击【确定】按钮。

(2) 打开【颜色拾取】对话框，将颜色设置为“白色”，如图 3－3－5 所示。

(3) 打开【选择名称】对话框，在【选择用于新蒙版的名称】文本框输入“白色蒙版”，单击【确定】按钮。

(4) 在项目窗口中将“白色蒙版”添加到“视频 1”轨道中，鼠标右键单击“白色蒙版”，从弹出的快捷菜单中选择【速度/持续时间】菜单项。

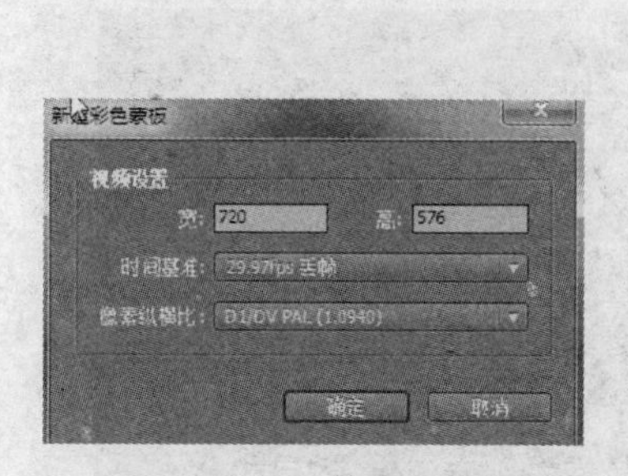

图 3-3-4　新建彩色蒙版

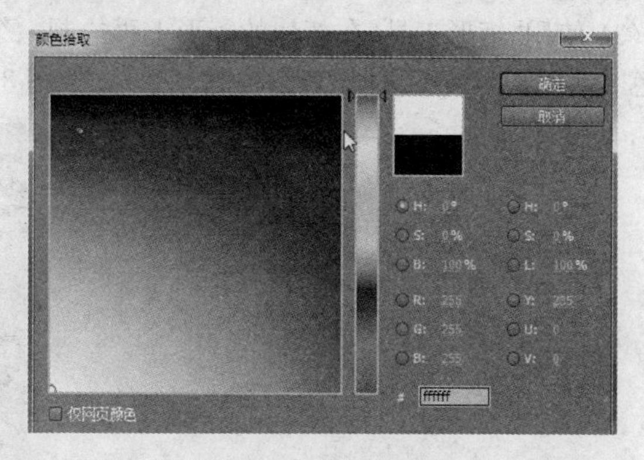

图 3-3-5　彩色拾取

(5) 打开【素材】|【速度/持续时间】对话框，设置持续时间为“12 秒”，单击【确定】按钮，如图 3-3-6 所示。

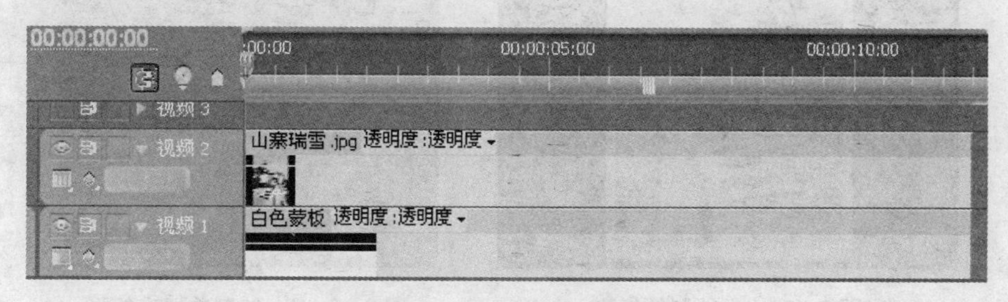

图 3-3-6　加入并调整后的素材

(6) 选中“白色蒙版”素材，在特效控制台窗口中展开“运动”属性，取消【等比缩放】复选框，将缩放宽度和缩放高度分别设置为“92”和“50”。

4. 制作画轴

(1) 按“Ctrl+T 组合键”，打开“新建字幕”对话框，在对话框【名称】文本框中输入“画轴”，如图 3-3-7 所示，单击【确定】按钮，进入字幕编辑窗口。

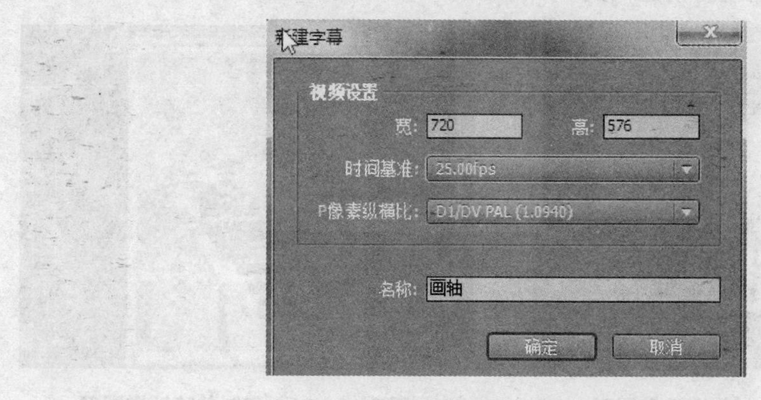

图 3-3-7　新建字幕

（2）在工具栏中选择“矩形工具”，在“字幕编辑”窗口的上方绘制一个“矩形”（系统默认填充白色），如图 3-3-8 所示。

（3）使用“矩形工具”在新建的矩形上再绘制一个“矩形”，填充颜色，设置填充类型为“实色”，颜色为“黑色”，并勾选【光泽】复选框，如图 3-3-9 所示。

图 3-3-8　绘制的矩形

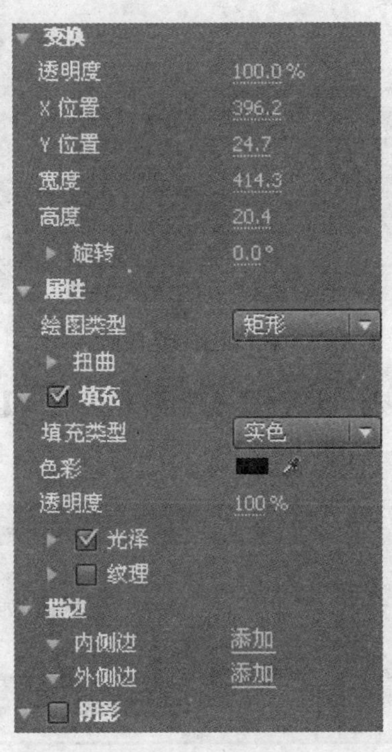

图 3-3-9　绘制并填充矩形

（4）在工具栏选择“椭圆工具”，在矩形的旁边绘制一个“椭圆形”，并填充颜色，填充类型的色彩为“黑色”，外描边色彩为“白色”，如图 3-3-10 所示。

（5）鼠标右键单击椭圆形，从弹出的快捷菜单中选择【复制】菜单项，用同样方法，从弹出的快捷菜单中选择【粘贴】菜单项，复制出一个“椭圆形”，然后将其移到矩形的另一边，效果如图 3-3-11 所示。

（6）关闭“字幕编辑”窗口，返回到 Premiere Pro CS4 的工具界面。

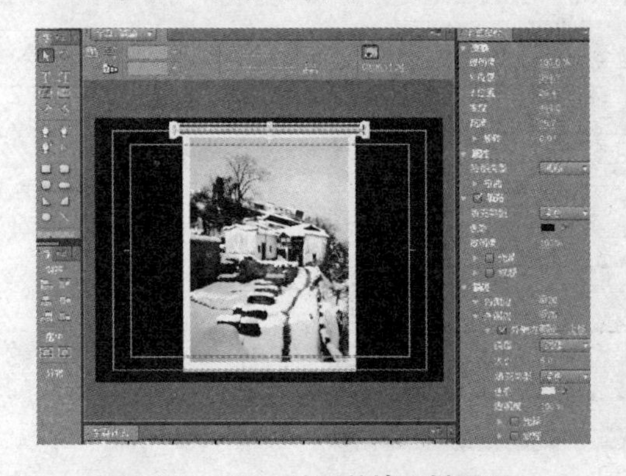

图 3-3-10　绘制并填充椭圆形

图 3-3-11　复制并移动椭圆形

5. 为画轴添加关键帧

(1) 在项目窗口中将“画轴”添加到“视频 3”和“视频 4”轨道上，并调整其持续时间与视频 1 轨道上素材的持续时间等长，如图 3 - 3 - 12 所示。

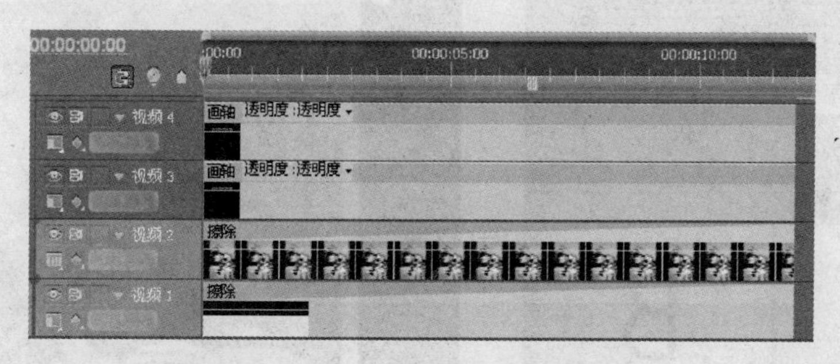

图 3 - 3 - 12　添加素材并调整持续时间

(2) 选中“视频 3”轨道上的素材，在特效控制台窗口中展开“运动”属性，将当前时间指针移到“0 秒”位置，参数设置为“默认值”，单击【位置】左侧的【切换动画】按钮，添加第一个关键帧。

(3) 将当前时间指针移到“12 秒”位置，设置参数为“360，820”，添加第二个关键帧，如图 3 - 3 - 13 所示。

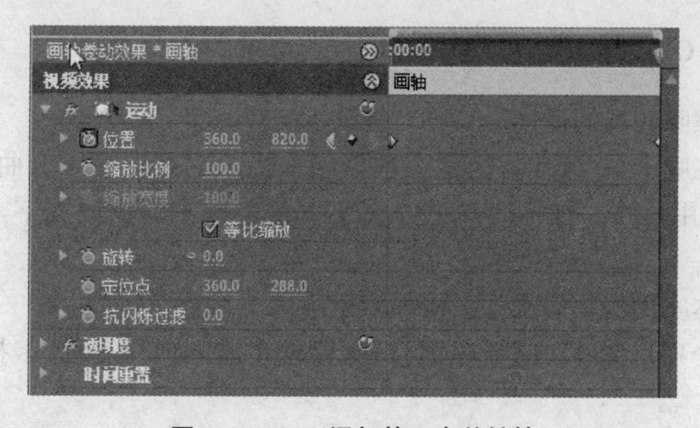

图 3 - 3 - 13　添加第二个关键帧

6. 添加视频切换效果

(1) 在效果窗口中展开【视频转换】|【擦除】选项，将“擦除”转场添加到“视频 1”和“视频 2”轨道的素材上。

(2) 分别选中添加到转场，在特效控制台窗口中，单击【从北到南】按钮，持续时间设置为“12 秒”，如图 3 - 3 - 14 所示。

(3) 单击【播放/停止】按钮，效果如图 3 - 3 - 15 所示。

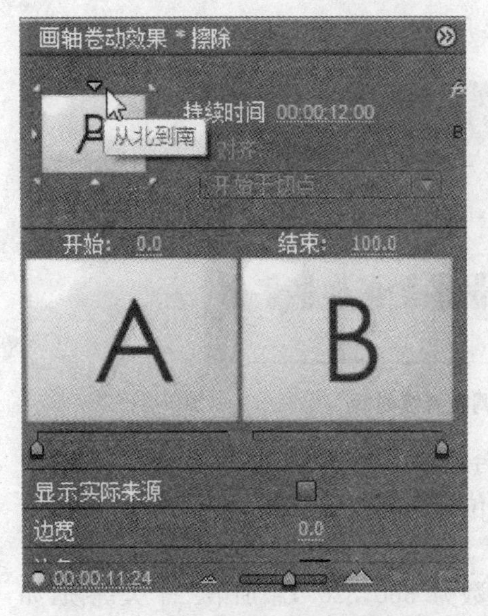

图 3-3-14 单击"从北到南"按钮

图 3-3-15 最终效果

3.3.2 制作卡拉 OK 效果

技术要点：擦除转场的运用。

实例概述：在唱卡拉 OK 时，经常会根据字幕提示的歌词演唱歌曲。本实例主要运用"擦除"效果，使用另外一种不同颜色的文字去覆盖原来的歌词文字，形成卡拉 OK 的效果。

制作步骤：本实例的具体操作步骤如下所示。

(1) 新建一个项目文件，在【新建项目】对话框中输入项目名称"卡拉 OK 效果"并保存在指定位置。

(2) 导入"实训 3\实训 3-02"中的素材"森林.jpg"，然后在项目窗口中将背景素材拖入时间线窗口的"视频 1"中，选择【文件】|【字幕】命令，在弹出的对话框中设置名称为"宁静的夏天"。

(3) 在弹出的字幕设计器中单击"文字"工具，在窗口中输入"宁静的夏天"，设置文字的大小为"65"，颜色为"黄色"。调整合适的位置，然后关闭窗口，如图 3-3-16 所示。

图 3－3－16　字幕设计器中设置“宁静的夏天”

（4）将“宁静的夏天”素材直接拖入时间线窗口的“视频 2”中。

（5）在弹出的字幕设计器中单击“文字”工具，在窗口中输入“天空中繁星点点”，并调整文字的“大小”、“位置”和“颜色”，基本属性同“宁静的夏天”，然后关闭窗口。

（6）将项目窗口中的“天空中繁星点点”素材拖入时间线窗口的“视频 3”中，如图 3－3－17所示。

图 3－3－17　将素材拖入轨道视频 2 上

（7）进入选择“宁静的夏天”素材的基本属性控制面板，设置合适的“位置”、“大小”和“字间距”，选择“天空中繁星点点”素材并设置其基本属性。将两个素材都放在画面的下方，注意两行字在纵向上不能重合，效果如图 3－3－18 所示。

（8）进入项目窗口，选择“宁静的夏天”和“天空中繁里点点”素材并右击，在弹出的快捷菜单中选择【复制】命令，然后取消选择，在空白处单击鼠标右键进行粘贴，将复制的素

图 3-3-18　两段文字素材摆放位置

材分别重命名为“天空中繁星点点 1”和“宁静的夏天 1”，分别将其拖入时间线窗口的“视频 4”和“视频 5”中，如图 3-3-19 所示。

(9) 在时间线窗口选择“天空中繁星点点 1”和“宁静的夏天 1”素材，进入特效控制面板，调整“位置”、“大小”，与“天空中繁星点点”和“宁静的夏天”位置相同，颜色为“红色”，如图 3-3-20 所示。

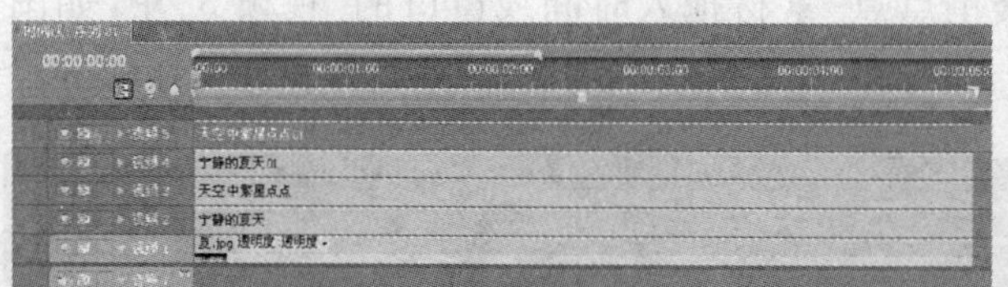

图 3-3-19　复制的两个素材拖入视频 4、视频 5

图 3-3-20　设置复制素材的颜色

(10) 进入“效果”面板，选择【视频转换】|【擦除】|【擦除】特效，并将该特效拖曳到素材的“出点”和“入点”，如图 3-3-21 所示。

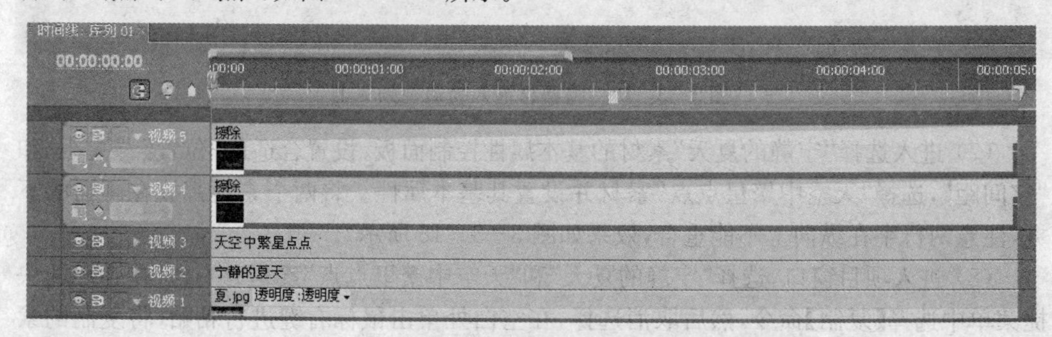

图 3-3-21　将视频切换“擦除”特效拖到视频 4、视频 5 上

(11) 进入“特效控制”面板，调整特效时间，使特效控制更加合理、频率和字幕配合更加完美，如图 3 - 3 - 22 所示。

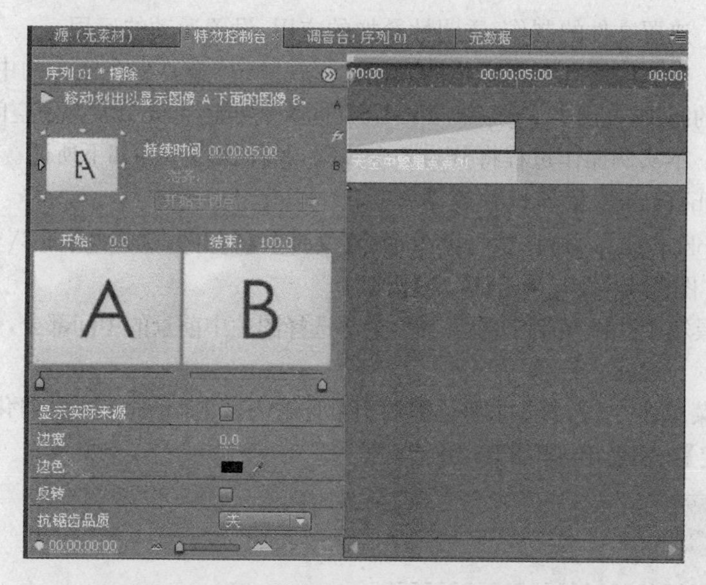

图 3 - 3 - 22　特效控制中调整特效持续时间

(12) 按“空格键”预览视频效果，选择【文件】|【导出】|【媒体】命令，在打开的对话框中设置所需的视频格式。单击【确定】按钮，打开“媒体编码器”界面，单击【开始队列】按钮即可将素材输出成视频文件。最终效果图如图 3 - 3 - 23 所示。

图 3 - 3 - 23　卡拉 OK 字幕最终效果

3.3.3 制作“影视频道片头”视频

技术要点：遮罩文件的制作，透明性叠加的应用，设置运动的运用。

实例概述：镜头四周有不断变化的画面，“影视频道”金属字在镜头的中间闪光出现。这一特殊效果的制作，使用了 Premiere Pro CS4 的多种功能，并充分发挥了空间的想象力。

制作步骤：本实例操作过程将分为 8 个步骤，具体操作步骤如下所述。

1. 使用 photoshop 软件制作遮罩

(1) 打开 photoshop 软件，执行菜单命令【文件】|【打开】，选择“实训 3\实训 3-03”文件夹中的素材“图片 1.jpg”，单击【确定】按钮。

(2) 在工具箱中选择“范围选取工具”，全部选择图片中前景的中间部分，如图 3-3-24 所示。

(3) 执行菜单命令【选择】|【羽化】，打开【羽化选区】对话框，设置羽化半径为“3 像素”，单击【确定】按钮退出，如图 3-3-25 所示。

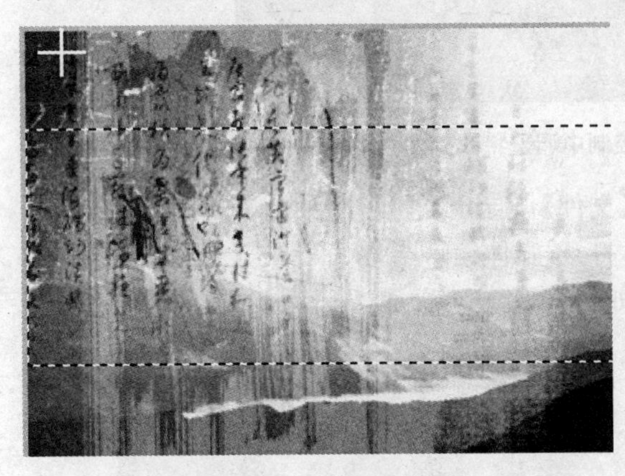

图 3-3-24 选择范围

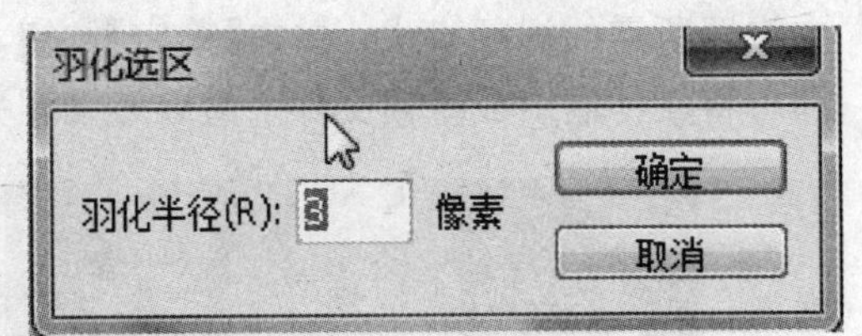

图 3-3-25 羽化选区

(4) 执行菜单命令【编辑】|【填充】，打开【填充】对话框，选择使用“前景色”填充，单击【确定】按钮退出，如图 3-3-26 所示。此时画面的湖面区域已经被填充“黑色”，效果如图3-3-27所示。

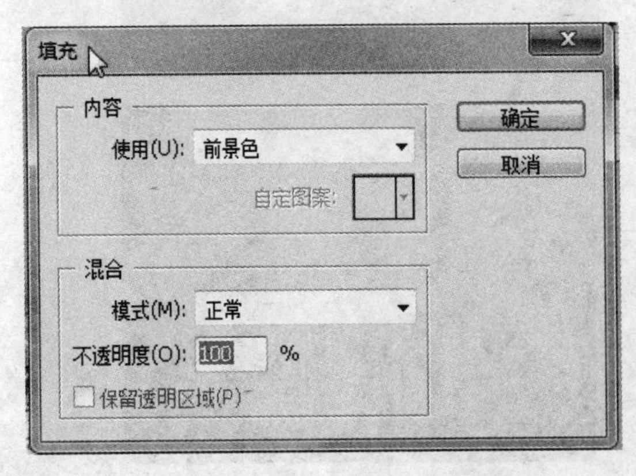

图 3-3-26 “填充”对话框

图 3-3-27 填充效果(1)

(5) 执行菜单命令【选择】|【反选】,反向选择图像中的选择区域,即选中除黑色区域以外的其他区域,如图 3-3-28 所示。

(6) 执行菜单命令【选择】|【羽化】,打开【羽化选区】对话框,设置羽化半径为"3 像素",单击【确定】按钮。

(7) 执行菜单命令【编辑】|【填充】,打开【填充】对话框,选择"背景色"填充,单击【确定】按钮。此时图片由"黑色"和"白色"填充,原图中间的矩形部分为"黑色",其他部分为"白色",如图 3-3-29 所示。

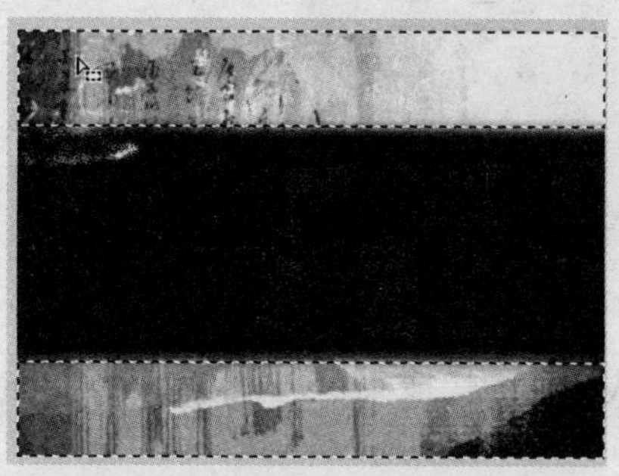

图 3-3-28　反向选择

图 3-3-29　填充效果(2)

(8) 执行菜单命令【文件】|【另存为】,将文件命名为"蒙版.jpg"并进行保存。

2. 导入素材并设置片段持续时间

(1) 进入 Premiere Pro CS4 主界面,执行菜单命令【文件】|【导入】,导入教学素材"实训 3\实训 3-03"文件夹中所有文件,如图 3-3-30 所示。

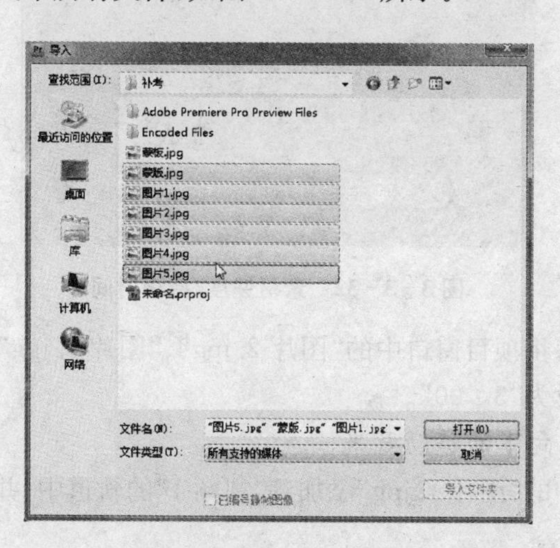

图 3-3-30　导入素材

(2) 执行菜单命令【序列】|【添加轨道】,打开【添加影音轨】对话框,在"视频轨"中输入"2",即添加 2 条视频轨道,如图 3-3-31 所示,单击【确定】按钮。

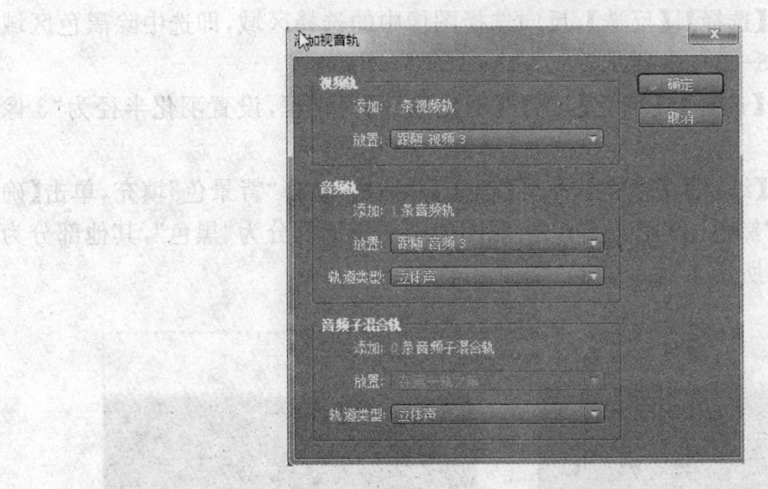

图 3-3-31　加入视音轨道

(3) 右键单击项目窗口的"图片 1.jpg"，从弹出的快捷菜单选择【速度/持续时间】，设置持续时间为"3：00"，单击【确定】按钮，如图 3-3-32 所示。

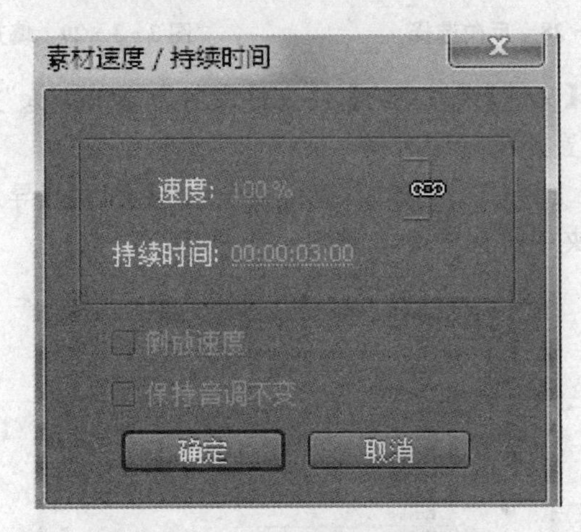

图 3-3-32　素材速度/持续时间

(4) 重复步骤(3)，将项目窗口中的"图片 2.jpg"、"图片 3.jpg"、"图片 4.jpg"和"图片 5.jpg"的持续时间都设为"3：00"。

3. 设置素材从上向下的移动效果

(1) 将项目窗口中的"图片 1.jpg"添加到"视频 1"的轨道中，并使其起始位置与"0"对齐，如图 3-3-33 所示。

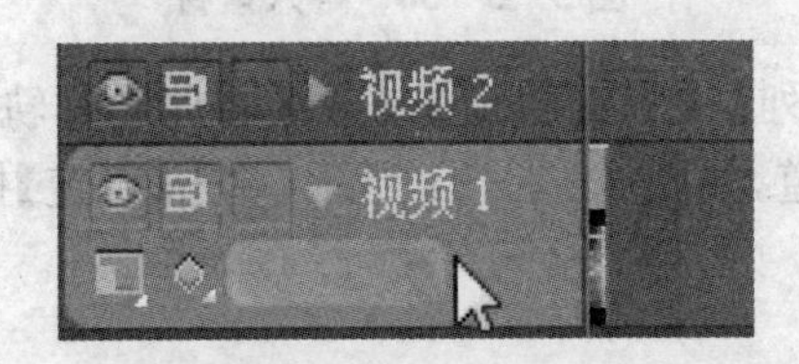

图 3-3-33　添加"图片 1"

(2) 鼠标右键单击当前的图片,从弹出的快捷菜单中选择【适配为当前画面大小】菜单项,将当前片段放大到与当前画幅适配,如图 3-3-34 所示。

(3) 选择"图片 1",在特效控制台窗口中展开"运动"参数,为"位置"添加两个关键帧,时间位置为"0 秒"和"3:00",对应的参数分别为"360,-285"和"360,850",如图 3-3-35 所示。

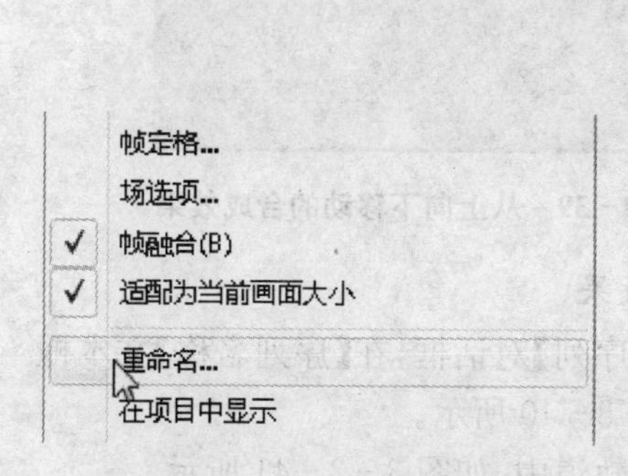

图 3-3-34　画幅适配

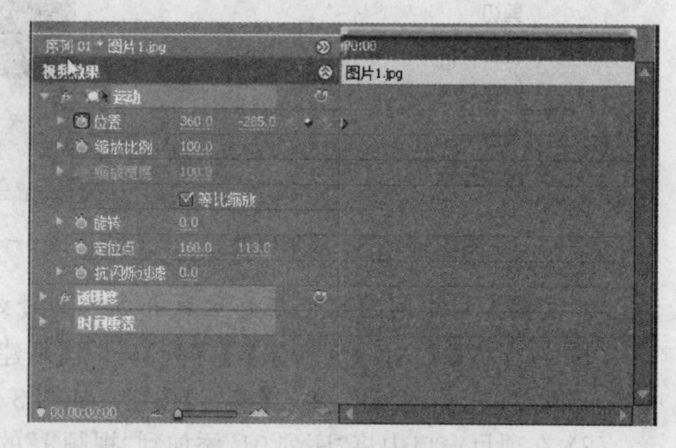

图 3-3-35　"位置"参数设置

(4) 拖动鼠标在时间线上预览,发现素材从上向下的移动已经出来,如图 3-3-36 所示。

(5) 在项目窗口中将"图片 2.jpg"拖入"视频 2"轨道,并设置起始时间为"1:12",重复步骤(2),将当前片段放大到与当前画幅适配。

(6) 在项目窗口中将"图片 3.jpg"拖入"视频 3"轨道,并设置起始时间为"3:00",按上述方法将当前片段放大到与当前画幅适配。

(7) 在项目窗口中将"图片 4.jpg"拖入"视频 4"轨道,并设置起始时间为"4:12",按上述方法将当前片段放大到与当前画幅适配。

(8) 在项目窗口将"图片 5.jpg"拖入"视频 5"轨道,并设置起始时间为"6:00",按上述方法将当前片段放大到与当前画幅适配,如图 3-3-37 所示。

图 3-3-36　预览效果

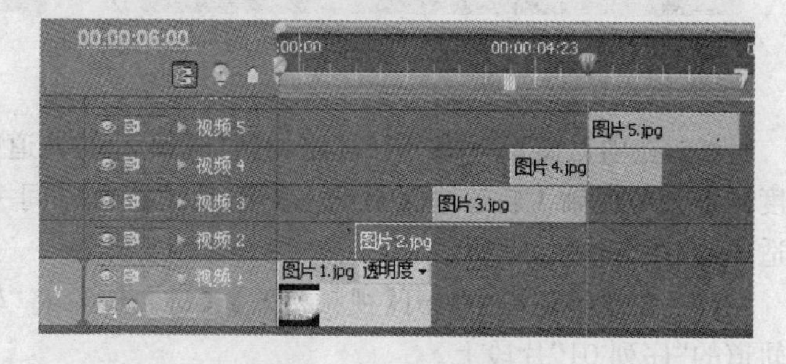

图 3-3-37　添加图片

(9) 在时间线窗口中,选择"视频 1"轨道上的"图片 1",按"Ctrl+C 组合键",鼠标右键分别单击"图片 2"、"图片 3"、"图片 4"和"图片 5",从弹出的快捷菜单中选择【粘贴属性】菜单项,粘贴运动属性,如图 3-3-38 所示。

(10) 拖动鼠标在时间线上预览,发现几段素材从上而下的移动效果已经衔接起来了,如图 3-3-39 所示。

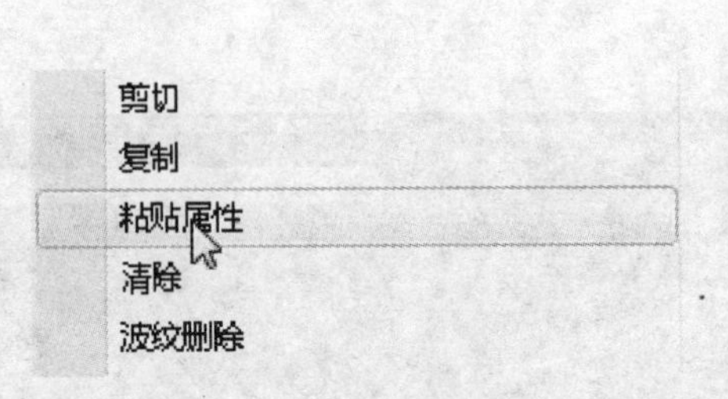

图 3-3-38 添加属性

图 3-3-39 从上向下移动的合成效果

4. 设置素材中间的黑色矩形区域并加入凹进效果

(1) 执行菜单【文件】|【新建】|【序列】,打开【新建序列】对话框,在【序列名称】文本框中输入"素材的上下滚动",单击【确定】按钮。如图 3-3-40 所示。

(2) 在项目窗口中将"序列 01"添加到"视频 1"的轨道中,如图 3-3-41 所示。

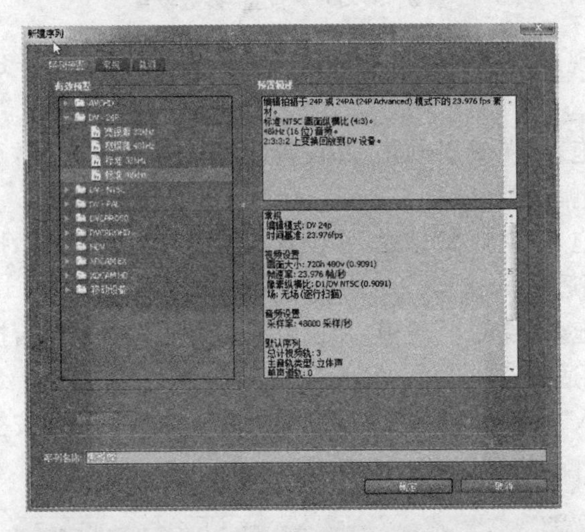

图 3-3-40 新建序列

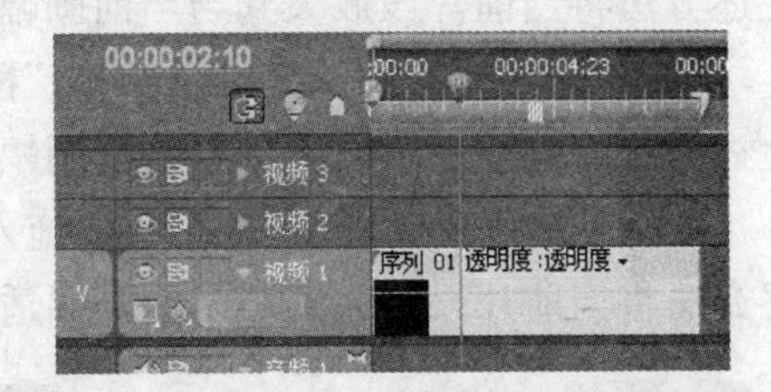

图 3-3-41 添加"序列 01"

(3) 在项目窗口中将"蒙版"添加到"视频 2"的轨道中,利用工具把蒙版的持续时间长度调整为与视频 1 轨道中素材的上下滚动的持续时间一致,将"蒙版"放大到与当前画幅适配,如图 3-3-42 所示。

(4) 在效果窗口中展开【视频特效】|【键】选项,将"轨道遮罩键"特效添加到"视频 1"轨道的"序列 01"片段上。

(5) 在特效控制台窗口中展开"轨道遮罩键"参数,将遮罩设置为"视频 2",合成方式设置为"Luma 遮罩",如图 3-3-43 所示。

图 3-3-42　时间线设置

图 3-3-43　轨道遮罩键

(6) 在效果窗口中展开【视频特效】|【扭曲】选项，将“镜头扭曲”特效添加到“视频 1”轨道的片段上。

(7) 在特效控制台窗口展开“镜头扭曲”参数，设置弯度的参数值为“－40”，其他参数使用“默认值”，如图 3-3-44 所示。

(8) 拖动鼠标在时间线上预览，发现镜头中影片的中间部分有一个黑色矩形区域，此区域为横向滚动的素材区域，并且在黑色区域以后滚动的素材有一种向内凹进的效果，如图 3-3-45 所示。

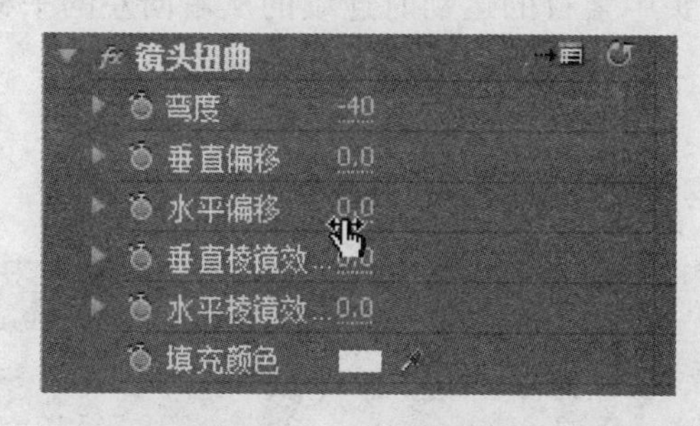

图 3-3-44　镜头扭曲

图 3-3-45　向内凹进的合成效果

5. 制作素材的横向滚动效果

(1) 执行菜单命令【文件】|【新建】|【序列】，打开【新建序列】对话框，在【序列名称】文本框内输入名称“素材的从右至左平移”，单击【确定】按钮。

(2) 将项目窗口中的“图片 1.jpg”添加“视频 1”轨道中，并使起始位置与 0 对齐。

(3) 选择“图片 1.jpg”，在特效控制台窗口中展开“运动”参数，在时间位置“0”和“3：00”处添加两个关键帧，对应的参数分别为“850，288”和“－126，288”，将缩放比例参数设置为“85”，如图 3-3-46 所示。

(4) 在项目窗口将“图片 2.jpg”添加到“视频 2”轨道中，并将起始位置设置为“1：10”；将“图片 3.jpg”添加到“视频 3”轨道中，起始位置设置为“3：00”；将“图片 4.jpg”添加到“视频 4”的轨道中，起始位置设置为“4：10”；将图片“图片 5.jpg”添加到“视频 5”轨道中，起始位置设置为“6：00”，如图 3-3-47 所示。

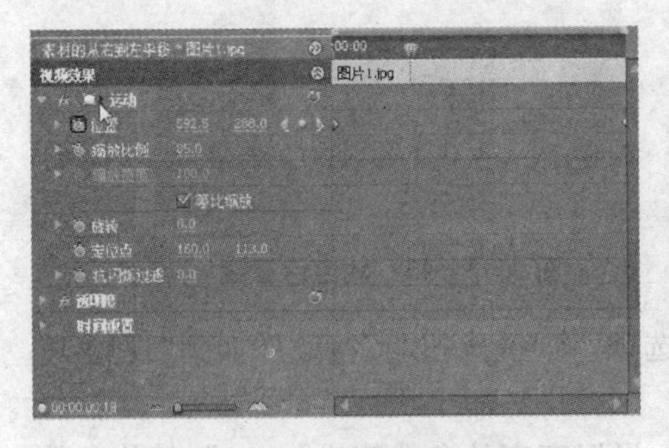

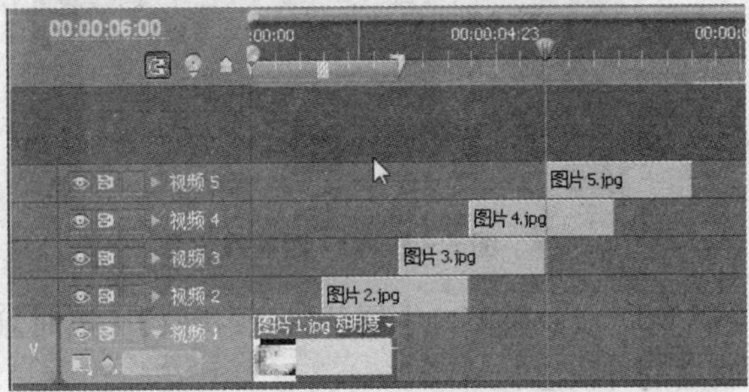

图 3-3-46　设置“运动”参数　　　**图 3-3-47　添加“图片”**

(5) 在时间线窗口中，选择“视频 1”轨道上的“图片 1”，按“Ctrl+C 组合键”，鼠标右键分别点击“图片 2”，“图片 3”，“图片 4”和“图片 5”，从弹出的快捷菜单中选择【粘贴属性】菜单项，粘贴运动属性。

(6) 拖动鼠标在时间线上预览，发现镜头中素材的运动时连续的从右向左的平移运动，如图 3-3-48 所示。

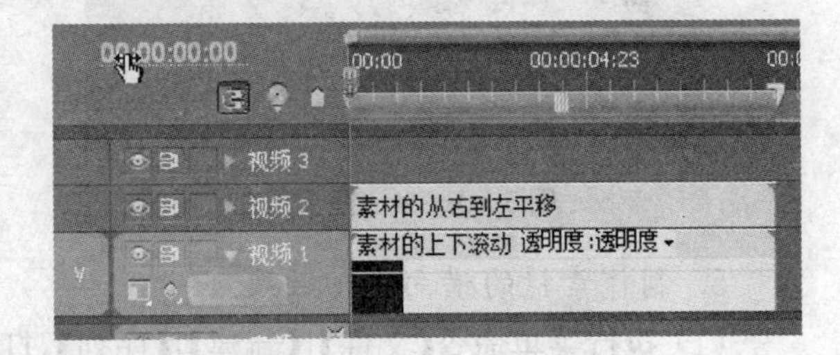

图 3-3-48　横向滚动的合成效果　　　**图 3-3-49　添加序列素材**

6. 将横向滚动的素材和上下移动的素材进行合成

(1) 执行菜单命令【文件】|【新建】|【序列】，打开【新建序列】对话框，在【序列名称】文本框中输入“循环底”，单击【确定】按钮。

(2) 在项目窗口中将“素材的上下滚动”添加到“视频 1”轨道中，起始位置与“0”对齐；将“素材的从左至右平移”拖动到“视频 2”轨道中，并使其起始位置与“0”对齐，如图 3-3-49 所示。

(3) 拖动鼠标在时间线上预览，合成效果如图 3-3-50 所示，一段素材从上向下滚动，屏幕中间的黑色矩形部分显示素材从右至左的平移运动。

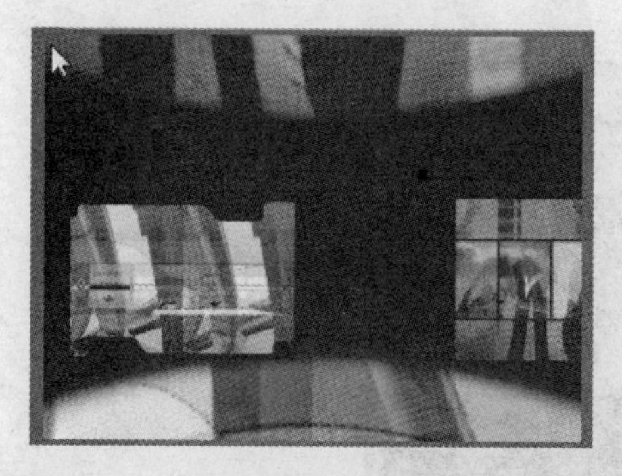

图3-3-50　横向滚动与上下移动的合成效果

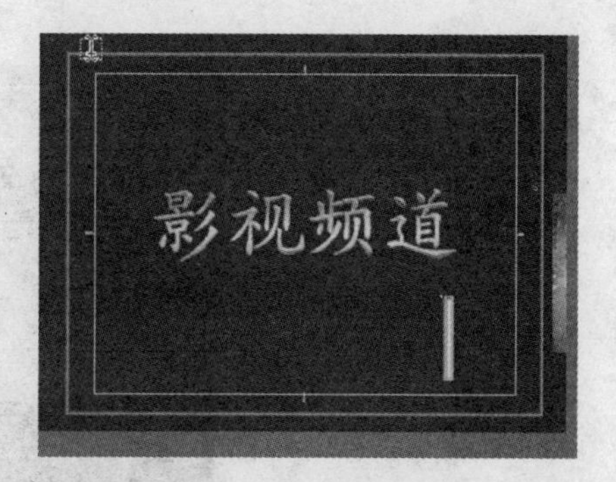

图3-3-51　字幕设计

7. 加入字幕

(1) 执行菜单命令【文件】|【新建】|【序列】,打开【新建序列】对话框,在【序列名称】文本框中输入"序列 05",单击【确定】按钮。

(2) 在项目窗口将"循环底"添加到"视频 1"轨道,起始位置与"0"对齐。

(3) 按"Ctrl+T 组合键",打开【新建字幕】对话框,在【名称】文本框中输入"标题",时基为"25",单击【确定】按钮。

(4) 打开"字幕设计"窗口,将字体设置为"经典行楷简",字体大小为"100",选择"文字工具"并单击"字幕设计"窗口,输入文字"影视频道",在字幕样式中选择"方正金质大黑"。

(5) 单击"水平居中工具"和"垂直居中工具",将字幕居中,如图 3-3-51 所示。

(6) 关闭字幕窗口,在项目窗口将"标题"添加到"视频 2"的轨道中,并将起始位置与"1∶15"对齐,如图 3-3-52 所示。

(7) 在时间线上,使用"选取工具"选择视频 1 轨道上的"循环底",执行菜单命令【素材】|【重命名】,打开【重命名素材】对话框,在【素材名】文本框中输入"最终循环底",如图 3-3-53 所示,单击【确定】按钮。

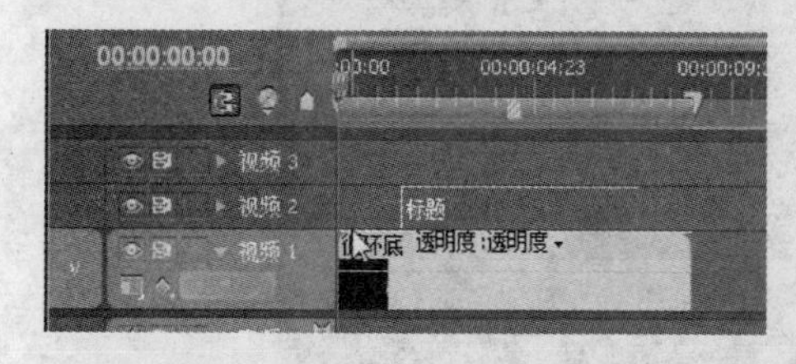

图3-3-52　给视频2添加"标题"

图3-3-53　重命名素材

(8) 在时间线上使用 "剃刀工具"沿"视频 2"轨道上的标题素材的前边缘将"视频 1"轨道上的"最终循环底"片段剪开,并把剪开后多余素材删除。

(9) 将视频轨道的片段与位置"0"对齐。

(10) 在效果窗口中展开【视频切换效果】|【擦除】选项,将擦除切换效果添加到"视频 2"轨道的"标题"字幕上。

(11) 在特效控制台窗口中展开"擦除"参数,将持续时间设置为"4∶00",如图 3-3-54 所示。

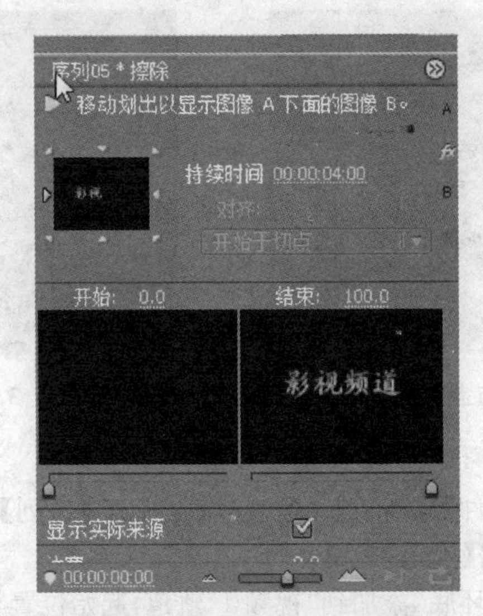

图 3-3-54　设置“擦除”参数

（12）在效果窗口中展开【视频特效】|【生成】选项，将“发光”添加到“视屏 2”轨道的“标题”字幕上。

（13）在特效控制台窗口中展开“发光”参数，为“源点”参数添加两个关键帧，时间参数为“0：16”和“4：00”，位置参数为“95，288”和“632，288”。为“光线长度”添加两个关键帧，时间参数为“4：00”和“4：12”，光线参数为“4”和“0”。

（14）将“彩色化-基于...”设置为“Alpha”，“彩色化...”设置为“无”，“叠加模式”设置为“叠加”，如图 3-3-55 所示。

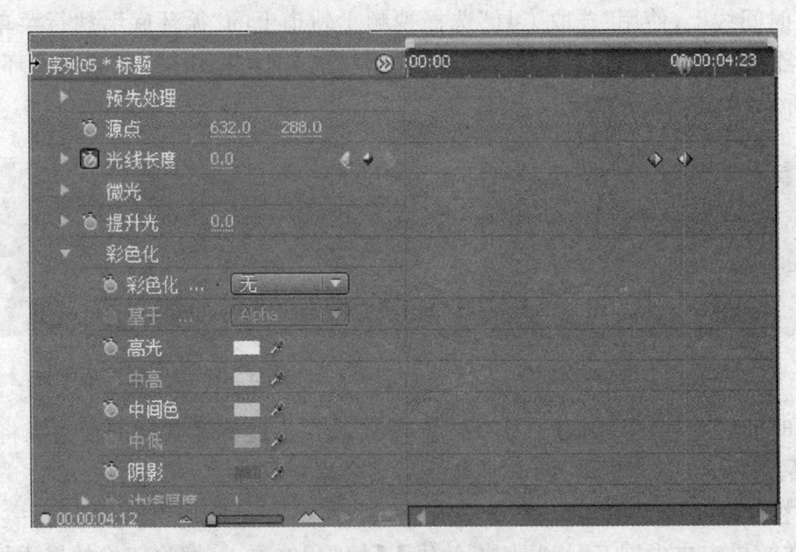

图 3-3-55　设置“标题”参数

（15）拖动鼠标在时间线上预览，合成效果如图 3-3-56 所示，在上下左右穿梭的素材的前面，“影视频道”四个大字闪耀着金色光芒出现了。

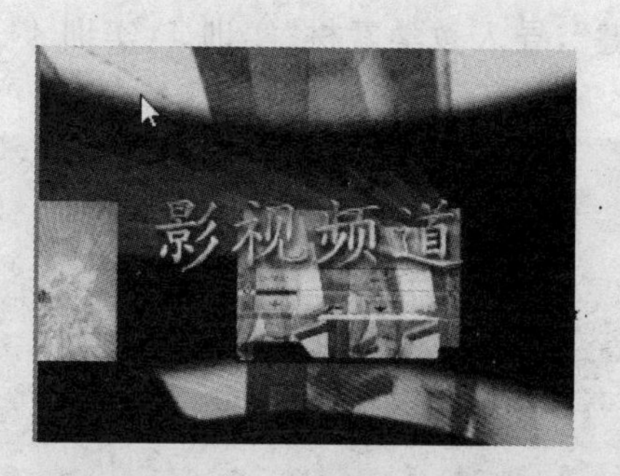

图3-3-56 字幕的合成效果

8. 调整工作区域并输出

(1) 剪辑一段音频添加到“音频1”轨道上，调整工作区域，使其完全覆盖视频轨道上的素材，以便于后面的影片输出，如图3-3-57所示。

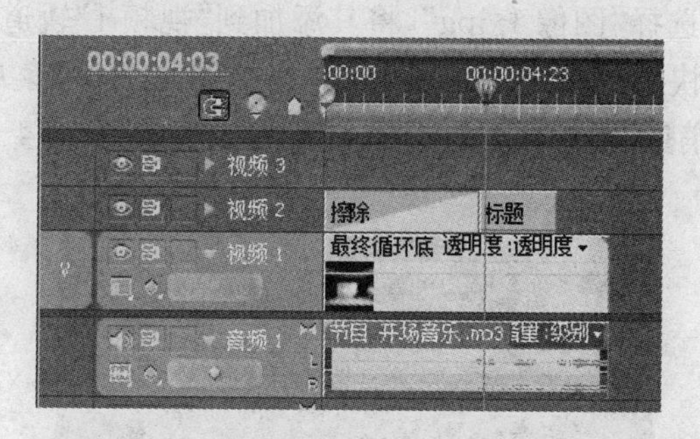

图3-3-57 调整工作区域

(2) 执行菜单命令【文件】|【导出】|【媒体】，在打开的【导出设置】对话框中，把文件命名为“影视频道片头.avi”，单击【确定】按钮。

(3) 打开Adobe Media Encoder的界面，单击【开始队列】按钮，开始输出。

至此片头的制作完成了。

3.4 实训4 制作字幕

3.4.1 水中倒影字幕效果

技术要点：制作辉光描边文字、添加垂直翻转特效、添加波浪特效、添加快速模糊特效、设置波浪特效参数、设置快速模糊特效参数。

实例概述：在字幕编辑窗口中输入并设置文字属性后，为文字添加垂直翻转特效制作倒影效果，然后为文字添加波浪特效、快速模糊特，通过设置相关参数，可以使倒影效果更加自然、逼真，从而制作出水中倒影字幕效果。

制作步骤：本实例操作过程将分为3个步骤，具体操作过程如下所述。

1. 新建项目文件及导入素材

(1) 启动Premiere Pro CS4，新建一个名为“水中倒影字幕效果”的项目文件。

(2) 按"Ctrl+I 组合键",导入教学素材"实训 4\实训 4－01"文件夹中的"图像 1.jpg",如图 3－4－1 所示。

图 3－4－1 导入素材

(3) 在项目窗口中选择"图像 1.jpg",将其添加到"视频 1"轨道上,用鼠标右键单击添加的"图像 1"从弹出的快捷菜单中选择【适配到当前图画大小】菜单项,在效果控制面板中展开【运动】选项,取消【等比缩放】复选框,设置的参数如图 3－4－2 所示,将"图像 1"调整到"全屏"状态。

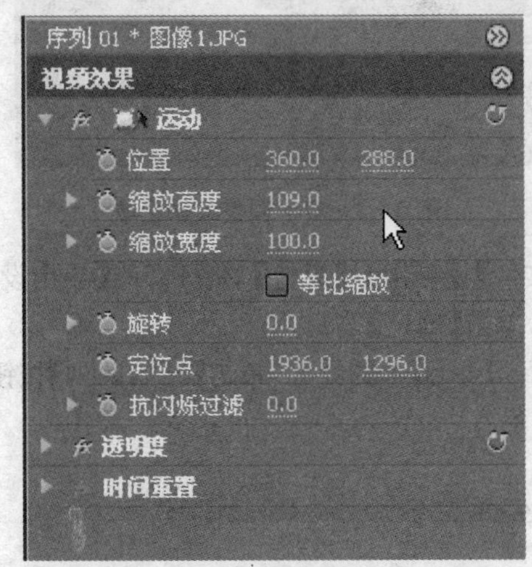

图 3－4－2 将素材调整到全屏状态

2. 制作字幕文字

(1) 按"Ctrl+T 组合键",弹出【新建字幕】对话框,在该对话框中的【名称】文本框中输入"湖光山色",单击【确定】按钮,进入字幕编辑窗口。

(2) 利用"文本工具",在字幕编辑窗口中输入"湖光山色",并设置文字字体为"新魏",字的大小为"108"。

(3) 选中输入的文字,在【字幕属性】选项区中展开【填充】选项,设置填充类型为"实色",设置色彩为"青黄色(RGB 值为 87,245,39)",效果如图 3－4－3 所示。

(4) 选中输入的文字,在【填充】选项下展开【光泽】选项,设置角度为"329",效果如图 3－4－4 所示。

图 3-4-3　填充颜色后的文字效果

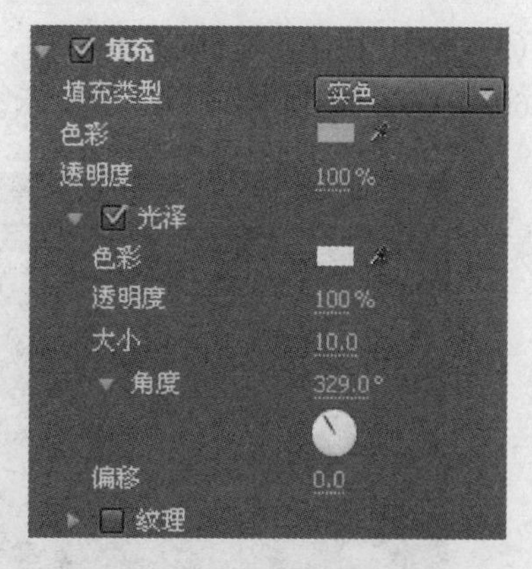

图 3-4-4　设置"光泽"选项

(5) 选中输入的文字，在【字幕属性】选项区中展开【描边】选项，单击"外侧边"右侧的"添加"字样，展开该选项，设置填充类型为"实色"，色彩为"红色(RGB 值为 247,40,30)"，设置类型为"边缘"，大小为"25"，勾选【阴影】复选框，如图 3-4-5 所示。

图 3-4-5　文字描边效果

(6) 关闭字幕编辑窗口，返回到 Promiere Pro CS4 的工作界面。

3. 添加文字特效和设置关键帧

(1) 在项目窗口中选择字幕"湖光山色"，将其添加到"视频 2"轨道上，如图 3-4-6 所示。

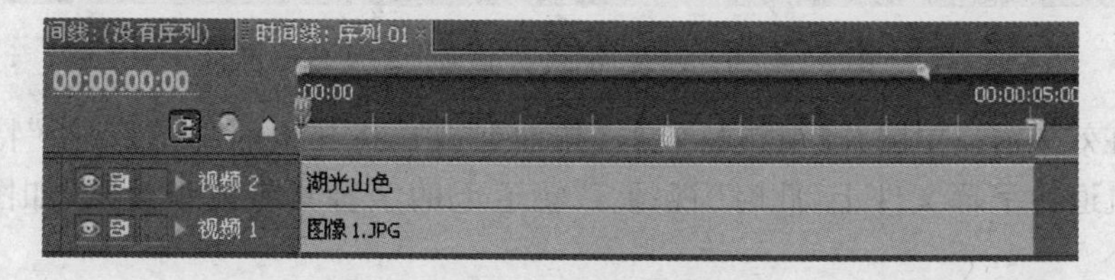

图 3-4-6　添加字幕

(2) 选中“视频 2”轨道上的字幕,在特效控制台窗口中展开【运动】选项,设置位置值为“360.0,252.0”,如图 3-4-7 所示。

图 3-4-7 设置“视频 2”轨道上的字幕位置

(3) 在项目窗口中再选择字幕“湖光山色”,将其添加到“视频 3”轨道上。

(4) 在效果窗口中展开【视频特效】|【变换】选项,将其中的“垂直翻转”特效添加到“视频 3”轨道上的字幕文件上,此时该素材下方会出现一条绿色的直线,且视频 3 轨道上的字幕已经垂直翻转。

(5) 选中“视频 3”轨道上的字幕文件,在特效控制台窗口中展开【运动】选项,设置位置值为“360.0,540.0”,调整字幕的位置,如图 3-4-8 所示。

图 3-4-8 设置“视频 3”轨道上的字幕位置

(6) 在效果窗口中展开【视频特效】|【扭曲】选项,将其中的“波形弯曲”特效添加到“视频 3”轨道的字幕文件上,此时“视频 3”轨道上的字幕具有波浪效果,如图 3-4-9 所示。

图 3-4-9 添加“波形弯曲”特效

(7) 在效果窗口中展开【视频特效】|【模糊 & 锐化】选项,将其中的“快速模糊”特效添加到“视频 3”轨道的字幕文件上。

(8) 选中“视频 3”轨道上的字幕,在特效控制台窗口展开【波形弯曲】和【快速模糊】选项,将时间线移到起始位置,设置参数如图 3-4-10 所示。

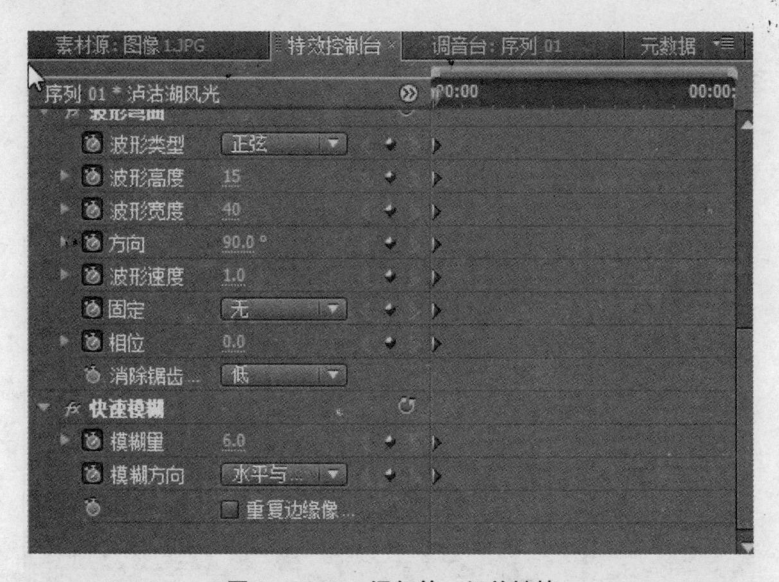

图 3-4-10 添加第一组关键帧

(9) 将时间线移动到“2 秒”位置,设置的参数如图 3-4-11 所示,添加第二组关键帧。

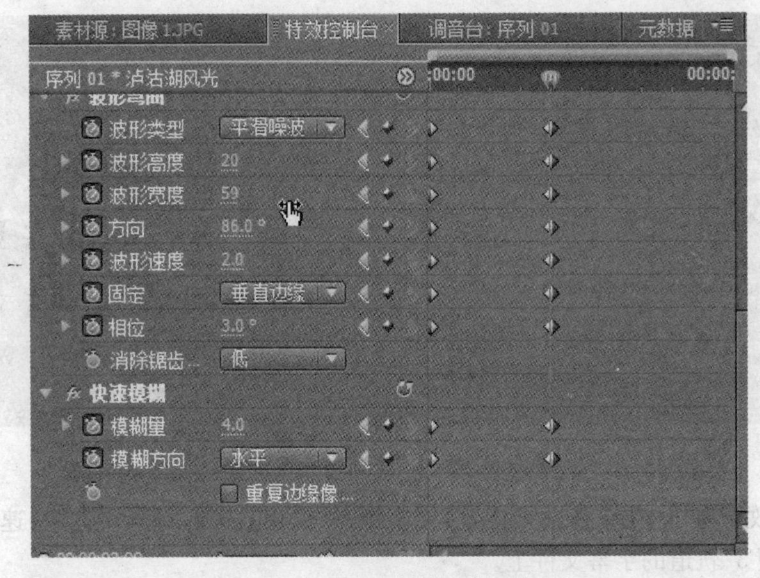

图 3-4-11　添加第二组关键帧

(10) 将时间线移到"4 秒"处，设置参数如图 3-4-12 所示，添加第三组关键帧。

图 3-4-12　添加第三组关键帧

(11) 单击【播放/停止】按钮，字幕效果如图 3-4-13 所示。

图3-4-13 水中倒影字幕效果

3.4.2 打字效果

技术要点：利用裁剪制作打字效果。

实例概述：打字效果在影视节目中经常看到，在Premiere中也可以制作出这个效果。这里将制作一段文字，使其以类似打字的效果出现。

制作步骤：本实例操作过程将分为4个步骤，具体操作步骤如下所示。

1. 新建项目

新建一个名为"打字效果"的项目文件，选择国内电视制式通用DV-PAL下的"标准48 kHz"。

2. 建立文本字幕

(1) 打开"实训4\实训4-02"文件夹中的文本文件"文字.txt"，全选所有文字，按"Ctrl+C组合键"复制，然后关闭文件。

(2) 选择菜单命令【文件】|【新建】|【字幕】(快捷键为Ctrl+T)，打开【新建字幕】对话框，要求输入字幕名称，这里保持默认名称"字幕01"，单击【确定】按钮，打开字幕窗口。

(3) 从左侧的工具栏中选择工具，在字幕窗口中从左上方至右下方拖曳1个文字框，按"Ctrl+V组合键"粘贴。然后对文字设置适当的"字体"和"尺寸"。这里设置字体为"大黑体"，字体大小为"35"，行距为"20"，如图3-4-14所示。

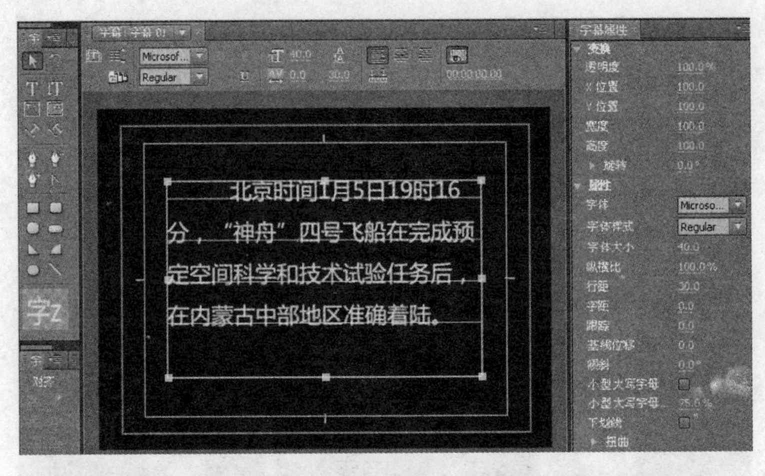

图 3-4-14　字幕窗口设置

3. 设置打字效果(方法一)

(1) 从项目窗口中将"字幕 01"拖至时间线的"视频 1"轨道中,设置其长度为"12 秒"。

(2) 打开"效果"窗口,展开【视频特效】下的【变换】,将"裁剪"拖至"字幕 01"上,如图 3-4-15 所示。

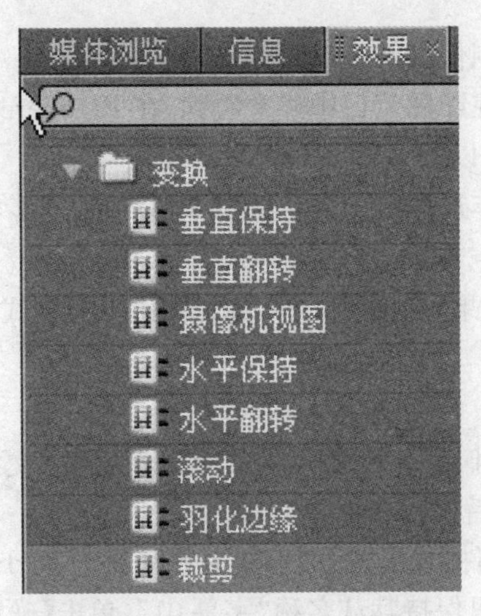

图 3-4-15　变换窗口

(3) 在"效果控制"窗口中设置"裁剪"下的底为"67%",使字幕只显示出其中的第一行,如图 3-4-16 所示。

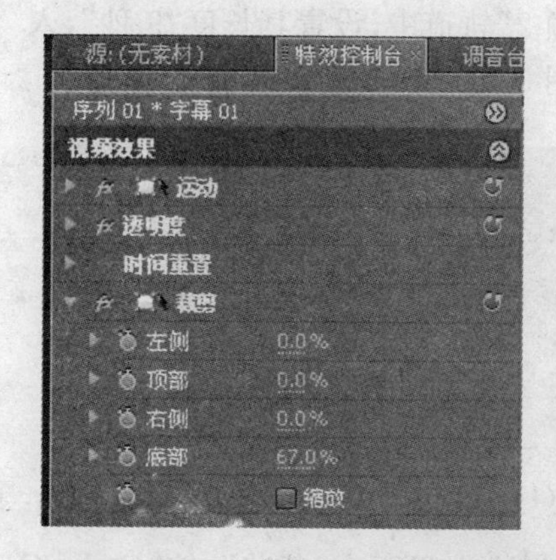

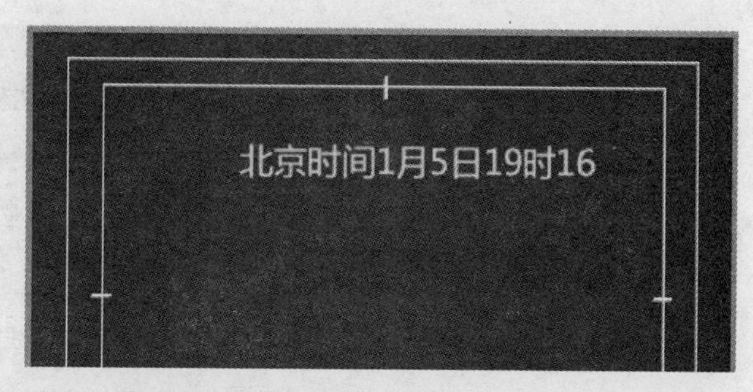

图 3－4－16　效果控制窗口和效果

（4）从“效果”窗口将“裁剪”拖至“字幕 01”上，添加第二个“裁剪”。将时间移至“第 0 帧”处，在“效果控制”窗口中单击打开第二个“裁剪”前面的码表记录动画关键帧，并将右设为“75%”；将时间移至“第 3 秒”处，将右设为“9%”，如图 3－4－17 所示。

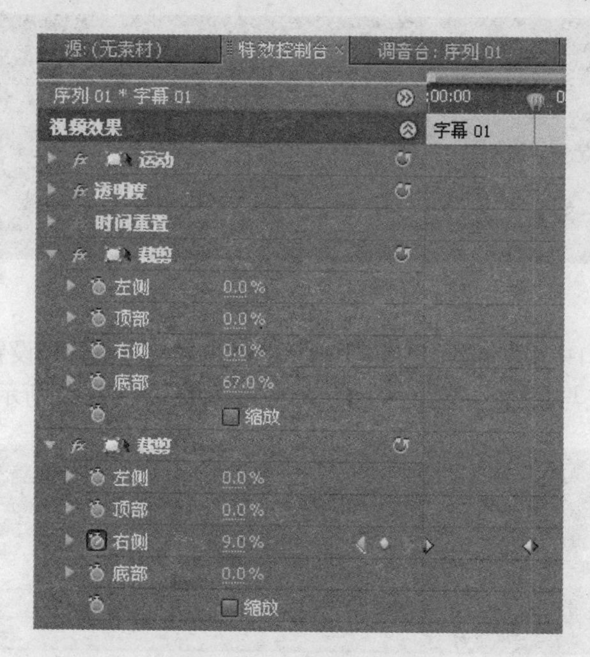

图 3－4－17　效果控制设置

（5）预览动画效果，文字从左到右逐渐出现，如图 3－4－18 所示。

图 3－4－18　预览动画效果

(6) 从项目窗口中将“字幕 01”拖至时间线的“视频 2”轨道中，设置其长度“9 秒”，入点为“第 3 秒”，出点与“视频 1”轨道中的字幕对齐，如图 3-4-19 所示。

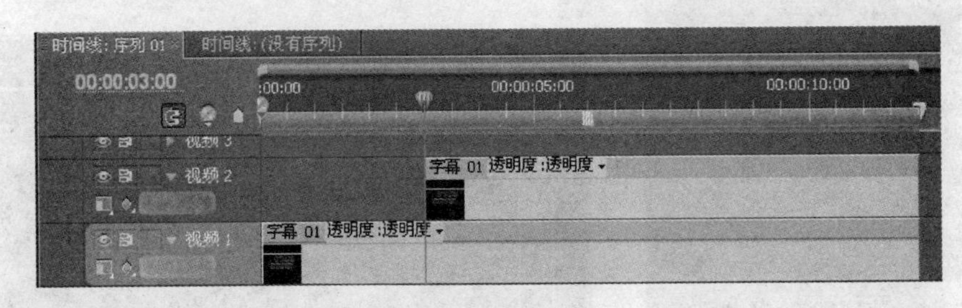

图 3-4-19　设置时间线(1)

(7) 选中“视频 1”轨道中的字幕，在“效果控制”窗口中选择两个“裁剪”，按“Ctrl+C 组合键”复制。再选择“视频 2”轨道中的字幕，按“Ctrl+V 组合键”粘贴。然后修改“视频 2”轨道中字幕的第一个“裁剪”，将顶设为“28%”，将底设为“55%”，只显示第二行文字。这样，第二行文字也被制作成从左到右逐渐显示的效果，如图 3-4-20 所示。

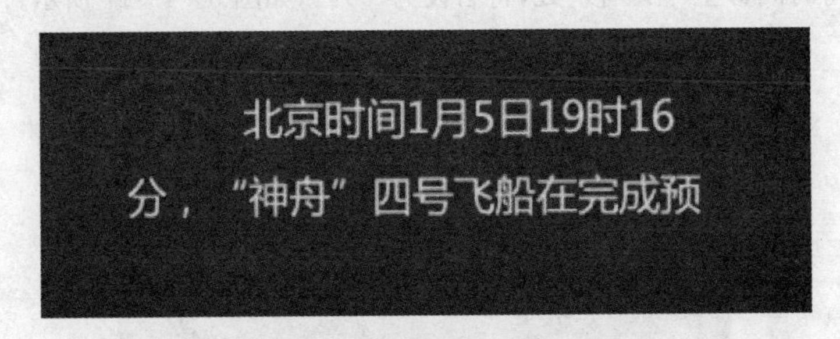

图 3-4-20　第二行文字显示效果

(8) 从项目窗口中将“字幕 01”拖至时间线的“视频 3”轨道中，设置长度为“6 秒”，入点为“第 6 秒”，出点与“视频 1”轨道中的字幕对齐，如图 3-4-21 所示。

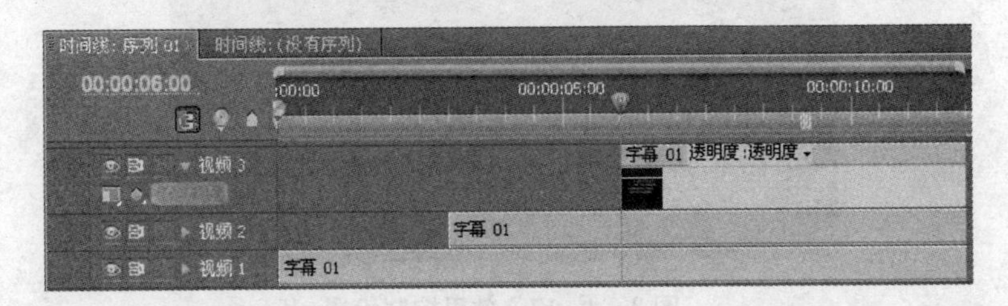

图 3-4-21　设置时间线(2)

(9) 选中“视频 1”轨道中的字幕，在“效果控制”窗口中选择两个“裁剪”，按“Ctrl+C 组合键”复制，再选择“视频 3”轨道中的字幕，按“Ctrl+V 组合键”粘贴。然后修改“视频 3”轨道中字幕的第一个“裁剪”，将顶设为“42%”，将底设为“44%”，只显示第三行文字。这样，第三行文字也被制作成从左到右逐渐显示效果，如图 3-4-22 所示。

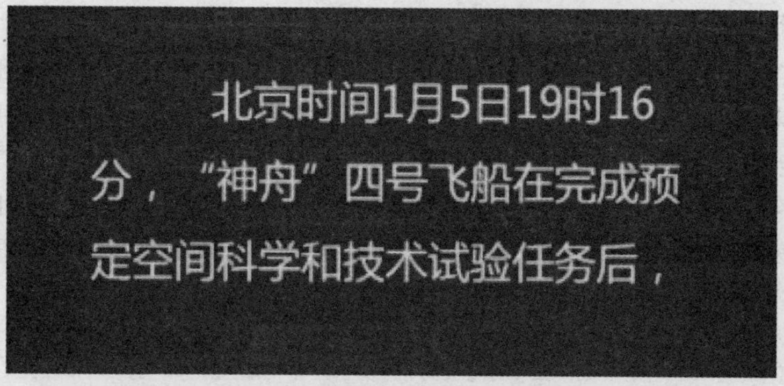

北京时间1月5日19时16
分，“神舟”四号飞船在完成预
定空间科学和技术试验任务后，

图 3-4-22　第三行文字显示效果

（10）从项目窗口中将“字幕 01”拖至时间线的“视频 3”轨道上方的空白处，系统自动添加一个“视频 4”，将其放置在“视频 4”轨道中，设置其长度为“3 秒”，入点为“第 9 秒”，出点与“视频 1”轨道中的字幕对齐，如图 3-4-23 所示。

时间线: 序列 01
时间线:(没有序列)
00:00:09:00
00:00:05:00
00:00:10:00
视频 4
视频 3
视频 2
视频 1
字幕 01
字幕 01
字幕 01

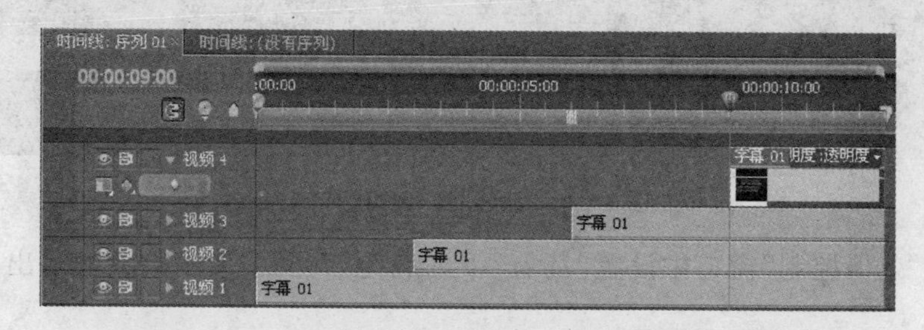

图 3-4-23　设置时间线(3)

（11）选中“视频 1”轨道中的字幕，在“效果控制”窗口中选择两个“裁剪”，按“Ctrl+C 组合键”复制，再选择“视频 4”轨道中的字幕，按“Ctrl+V 组合键”粘贴。然后修改“视频 4”轨道中字幕的第一个“裁剪”，将顶设为“50%”，将底设为“20%”，只显示第四行文字，这样，第四行文字也被制作成从左到右逐渐显示的效果。

（12）预览结果，方法一完成的文字打字效果如图 3-4-24 所示。

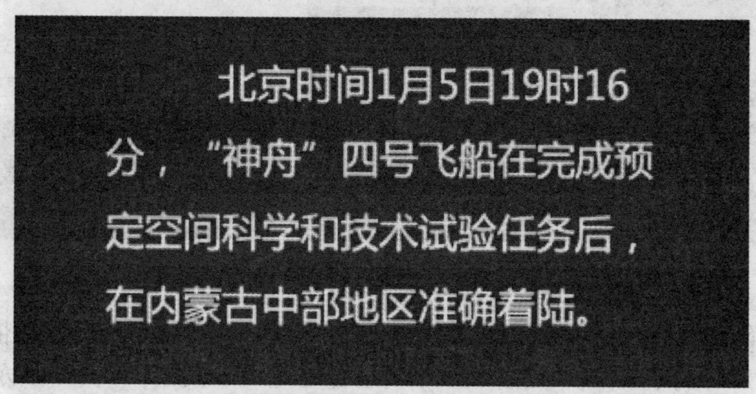

北京时间1月5日19时16
分，“神舟”四号飞船在完成预
定空间科学和技术试验任务后，
在内蒙古中部地区准确着陆。

图 3-4-24　方法一的打字效果

4. 设置打字效果(方法二)

第一种实现打字效果的方法中,有四行文字共使用了四个轨道,如果遇到文字的行数较多,制作起来占用的轨道数也会较多,因此会比较麻烦。下面介绍的第二种方法仅使用两个轨道即能完成制作。

(1) 选择菜单命令【文件】|【新建】|【序列】(快捷键为 Ctrl+N)新建一个时间线“序列02”。从项目窗日中将“字幕 01”拖至时间线序列 02 的“视频 1”轨道中,设置其长度为“3秒”。

(2) 打开“效果”窗口,展开【视频特效】下的【变换】,将“裁剪”拖至字幕 01 上,如图 3-4-25 所示。

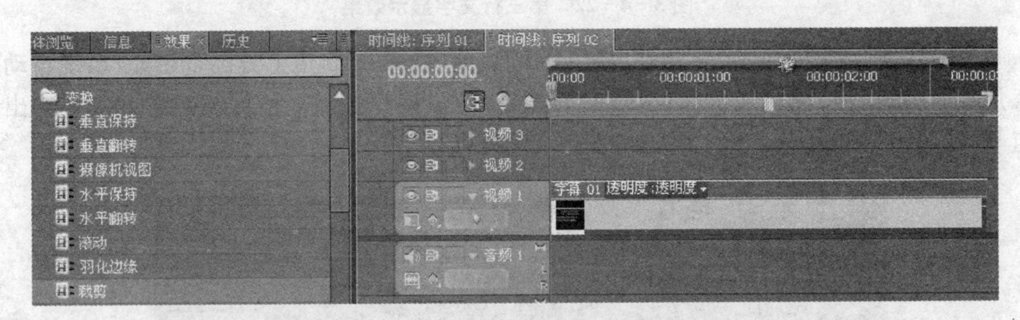

图 3-4-25 添加“裁剪”特效

(3) 在“效果控制”窗口中设置“裁剪”下的底为“70%”,使字幕只显示出其中的第一行。

(4) 从“效果”窗口将“裁剪”拖至“字幕 01”上,添加第二个“裁剪”。将时间移至“第 0 帧”处,在“效果控制”窗口中将第二个“裁剪”下的右设为“90%”,将时间移至“第 3 秒”处,将第二个“裁剪”下的右设为“9%”。预览动画效果,文字从左到右逐渐出现,如图 3-4-26 所示。

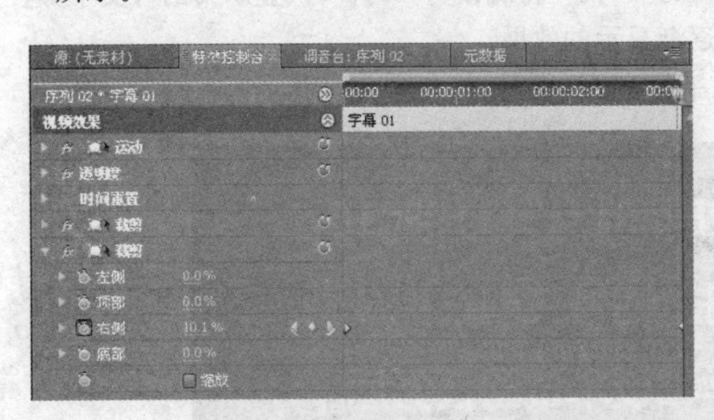

北京时间7月5日19时16

图 3-4-26 设置第一行文字显示效果

(5) 选择当前时间线上的这段字幕素材,按“Ctrl+C 组合键”复制,然后依次在“第 3 秒”处、“第 6 秒”处和“第 9 秒”处按“Ctrl+V 组合键”粘贴,如图 3-4-27 所示。

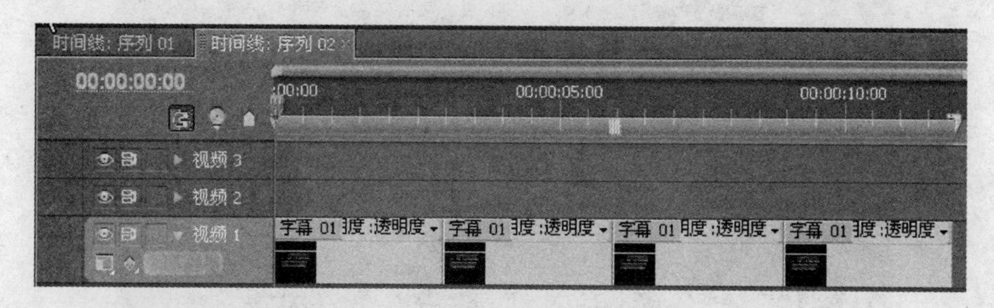

图 3-4-27　复制多段字幕

(6) 选中"视频 1"轨道上的第二行字幕,在"效果控制"窗口中修改第一个"裁剪",将顶设为"30%",将底设为"60%",只显示第二行文字。将第二行文字也制作成从左到右逐渐显示,如图 3-4-28 所示。

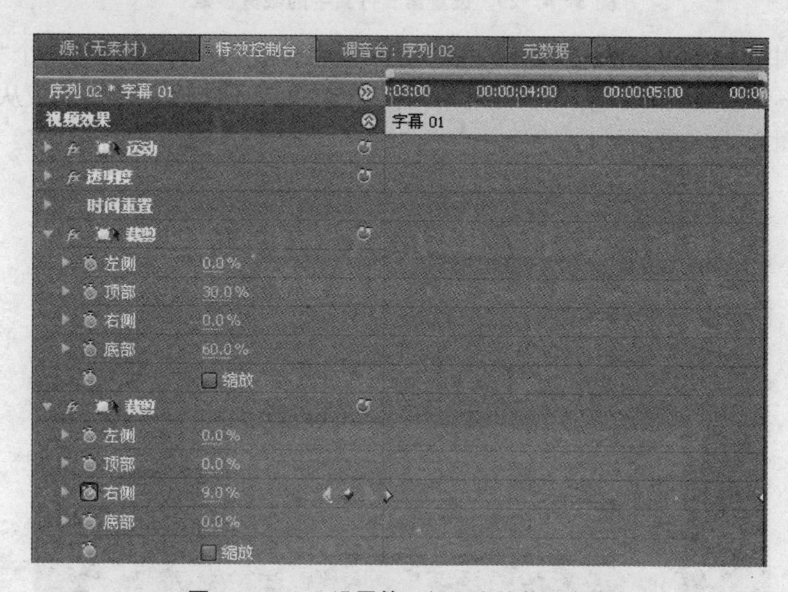

图 3-4-28　设置第二行文字的裁剪参数

(7) 选中"视频 1"轨道上的第三行字幕,在"效果控制"窗口中修改第一个"裁剪",将顶设为"40%",将底设为"47%",只显示第三行文字。将第三行文字也制作成从左到右逐渐显示,如图 3-4-29 所示。

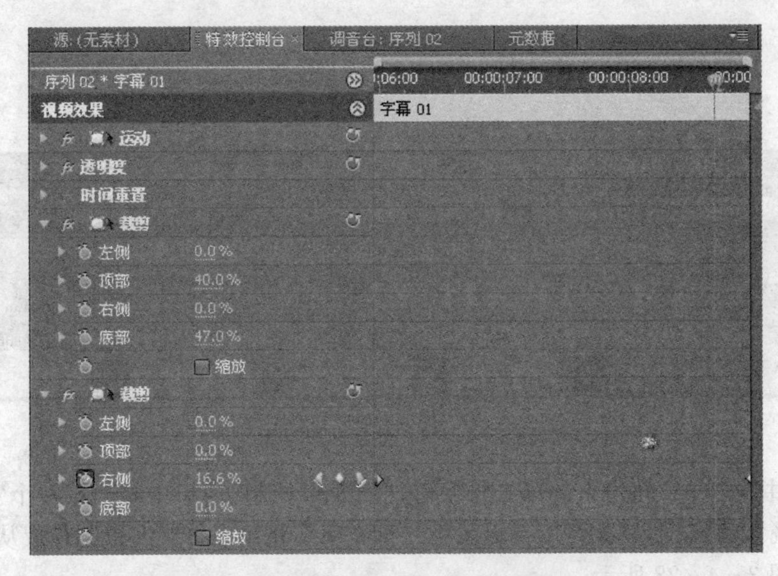

图 3-4-29　设置第三行文字的裁剪参数

(8) 选中“视频 1”轨道上的第四行字幕，在“效果控制”窗口中修改第一个“裁剪”，将顶设为“54%”，将底设为“20%”，只显示第四行文字。将第四行文字也制作成从左到右逐渐显示，如图 3-4-30 所示。

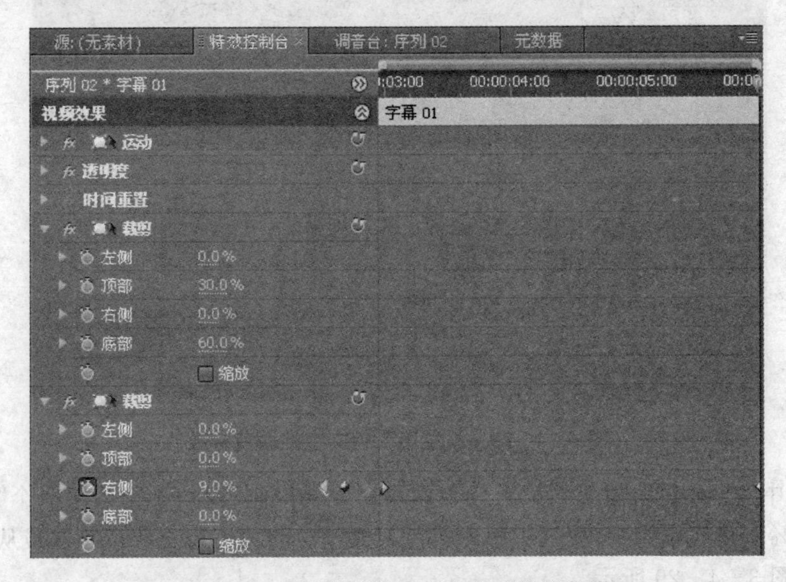

图 3-4-30　设置第四行文字的裁剪参数

(9) 单击“视频 2”轨道，将其选中，并取消“视频 1”轨道的选中状态。选择“视频 1”轨道中的第一行字幕素材，按“Ctrl+C 组合键”复制。将时间移至“第 3 秒”处，按“Ctrl+V 组合键”粘贴到“视频 2”轨道中，然后将其选中，在“效果控制”窗口中将其第二个“裁剪”删除掉，如图 3-4-31 所示。

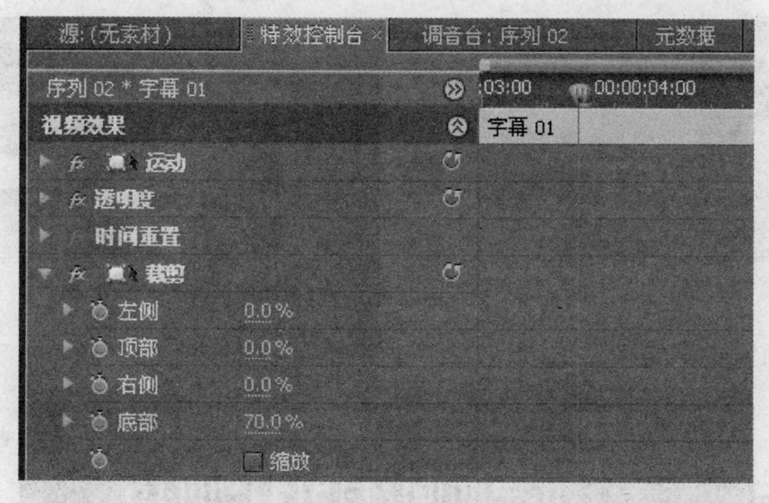

图 3-4-31　删除和修改参数设置(1)

(10) 选择“视频 1”轨道中的第二行字幕素材，按“Ctrl+C 组合键”复制。将时间移至“第 6 秒”处，按“Ctrl+V 组合键”粘贴到“视频 2”轨道中，然后将其选中，在“效果控制”窗口中将其第二个“裁剪”删除掉，并将第一个“裁剪”中的顶设为“0%”，如图 3-4-32 所示。

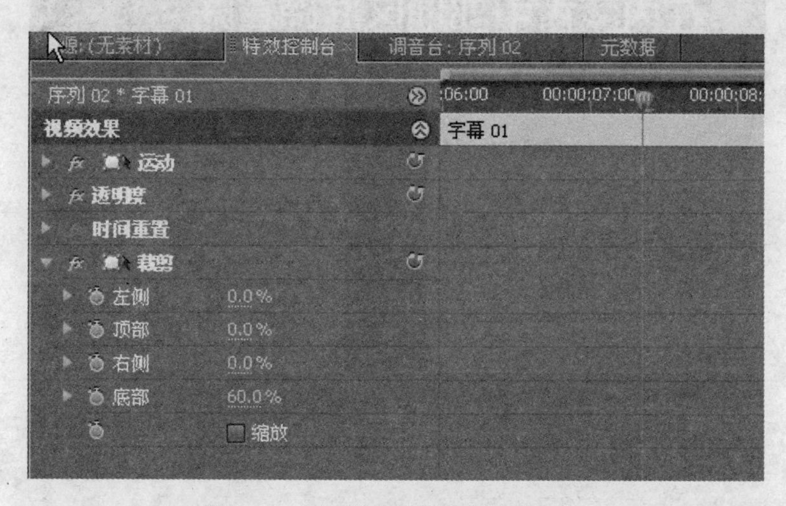

图 3-4-32　删除和修改参数设置(2)

(11) 选择“视频 1”轨道中的第三行字幕素材，按“Ctrl+C 组合键”复制。将时间移至“第 9 秒”处，按“Ctrl+V 组合键”粘贴到“视频 2”轨道中，然后将其选中，在“效果控制”窗口中将其第二个“裁剪”删除掉，并将第一个“裁剪”中的顶设为“0%”，时间线如图 3-4-33 所示。

时间线: 序列 01
时间线: 序列 02
00:00:12:00
00:00
00:00:05:00
00:00:10:00
视频 2
视频 1
字幕 01

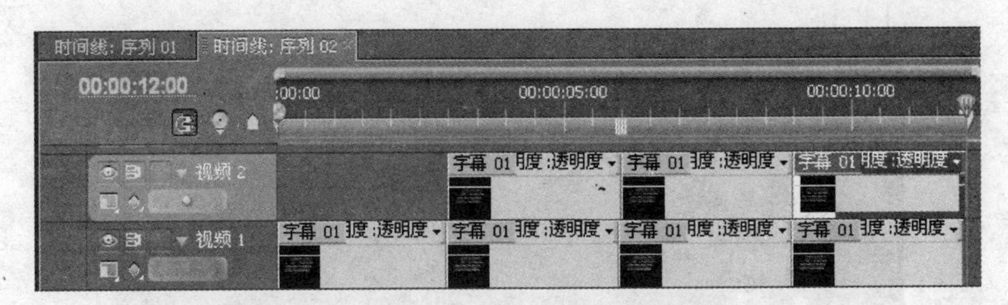

图 3-4-33 在视频 2 中放置字幕素材

(12) 预览结果,文字的打字效果与前一方法相同,如图 3-4-34 所示。

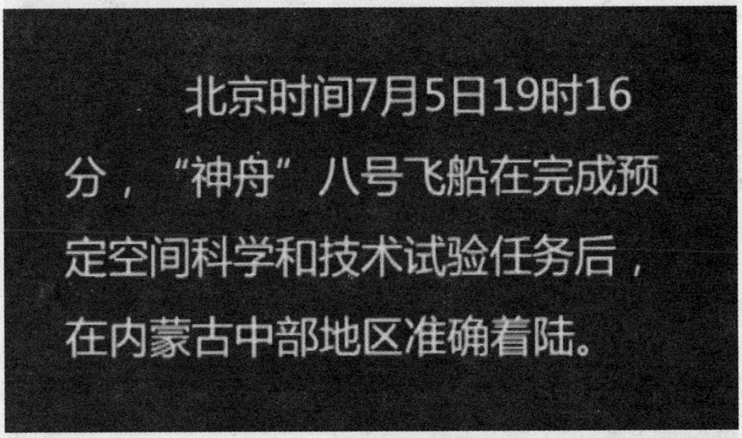

北京时间7月5日19时16
分，“神舟”八号飞船在完成预
定空间科学和技术试验任务后，
在内蒙古中部地区准确着陆。

图 3-4-34 方法二的打字效果

第4章　Premiere Pro CS4 提高实训

4.1　实训5　转场应用

4.1.1　"丽江古城"电子相册制作

技术要点：制作图像运动效果、添加粗糙边框特效、制作边框效果、添加3D运动类及划像类转场、添加音乐及输出影片。

实例概述：本实例是一个综合运用视频切换效果的实训案例，用于巩固学过的转场设置知识。

制作步骤：本实例操作过程将分为9个步骤，分别为新建项目并导入素材、制作底色及编排素材、设计相片片头片尾、设计相册片头文字、添加视频特效并制作边框效果、添加转场效果、添加其他字幕、为电子相册添加音乐、将电子相册输出。

1. 新建项目并导入素材

(1) 启动Premier Pro CS4，打开【新建项目】对话框，在"名称"文本框中输入文件名，并设置文件的保存位置，单击【确定】按钮。

(2) 打开【新建序列】对话框，在【序列预置】选项卡下的"有效预置"栏中选择【DVD-PAL】|【标准48 kHz】选项，在"序列名称"文本框中输入序列名，如图4-1-1所示。

(3) 单击【确定】按钮，进入Premiere Pro CS4的工作界面。

(4) 执行菜单命令【文件】|【导入】或按"Ctrl+I组合键"，打开【导入】对话框，选择配套教学素材"实训5\实训5-01"文件夹中的所有素材。

(5) 单击【打开】按钮，将所选的素材导入到项目窗口的素材库中，如图4-1-2所示。

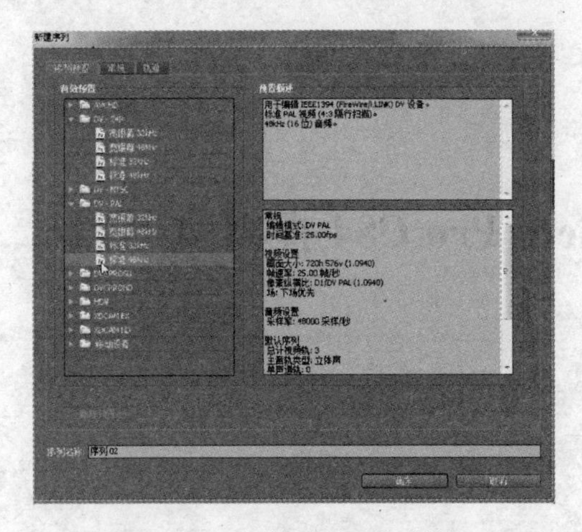

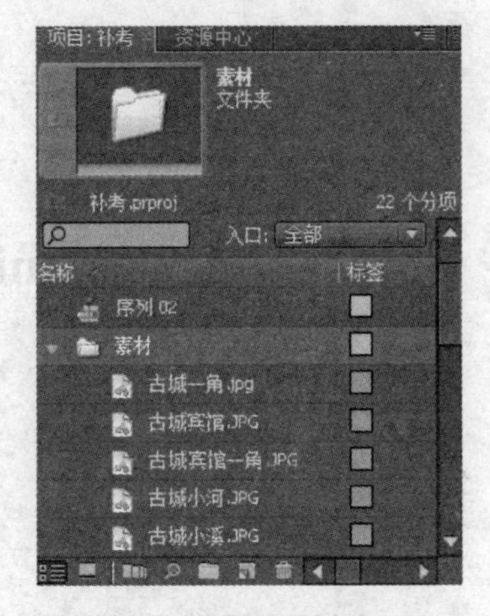

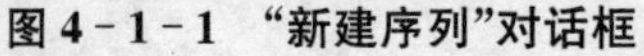

图 4-1-1 "新建序列"对话框　　图 4-1-2 导入素材

2. 制作底色及编排素材

(1) 执行菜单命令【文件】|【新建】|【彩色蒙版】,打开【新建彩色蒙版】对话框,在该对话框中选择时基为"25",如图 4-1-3 所示,单击【确定】按钮。

(2) 打开【颜色拾取】对话框,将其颜色设置为"蓝色",如图 4-1-4 所示,单击【确定】按钮。

(3) 打开【选择名称】对话框,在文本框输入"底色 01",如图 4-1-5 所示,单击【确定】按钮,新建的"底色 01"会自动导入到项目窗口的素材库中。

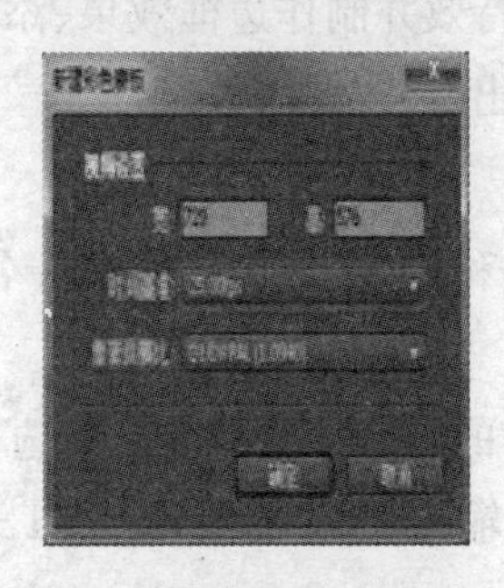

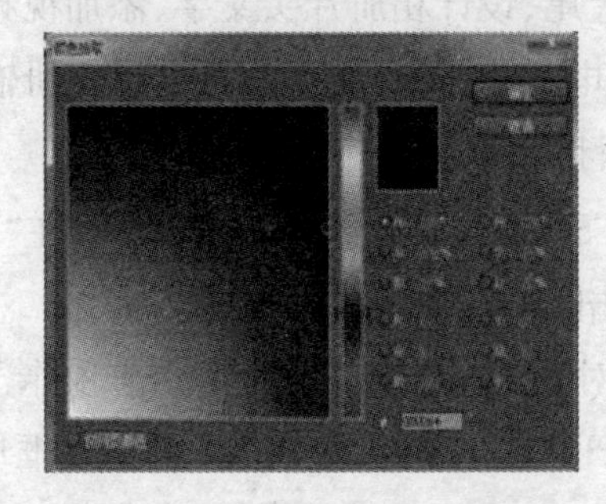

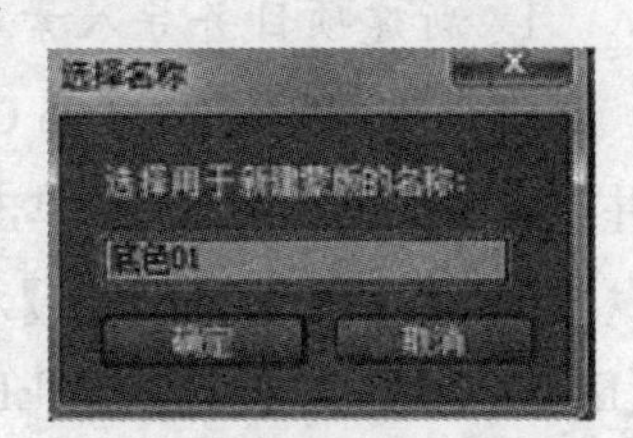

图 4-1-3 "新建彩色蒙版"对话框　图 4-1-4 "颜色拾取"对话框　图 4-1-5 "选择名称"对话框

(4) 执行菜单命令【命令】|【新建】|【彩色蒙版】,打开【新建彩色蒙版】对话框,单击【确定】按钮。

(5) 打开【颜色拾取】对话框,将颜色设置为"白色",单击【确定】按钮。

(6) 打开【选择名称】对话框,输入"底色 02",单击【确定】按钮。

(7) 参照步骤(1) ~(3) 的操作,新建"底色 03~底色 08",RGB 值为(180,242,24,)、(47,210,247,)、(176,99,242)、(32,247,154,)、(233,56,242)、(226,242,46)。

(8) 在项目窗口选择"背景 1"并添加到"视频 1"轨道上,入点位置为"0 秒",并将其调整为"满屏",如图 4-1-6 所示。

(9) 选中添加的素材,执行菜单命令【素材】|【速度/持续时间】,打开相应对话框,设置持续时间为"10 : 00",如图 4-1-7 所示。

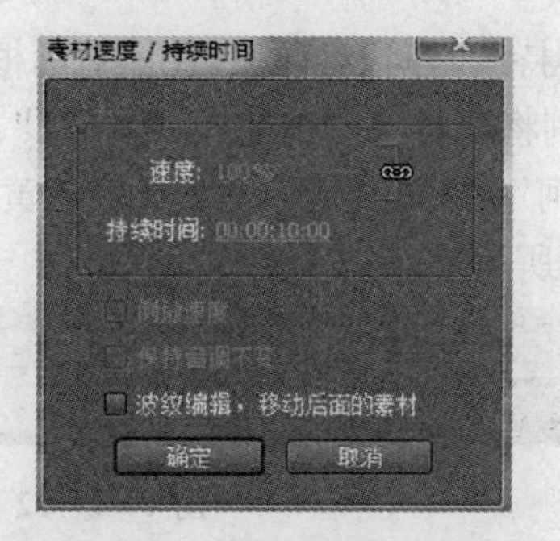

图4-1-6　添加素材至"视频1"　　**图4-1-7　素材速度/持续时间**

(10) 单击【确定】按钮，"背景1"的持续时间变长了，如图4-1-8所示。

图4-1-8　调整持续时间后的素材

提示：选中一个素材后，单击鼠标右键或按"Ctrl+R组合键"，也可以打开"素材速度/持续时间"对话框。

(11) 在项目窗口中选择"底色01～08"及"背景2"并添加到"视频1"轨道上的"背景1"后面，然后将"背景2"调整为"满屏"，如图4-1-9所示。

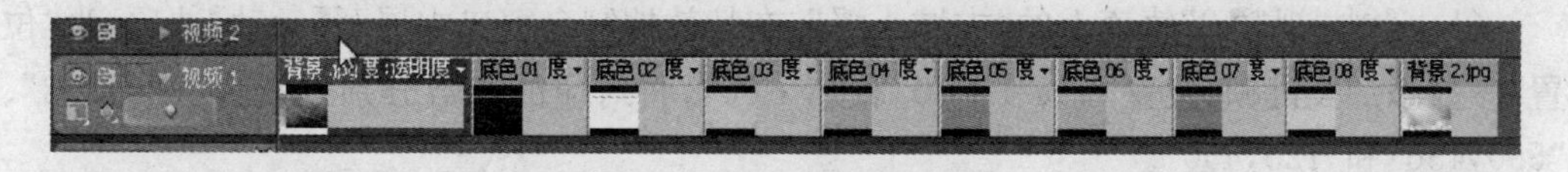

图4-1-9　添加底色素材

(12) 鼠标右键单击"视频1"轨道上的"背景2"，从弹出的快捷菜单中选择【速度/持续时间】菜单项，在打开的【素材速度/持续时间】对话框中设置持续时间为"10秒"，如图4-1-10所示。

图4-1-10　调整"背景02.jpg"的持续时间

(13) 在项目窗口中选择"古城小溪"并添加到"视频2"轨道上，入点位置为"0"，单击鼠标右键，从弹出的快捷菜单中选择【适配为当前画面大小】选项，如图4-1-11所示。

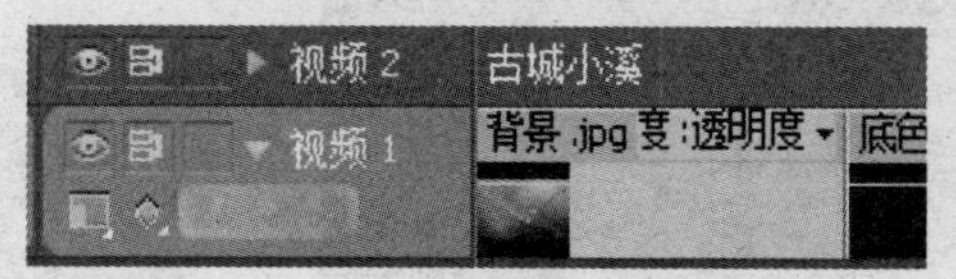

图4-1-11　添加素材至"视频2"

(14) 选中"视频2"轨道上的"古城小溪"，执行菜单命令【素材】|【速度/持续时间】，打

开【素材速度/持续时间】对话框，在该对话框中设置持续时间为“3：00”。

(15) 分别将项目窗口中的“幽雅气息”、“沿街铺面”、“古城水车”、“石板街道”、“四方街”、“古城小河”、“夜晚水车”、“满城尽是黄金甲”和“酒吧夜景”添加到“视频 2”轨道上，如图4-1-12所示。

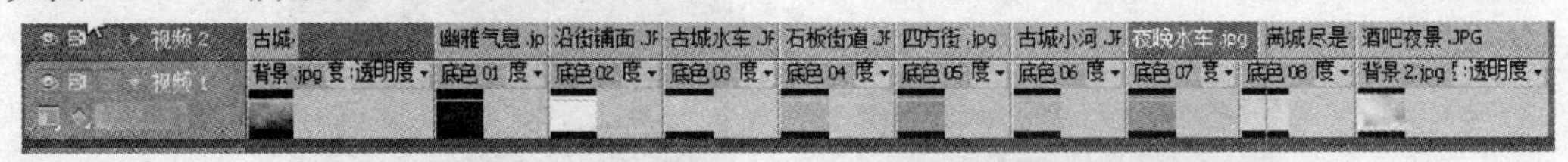

图 4-1-12 添加图片素材

(16) 鼠标右键分别单击“幽雅气息”、“满城尽是黄金甲”，从弹出的快捷菜单中选择【适配为当前画面大小】菜单项，使画面“满屏”(如果不是满屏，可调整“运动”选项参数)。

(17) 鼠标右键单击“视频 2”轨道上的“酒吧夜景”，从弹出的快捷菜单中选择【速度/持续时间】菜单项，在打开的【素材速度/持续时间】对话框中设置持续时间为“10：00”，结果如图 4-1-13 所示。

图 4-1-13 设置持续时间为“10：00”

3. 设计相册片头片尾

(1) 选中“视频 2”轨道上的“古城小溪”，在特效控制台窗口中展开【运动】选项，为“位置”参数添加关键帧，位置“0”、“1：00”和“3：00”，将对应的参数分别设置为“360,288”、“590,436”和“125,450”。

(2) 为“缩放比例”参数添加两个关键帧，位置为“0”和“1：00”，将其对应的参数分别设置为“100”和“30”，如图 4-1-14 所示。

(3) 在工具箱中选择“钢笔工具”，按“Ctrl 键”，鼠标在“钢笔工具”图标附近出现加号，在“0”、“0：13”、“2：13”和“3：00”的位置上单击，加入 4 个关键帧。

(4) 放开“Ctrl 键”，拖起始点和终止点处的关键帧到最低点位置上，这样素材就出现了“淡入/淡出”的效果，如图 4-1-15 所示。

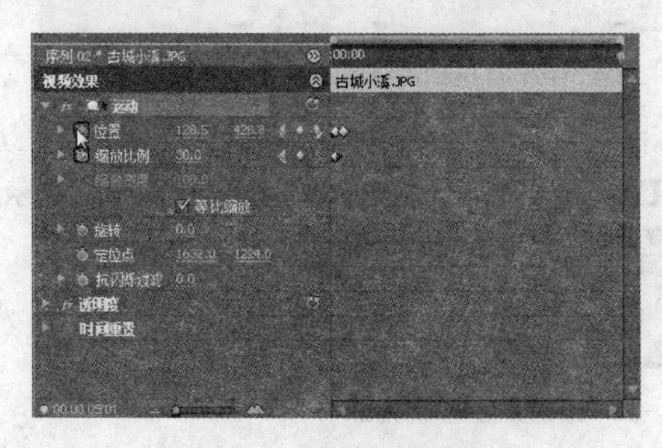

图 4-1-14 添加关建帧

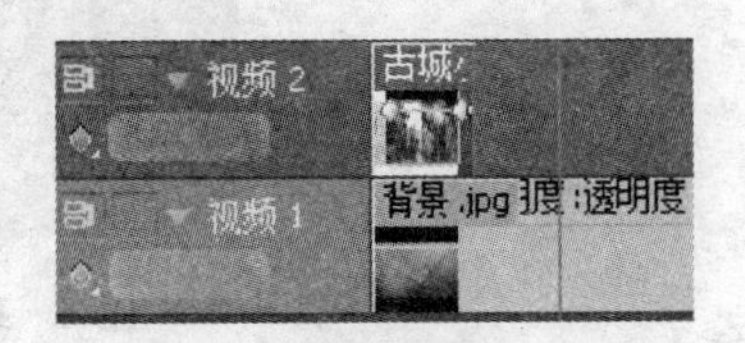

图 4-1-15 添加淡入/淡出

(5) 在项目窗口中选择“早晨的阳光”并添加到“视频 3”轨道上，入点位置为“2：00”，单击鼠标右键，调整画面为“满屏”，如图 4-1-16 所示。

(6) 选中“视频 3”轨道上的“早晨的阳光”，执行菜单命令【素材】|【速度/持续时间】，打开【素材速度/持续时间】对话框，在该对话框中设置持续时间为“3：00”，如图 4-1-17 所示。

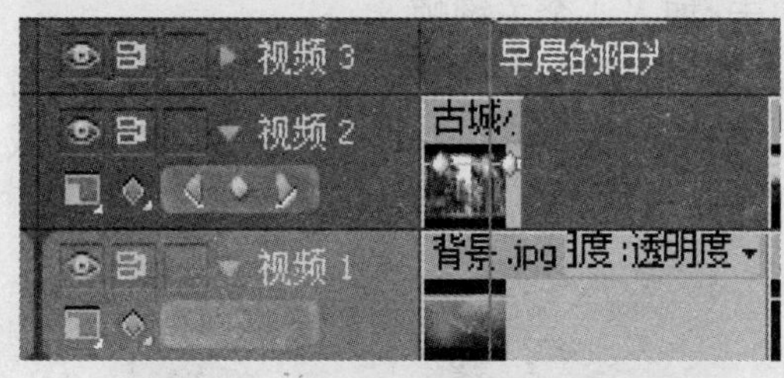

图 4-1-16　添加素材至“视频 3”

图 4-1-17　设置持续时间为“3：00”

(7) 选择“视频 2”轨道上的“古城小溪”，按“Ctrl+C 组合键”，鼠标右键单击“视频 3”轨道上的“早晨的阳光”，从弹出的快捷菜单中选择【粘贴属性】菜单项，将“视频 2”轨道上的“古城小溪”的“运动”和“透明度”属性粘贴到“视频 3”轨道上的“早晨的阳光”上。

(8) 鼠标右键单击轨道控制区域，从弹出的快捷菜单中选择【添加轨道】菜单项，打开【添加视音轨】对话框，在“视频轨”添加文本框内输入 3 条视频轨道，如图 4-1-18 所示。

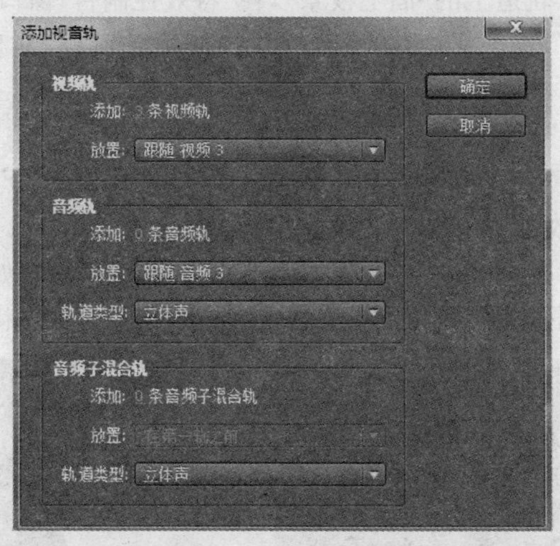

图 4-1-18　添加视频轨道

(9) 在项目窗口中选择“古城一角”并添加到“视频 4”轨道上，入点位置为“4：00”，将画面调整为“满屏”，设置持续时间为“3 秒”，并粘贴到“古城小溪”的属性。

(10) 在项目窗口中选择“古城宾馆一角”并添加到“视频 5”轨道上，入点位置为“6：00”，将其调整为“满屏”，设置持续时间为“3：16”。

(11) 选中“视频 5”轨道上的“古城宾馆一角”，在“特效控制台”窗口中展开【运动】选项，为“位置”参数添加两个关键帧，位置为“6：00”和“7：21”，对应的参数分别为“360，

288”和“420,252”。

(12) 为“缩放比例”参数添加两个关键帧,位置为“6：00”和“7：21”,将对应的参数分别设置为“100”和“60”。为“旋转”参数添加两个关键帧,位置为“6：00”和“7：21”,将对应的参数分别设置为“0°”和“8°”。

(13) 在工具箱选择“钢笔工具”,按“Ctrl 键”,鼠标在“钢笔工具”图标附近出现加号,在“6：00”、“7：00”、“8：15”和“9：16”位置单击,加入 4 个关键帧。

(14) 放开“Ctrl 键”,拖起始点和终止点处的关键帧到最低点位置上,这样素材就出现了“淡入/淡出”的效果,如图 4-1-19 所示。单击【播放/停止】按钮,预览设置后“古城宾馆一角”的运动效果,如图 4-1-20 所示。

图 4-1-19　透明度的设置

图 4-1-20　播放效果

(15) 选中“视频 2”轨道上的“酒吧夜景”,在“特效控制台”窗口中展开【运动】选项,为“位置”参数在“58：00”和“1：03：04”位置添加两个关键帧,对应的参数分别为“360,288”和“440,226”。

(16) 为“缩放比例”参数添加 4 个关键帧,位置为“58：00”、“1：03：04”、“1：06：00”和“1：08：00”,将对应的参数分别设置为“0”、“60”、“60”和“0”。

(17) 为“旋转”参数添加 4 个关键帧,位置“58：00”、“1：03：04”、“1：06：00”和“1：08：00”,将对应参数分别设置为“0°”、“355°”、“355°”和“0°”,如图 4-1-21 所示。

(18) 单击【播放/停止】按钮,预览设置后“酒吧夜景”的运动效果,如图 4-1-22 所示。

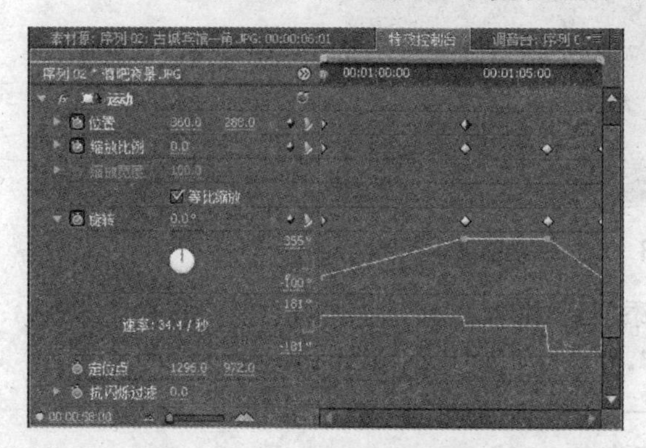

图 4-1-21　设置“运动”参数

图 4-1-22　运动效果

4. 设计相册片头文字

(1) 将时间线移到“0”的位置,执行菜单命令【文件】|【新建】|【字幕】,打开【新建字

幕】对话框，在该对话框中的“名称”文本框中输入“片头”，如图 4－1－23 所示。

(2) 单击【确定】按钮，进入“字幕编辑”窗口，在工具栏选择“文本工具”，在“字幕工具区”中输入文字“高原姑苏”、“丽江古城”。

(3) 分别选中文字“高原姑苏”和“丽江古城”，单击【字体】右侧的下拉按钮，在弹出的下拉列表中选择需要的字体类型“FZZongYi－M50S”和“FZXingKai－504S”。

(4) 字体大小分别为“60”和“85”，在字幕样式中选择“方正金质大黑”，设置字体后的文字效果如图 4－1－24 所示。

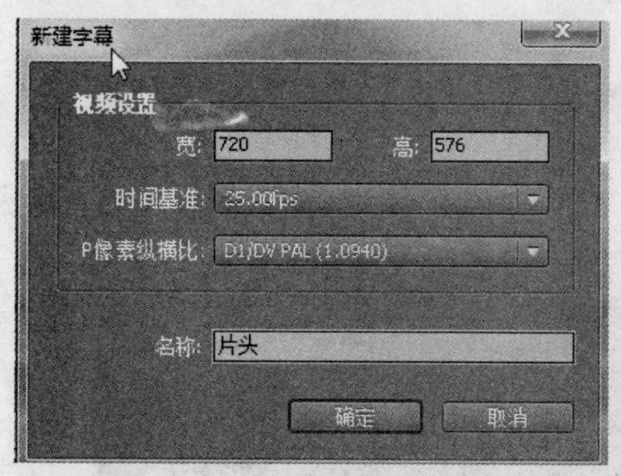

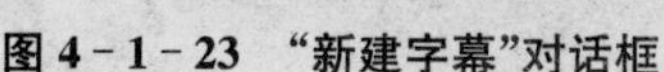
图 4－1－23 “新建字幕”对话框

图 4－1－24 设置字体后的文字效果

(5) 关闭“字幕编辑窗口”，返回 Premiere Pro CS4 的工作界面，创建的字幕文件会自动导入到项目窗口中。

(6) 在项目窗口中选择字幕“片头”，并添加到“视频 6”轨道上，入点位置为“6：00”，长度与“古城宾馆一角”相同，如图 4－1－25 所示。

(7) 在效果窗口中展开【视频切换】|【卷页】选项，将“卷走”切换效果添加到“片头”起始位置上。

(8) 在效果窗口中展开【视频切换】|【划像】选项，将“菱形划像”切换效果添加到“片头”结束位置上，如图 4－1－26 所示。

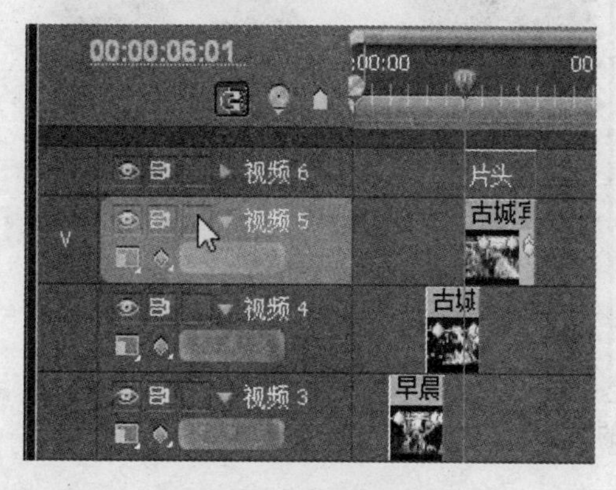

图 4－1－25 添加字幕

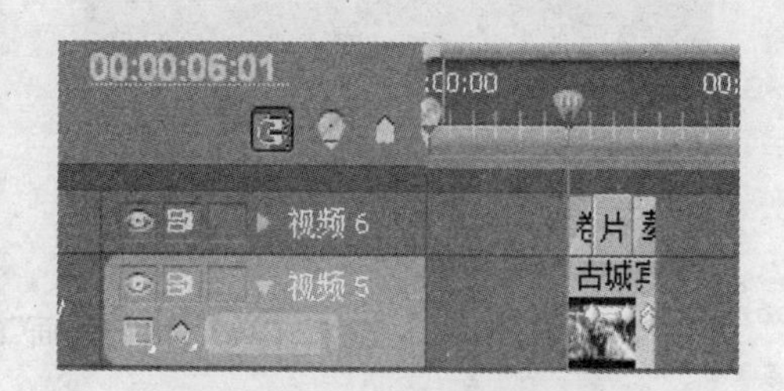

图 4－1－26 添加切换效果

5. 添加视频特效制作边框效果

(1) 在效果窗口中展开【视频特效】|【风格化】选项，将“边缘粗糙”特效添加到“视频2”轨道上的“幽雅气息”上。

(2) 选中“幽雅气息”，在特效控制台窗口中展开【边缘粗糙】选项并设置相关参数，为“幽雅气息”制作出边框效果，边框参数为“88”，其参数设置及效果如图 4-1-27 所示。

(3) 重复步骤(2) 的操作，将“边缘粗糙”特效拖到“视频 2”轨道的“沿街铺面”、“满城尽是黄金甲”上。

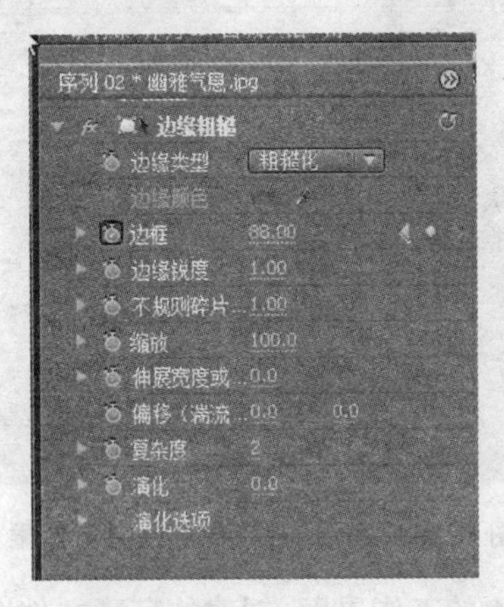

图 4-1-27 参数设置及效果

(4) 参照步骤(2) 的操作，在特效控制台窗口中设置【边缘粗糙】选项的参数，为素材制作边框效果，其参数设置及对应的效果如图 4-1-28 所示。

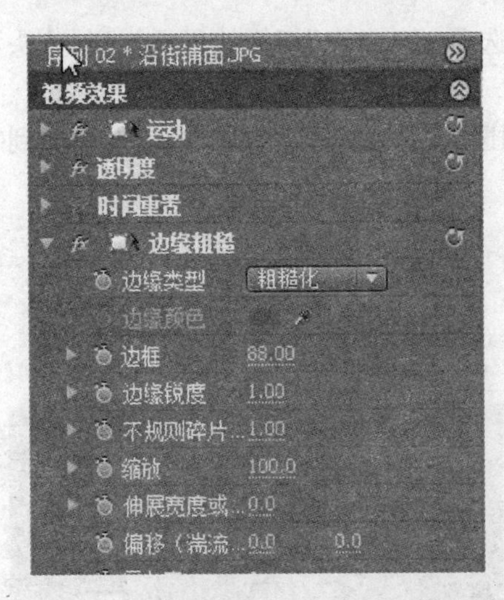

(a) “沿街铺面”的参数设置及效果

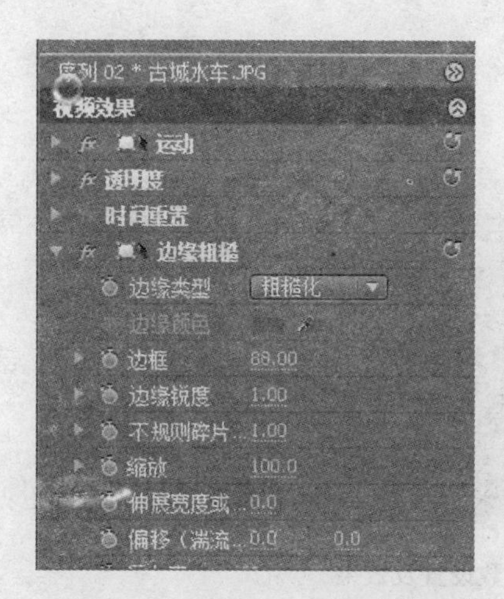

(b)“古城水车”的参数设置及效果

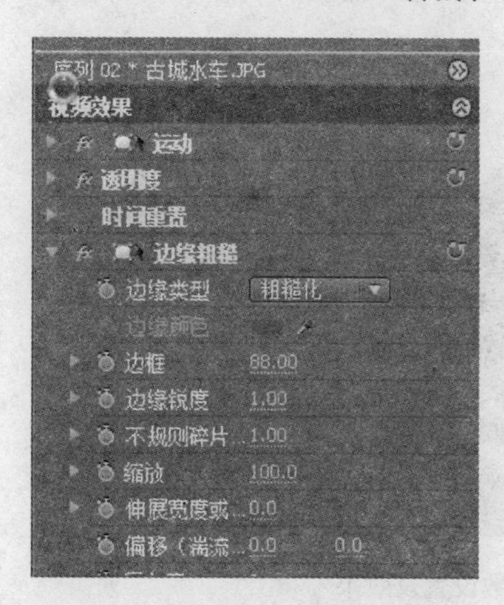

(c)“石板街道”的参数设置及效果

(d)“四方街”的参数设置及效果

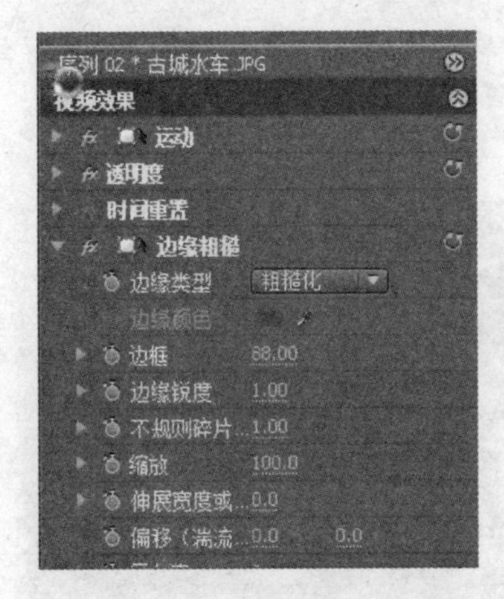

(e)“古城小河”的参数设置及效果

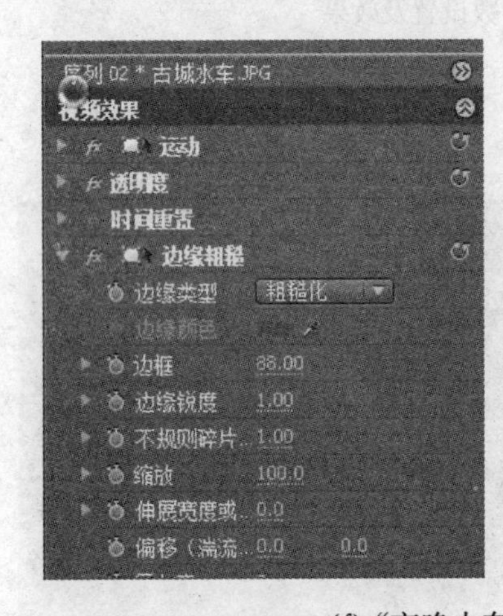

(f)“夜晚水车”的参数设置及效果

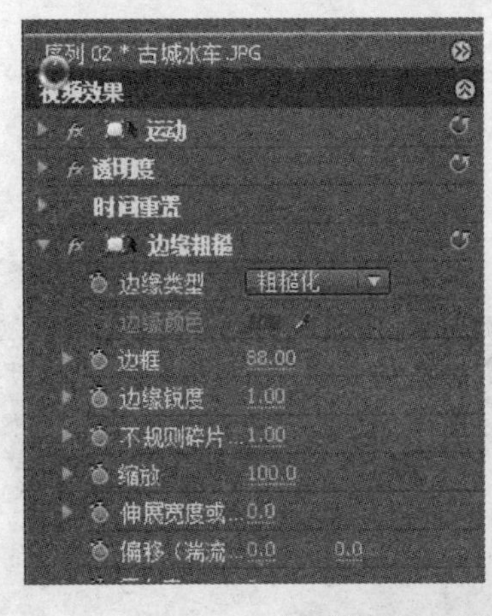

(g)“满城尽是黄金甲”的参数设置及效果

图 4-1-28 其他图像的参数设置及效果

提示：在"边缘粗糙"选项下，可根据个人喜好设置边框颜色等参数。在 Premiere Pro CS4 中，可以对同一素材应用多个视频特效。

6. 添加转场效果

在 Premiere Pro CS4 中，不仅可以在同一轨道上的两段相连的素材或不同轨道上相交错的两段素材之间添加转场，而且还可以在某一段素材的始末两端添加转场。

(1) 在效果窗口中展开【视频转换】|【3D 运动】选项，将其中的"旋转离开"转场分别添加到"视频 1"轨道上的"底色 01"、"视频 2"轨道上的"幽雅气息"的起始位置，如图 4-1-29所示。单击【播放/停止】按钮，转场效果如图 4-1-30 所示。

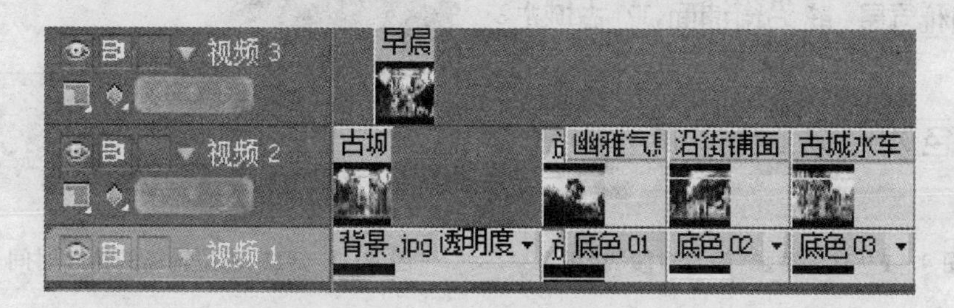

图 4-1-29　添加"旋转离开"转场

图 4-1-30　"旋转离开"的转场效果

(2) 将"3D 运动"类的"筋斗过渡"转场分别添加到"视频 1"轨道的"底色 01"和"底色 02"、"视频 2"轨道的"幽雅气息"和"沿街铺面"之间，如图 4-1-31 所示。

(3) 选中"视频 1"轨道上的"筋斗过渡"转场，在特效控制台窗口中设置转场的持续时间为"2：00"，如图 4-1-32 所示。

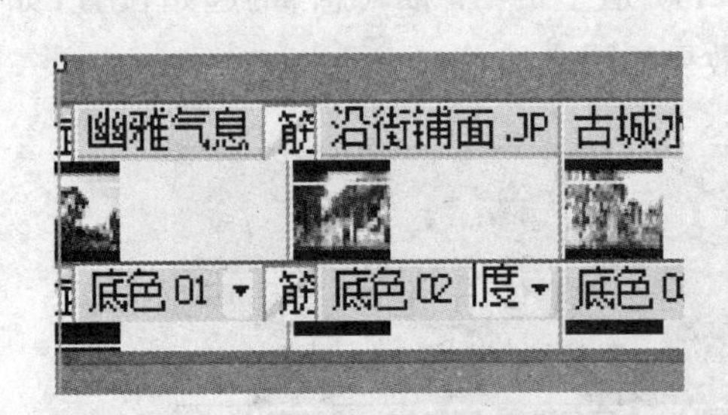

图 4-1-31　添加“筋斗过渡”转场

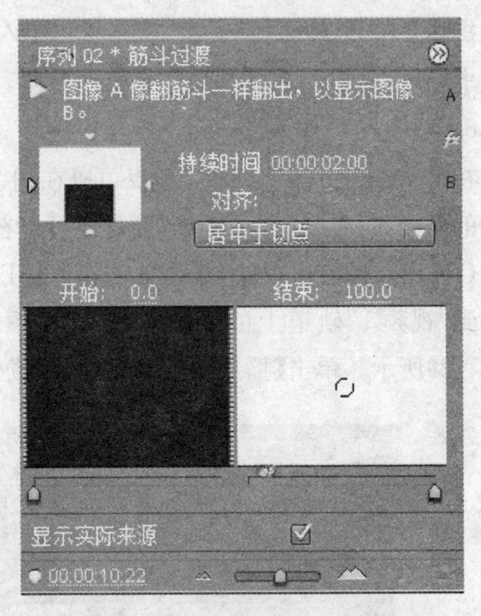

图 4-1-32　调整转场的持续时间

提示：在 Premiere Pro CS4 中，不同的转场效果所对应的特效控制台窗口也不同。

(4) 利用同样的方法，将“视频 2”轨道上的“筋斗过渡”转场的持续时间调整为“2：00”，单击【播放/停止】按钮，转场效果如图 4-1-33 所示。预览转场效果后，如果对添加的转场效果不满意，则选中所添加的转场，单击鼠标右键，从弹出的快捷菜单中选择【清除】菜单项，将所选的转场删除。

图 4-1-33　“筋斗过渡”的转场效果

(5) 将“3D 运动”类的“摆入”转场分别添加到“视频 1”轨道的“底色 02”和“底色 03”、“视频 2”轨道的“沿街铺面”和“古城水车”之间，并将转场的持续时间调整为“2：00”，结果如图 4-1-34 所示。单击【播放/停止】按钮，转场效果如图 4-1-35 所示。

图 4-1-34　添加并调整“摆入”转场

(6) 将“3D 运动”类“转场”分别添到“视频 1”轨道的“底色 03”和“底色 04”、“视频 2”轨道“古城水车”和“石板街道”之间，并将转场的持续时间调整为“2：00”，单击【播放/停止】按钮，转场效果如图 4-1-35 所示。

图 4-1-35　转场效果

(7) 将“划像”类的“星形划像”转场分别添加到“视频 1”轨道的“底色 04”和“底色 05”、“视频 2”轨道的“石板街道”和“四方街”之间，并将转场的持续时间调整为“2：00”，单击【播放/停止】按钮，转场效果如图 4-1-36 所示。

图 4-1-36　“星形划像”的转场效果

(8) 将“划像”类的“圆形划像”转场分别添加到“视频 1”轨道的“底色 05”和“底色 06”、“视频 2”轨道的“四方街”和“古城小河”之间,并将转场的持续时间调整为“2∶00”,单击【播放/停止】按钮,转场效果如图 4-1-37 所示。

图 4-1-37 “圆形划像”的转场效果

(9) 将“划像”类的“划像交叉”转场分别添加到“视频 1”轨道的“底色 06”和“底色 07”、“视频 2”轨道的“古城小河”和“夜晚水车”之间,并将转场的持续时间调整为“2∶00”,单击【播放/停止】按钮,转场效果如图 4-1-38 所示。

图 4-1-38 “划像交叉”的转场效果

(10) 将“划像”类的“盒形划像”转场分别添加“视频 1”轨道的“底色 07”和“底色 08”、“视频 2”轨道的“夜晚水车”和“满城尽是黄金甲”之间,并将转场的持续时间调整为“2∶00”,单击【播放/停止】按钮,转场效果如图 4-1-39 所示。

图 4-1-39 “盒形划像”的转场效果

(11) 将“划像”类的“菱形划像”转场分别添加“视频 1”轨道的“底色 08”和“底色 09”、“视频 2”轨道的“满城尽是黄金甲”和“酒吧夜景”之间，并将转场的持续时间调整为“2：00”，单击【播放/停止】按钮，转场效果如图 4-1-40 所示。

图 4-1-40　“菱形划像”的转场效果

7. 添加其他字幕

(1) 执行菜单命令【文件】|【新建】|【字幕】，打开【新建字幕】对话框，在“名称”文本框中输入“幽雅气息”，单击【确定】按钮，进入“字幕编辑”窗口。

(2) 在“字幕编辑”窗口中输入“幽雅气息”，选择该字幕，单击【字体】右侧的下拉按钮，在弹出的下拉列表中选择需要的字体类型“HYTaiJiJ”。设置字体尺寸为“60”，字幕样式为“方正金质大黑”，效果如图 4-1-41 所示。

(3) 单击【基于当前字幕新建字幕】按钮，打开【新建字幕】对话框，在该对话框中的“名称”文本框输入“古城旅游”，单击【确定】按钮。

(4) 将当前字幕“幽雅气息”删除，单击【字体】的下拉按钮，在弹出的下拉列表中选择需要的字体类型“FZLiSHu-501S”，设置字体尺寸为“60”，字幕样式为“方正金质大黑”，然后输入“古城旅游”。

(5) 参照以上操作步骤，新建字幕“古城旅游”、“古城水车”、“石板街道”、“四方街”、“古城小溪”、“夜色水车”、“灯火辉煌”和“玉璧金川”，并设置字幕的字体分别为“FZLIShu-501S”、“FZChaoCuHei - M10S”、“HYTaiJiJ”、“HYLingXinJ”、“HYCHangYiJ”、“FZShu-TI-505S”、“FZHei-B01S”和“FZXingkai-540S”。

(6) 关闭“字幕编辑”窗口，返回 Premiere Pro CS4 的工作界面。

(7) 在项目窗口将字幕“幽雅气息”添加到“视频 3”轨道上，入点位置为“11：05”，如图 4-1-42 所示。鼠标右键单击添加的字幕，从弹出的快捷菜单中选择【速度/持续时间】菜单项，打开【素材速度/持续时间】对话框，在该对话框中调整持续时间为“4：00”，单击【确定】按钮。

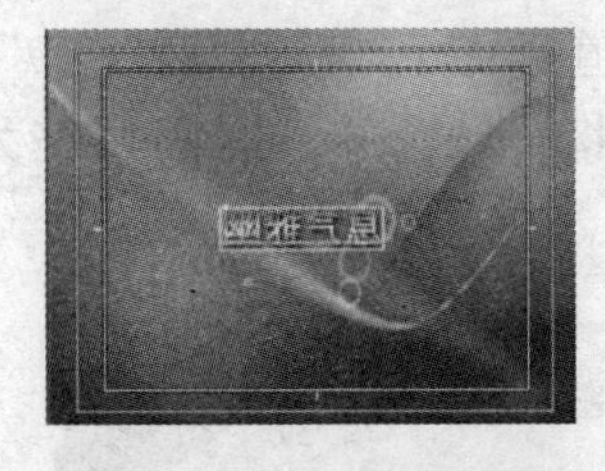

图 4-1-41　文字效果

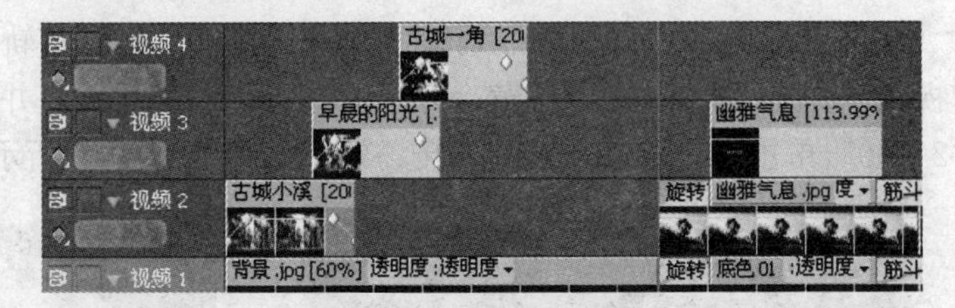

图 4-1-42　添加字幕

(8) 在效果窗口中展开【视频切换】|【3D 运动】选项，将“立方体旋转”转场添加到字幕“幽雅气息”的入点与出点位置，如图 4-1-43 所示。单击【播放/停止】按钮，预览字幕“幽雅气息”的效果，如图 4-1-44 所示。

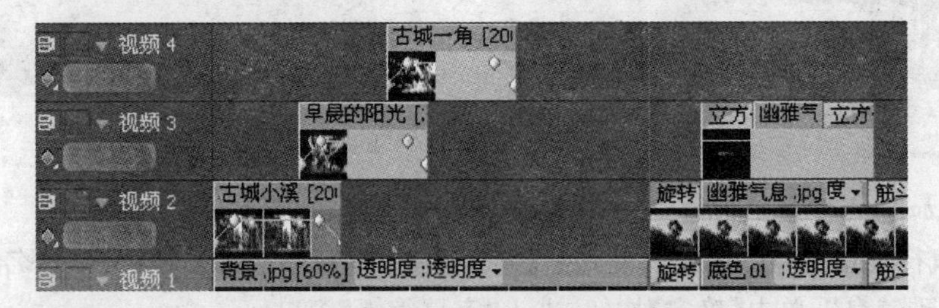

图 4-1-43　添加“立方体旋转”转场

图 4-1-44　字幕“幽雅气息”的效果

(9) 在项目窗口中将字幕“古城旅游”添加到“视频 3”轨道上，入点位置为“17：00”。鼠标右键单击字幕“古城旅游”，从弹出的快捷菜单中选择【速度/持续时间】菜单项，在打开的【素材速度/持续时间】对话框中调整持续时间为“4：00”。

(10) 选中字幕“古城旅游”，在特效控制台窗口中展开【运动】选项，为“位置”参数添加 4 个关键帧，位置为“17：00”、“18：03”、“19：09”和“20：09”，将对应的参数分别设置为“288，310”、“475，－68”、“468，288”和“300，197”。单击【播放/停止】按钮，预览字幕“古城旅馆”的效果，如图 4-1-45 所示。

(11) 在项目窗口中将字幕“古城水车”添加到“视频 3”轨道上，入点位置为“23：00”。鼠标右键单击字幕“古城水车”，从弹出的快捷菜单中选择【速度/持续时间】菜单项，在打开的【素材速度/持续时间】对话框中调整持续时间为“4：00”，如图 4-1-46 所示。

图 4－1－45　字幕“古城旅游”的效果

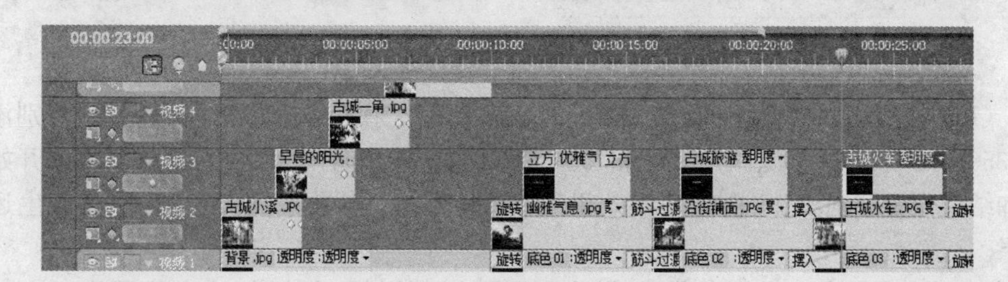

图 4－1－46　调整字幕的持续时间

(12) 选中字幕“古城水车”，在特效控制台窗口中展开【运动】选项，为“位置”参数添加 3 个关键帧，位置为“23：00”、“24：15”和“26：02”，将对应的参数分别设置为“240，30”、“342，226”和“226，496”。单击【播放/停止】按钮，预览字幕“古城水车”的效果，如图 4－1－47所示。

图 4－1－47　字幕“古城水车”的效果

(13) 在项目窗口中将字幕“石板街道”添加到“视频 3”轨道上，入点位置为“29：00”。鼠标右键单击字幕“石板街道”，从弹出的快捷菜单中选择【速度/持续时间】菜单项，在打开的【素材速度/持续时间】对话框中调整持续时间为“4：00”。

(14) 选中字幕“石板街道”，在特效控制台窗口中展开【运动】选项，为“位置”参数添加 3 个关键帧，位置为“29：00”、“30：21”和“32：03”，将对应的参数分别设置为“210，130”、“10，

550”和“395,495”。单击【播放/停止】按钮，预览字幕“石板街道”的效果，如图 4－1－48 所示。

图 4－1－48　字幕“石板街道”的效果

（15）按照相同的方法，将“四方街”、“古城小溪”、“夜色水车”和“灯火辉煌”分别添加到“350：00”、“41：00”、“47：00”和“53：00”位置，持续时间为“4：00”。字幕的开始位置和结束位置分别添加“视频切换效果”或者为“位置”参数添加关键帧，使其产生运动效果。

（16）在项目窗口中将字幕“玉璧金川”添加到“视频 3”轨道，入点位置为“1：00：17”、“1：02：16”和“1：04：15”位置添加 3 个关键帧，对应参数分别为“360,160”、“340,300”和“220,467”，效果如图 4－1－49 所示。

图 4－1－49　字幕“玉璧金川”的效果

（17）单击“视频 3”轨道左边的【折叠/展开轨道】按钮，展开“视频 3”轨道，在工具箱中选择“钢笔工具”，按“Ctrl 键”，鼠标在“钢笔工具”图标附近出现加号，在“1：06：22”和“1：07：21”的位置单击，加入 2 个关键帧。放开“Ctrl 键”，拖动终止点的关键帧到最低点位置上，这样文字就出现了“淡出”的效果。

（18）在效果窗口展开【视频切换】|【滑动】选项，将“斜线滑动”转场添加到字幕“玉璧金川”的入点与出点位置，如图 4－1－50 所示。

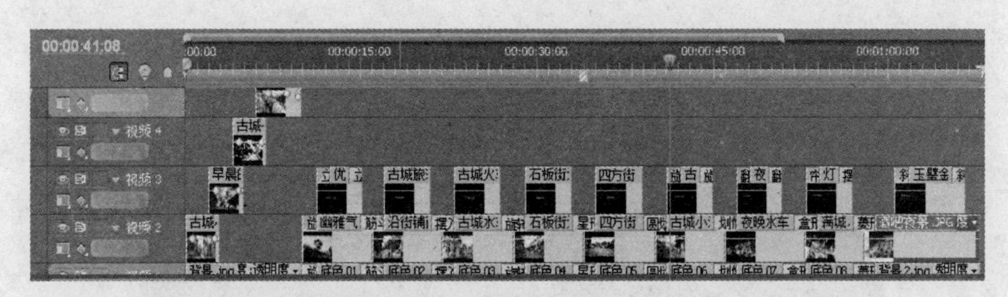

图 4－1－50　添加“斜线滑动”转场

8. 为电子相册添加音乐

(1) 双击项目窗口素材库的空白处，导入音频素材“有一个美丽的地方. mp3”。

(2) 在项目窗口中双击音频素材“有一个美丽的地方”，并添加到源监视器窗口中，选择入点位置为“00 : 15”，出点位置为“1 : 22 : 24”，将其拖到“音频 1”轨道中。

(3) 单击“音频 1”左边的【折叠/展开轨道】按钮，展开“音频 1”轨道，在工具箱中选择“钢笔工具”，按“Ctrl 键”，鼠标在“钢笔工具”图标附近出现加号，在“0”、“2 : 00”、“1 : 06 : 00”和“1 : 08 : 00”的位置上单击，加入 4 个关键帧。

(4) 放开“Ctrl 键”，拖起始点和终止点的关键帧到最底位置上，这样素材就出现了“淡入/淡出”的效果，如图 4－1－51 所示。

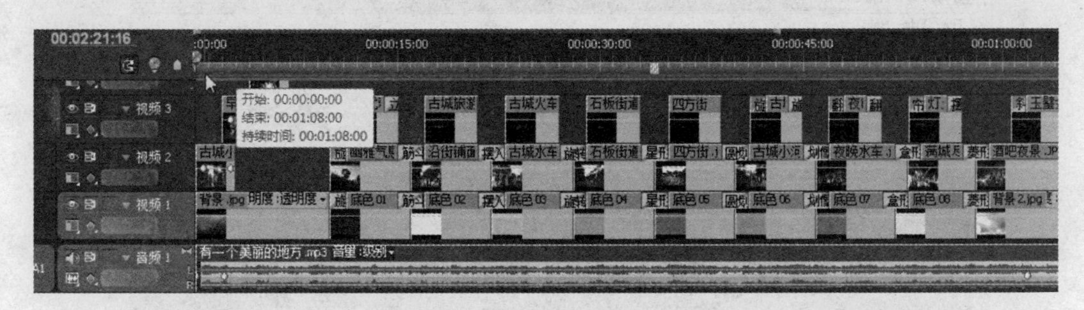

图 4－1－51　“淡入/淡出”效果

(5) 单击【播放/停止】按钮，试听音频效果。如果对设置的“淡入/淡出”效果不满意，则重复以上操作步骤，可以重新设置音频的“淡入/淡出”效果。

9. 将电子相册输出

(1) 执行菜单命令【文件】|【导出】|【媒体】，打开【导出设置】对话框。

(2) 在右侧的【导出设置】中单击【格式】下拉列表格，选择【MPEG1】选项。单击“输出名称”后面的链接，打开【另存为】对话框，在该对话框中设置保存的“名称”和“位置”，单击【保存】按钮，在【预置】下拉列表中，选择【PAL VCD】选项，如图 4－1－52 所示，单击【确定】按钮。

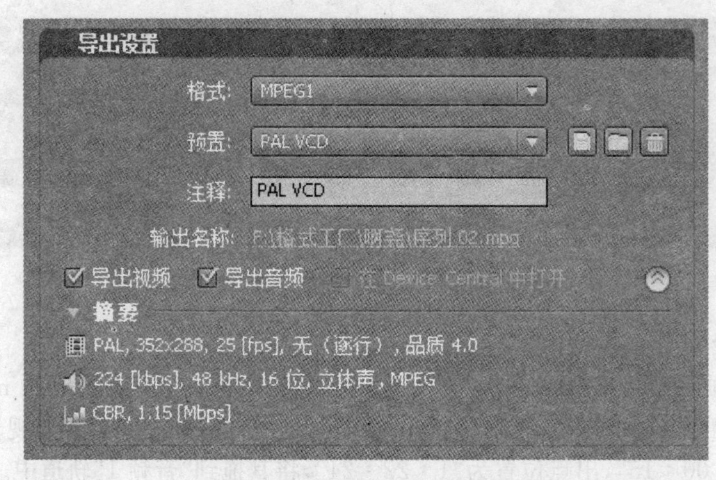

图 4-1-52　导出设置

(3) 打开“媒体编码器”界面对话框，单击【开始队列】按钮，开始输出，如图4-1-53所示。

(4) 输出完毕后，利用“Nero 刻录软件”刻录成 VCD 光盘。

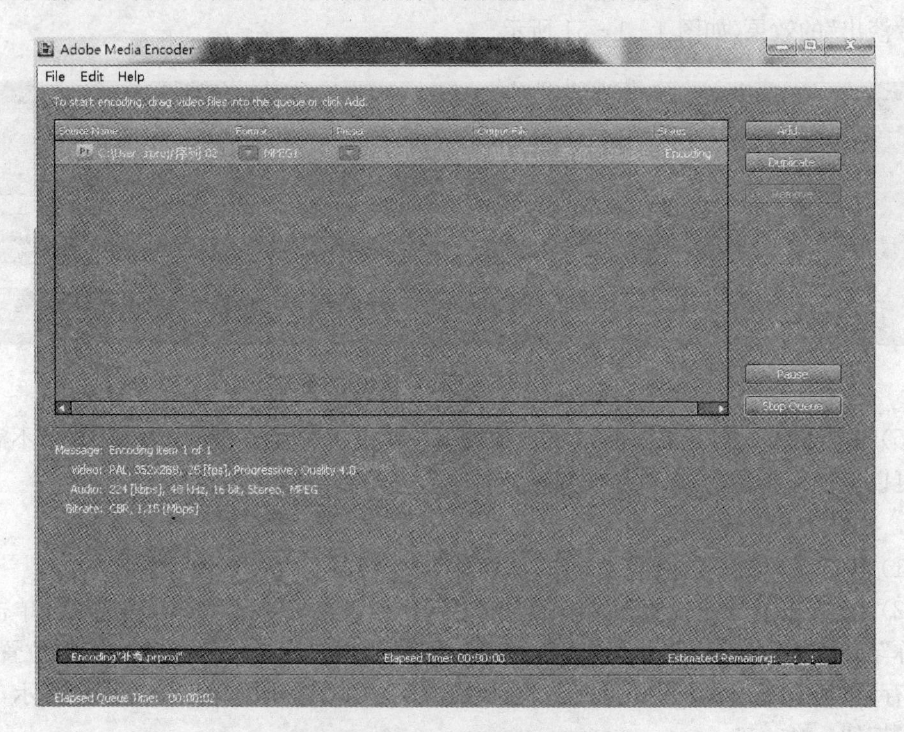

图 4-1-53　渲染输出影片

4.1.2　倒计时制作

技术要点：利用时钟擦除切换制作倒计时效果。

实例概述：倒计时效果在很多场合都有应用，Premiere Pro CS4 软件本身也提供了一个制作倒计时效果的例子，不过都使用相同的倒计时场景往往过于单调、没有特色。本例主要利用字幕功能和切换效果来制作一种新的倒计时效果。

制作步骤：本实例操作过程将分为 5 个步骤，具体操作步骤如下所述。

1. 新建项目

新建一个名为“倒计时”的项目文件，选择国内电视制式通用 DV - PAL 下的“标准 48 kHz”。

2. 建立黑白背景

(1) 选择菜单命令【编辑】|【参数】|【常规】，打开“参数”窗口，将其中的视频切换默认持续时间修改为“25 帧（即 1 秒）”，同样将静帧图像默认持续时间修改为“25 帧（即 1 秒）”，然后单击【确定】按钮。

(2) 选择菜单命令【文件】|【新建】|【字幕】（快捷键为 Ctrl＋T），打开一个【新建字幕】对话框，要求输入字幕名称，这里将其命名为“白色背景”，单击【确定】按钮，打开字幕窗口。

(3) 从左侧的工具栏中选择“椭圆”工具，配合“Shift 键”绘制一个“圆形”，取消其填充色。为其设置一个“黑色”的轮廓。然后再复制一个圆形并缩小一些，将这两个圆都居中放置。

(4) 从左侧的工具栏中选择“线条”工具，配合“Shift 键”分别绘制一条水平和一条垂直的直线段，将其填充颜色设为“黑色”，如图 4 - 1 - 54 所示。

(5) 从左侧的工具栏中选择“矩形”工具，绘制一个大的“矩形”，充满屏幕，将其填充颜色设为“白色”。然后选择菜单命令【字幕】|【排列】|【退到最后】，将其移至最后，作为圆形和直线段的底色，如图 4 - 1 - 54 所示。

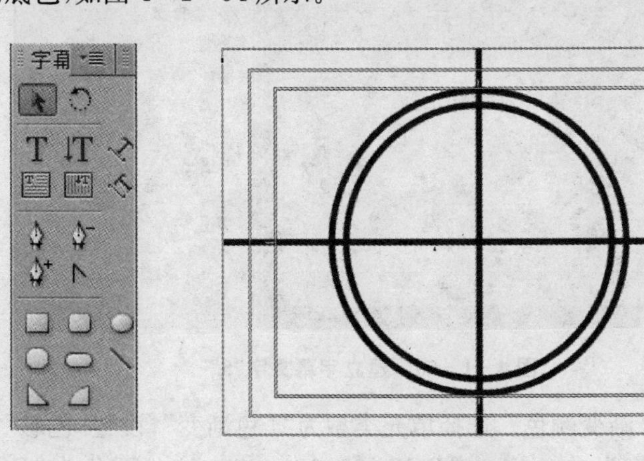

图 4 - 1 - 54　创建白色背景

(6) 单击字幕窗口左上角的【基于当前字幕新建字幕】按钮，打开【新建字幕】对话框，输入字幕名称为“黑色背景”。单击【确定】按钮。将圆形的轮廓颜色设为“白色”，将直线的填充颜色设为“白色”，将大矩形的填充颜色设为“黑色”。这样与“白色背景”正好相反，如图 4 - 1 - 55 所示。

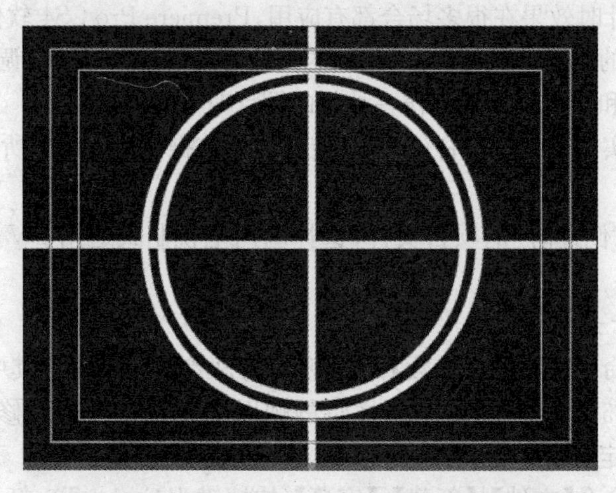

图 4-1-55　基于当前字幕创建的“黑色背景”

3. 建立数字

(1) 选择菜单命令【文件】|【新建】|【字幕】(快捷键为 Ctrl+T)，打开一个【新建字幕】对话框，要求输入字幕名称，这里将其命名为“5”，单击【确定】按钮，打开字幕窗口。

(2) 从左侧的工具栏中选择“文字”工具，在字幕窗口中建立一个“5”字，设置合适的“字体”和“尺寸”，这里字体设为“Arial”，字体样式设为“Black”，字体大小设为“330”，倾斜设为“15°”，将其“居中”放置。如图 4-1-56 所示。

图 4-1-56　建立字幕文字“5”

(3) 为其设置一个渐变颜色。选择填充类型为“4 色渐变”，设置“色彩”如下：左上角为“RGB(150,150,255)”，右上角为“RGB(15,180,255)”，左下角为“RGB(250,100,255)”，右下角为“RGB(255,255,255)”。

(4) 为其设置一个立体的效果。展开其【描边】，单击【外侧边】后的【添加】，添加一个“外侧边”，将其类型设为“凸出”，尺寸为“45”，角度为“60”，填充类型为“线性渐变”。在其下设置其左侧的颜色为“RGB(100,0,255)”，其右侧的颜色为“RGB(180,0,255)”，如图 4-1-57所示。

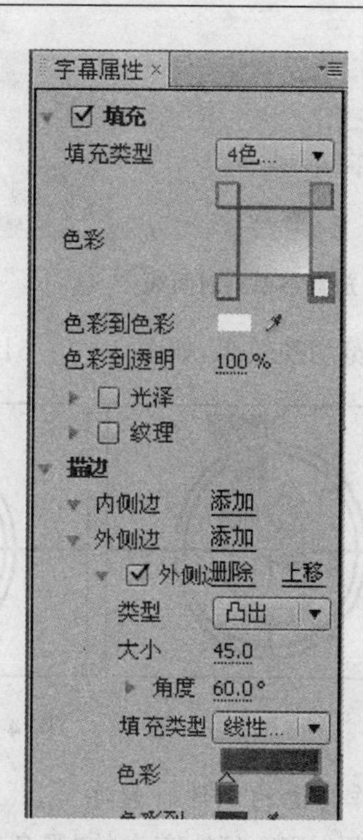

图 4－1－57　设置立体文字效果

(5) 制作完第一个数字后，其他的数字就好制作了。单击字幕窗口左上角的【基于当前字幕新建字幕】按钮，打开【新建字幕】对话框，输入字幕名称为“4”，单击【确定】按钮。将字幕窗口中原来的“5”字更改为“4”，如图 4－1－58 所示。

图 4－1－58　基于当前字幕创建“4”

(6) 同样方法，在当前字幕的基础上依次建立字幕“3”、“2”、“1”。在项目窗口中可以看出这些素材的长度都为 1 秒。

4. 添加切换效果

(1) 从项目窗口中，将“白色背景”拖至时间线的“视频 1”轨道中，将“黑色背景”拖至时间线的“视频 2”轨道中，将“5”拖至时间线的“视频 3”轨道中，如图 4－1－59 所示。

(2) 打开“效果”窗口，展开“视频切换”下的“擦除”，选择“时钟擦除”，将其拖至“视频 2”轨道中的“黑色背景. prtl”上，为其添加一个“时钟擦除”切换，如图 4－1－60 所示。

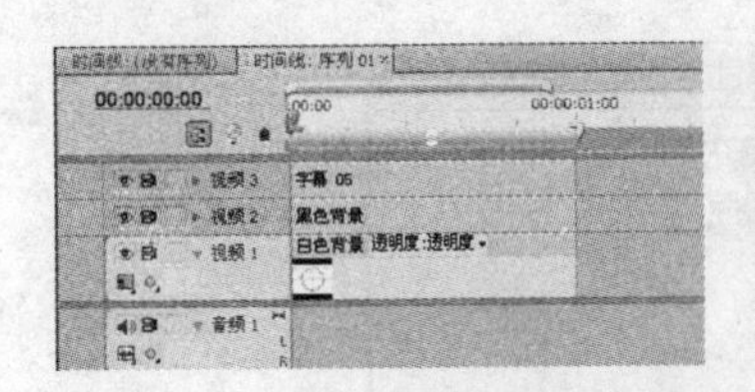

图 4-1-59　放置字幕到时间线

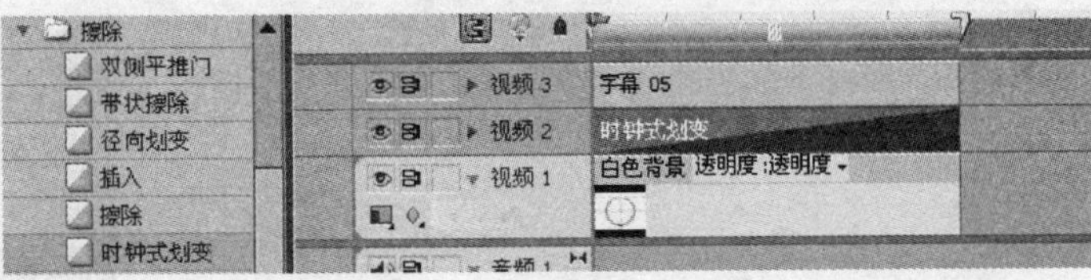

图 4-1-60　添加时钟擦除

(3) 预览切换效果,如图 4-1-61 所示。

图 4-1-61　切换效果

5. 制作其他的倒计时数字

(1) 选择“视频 1”轨道中的“黑色背景. prt1”和“视频 2”轨道中的“白色背景. prt1”,按“Ctrl+C 组合键”复制,然后按“End 键”将时间移至尾部并按“Ctrl+V 组合键”粘贴。这样连续按“End 键”和“Ctrl+V 组合键”粘贴,到第 5 秒结束,如图 4-1-62 所示。

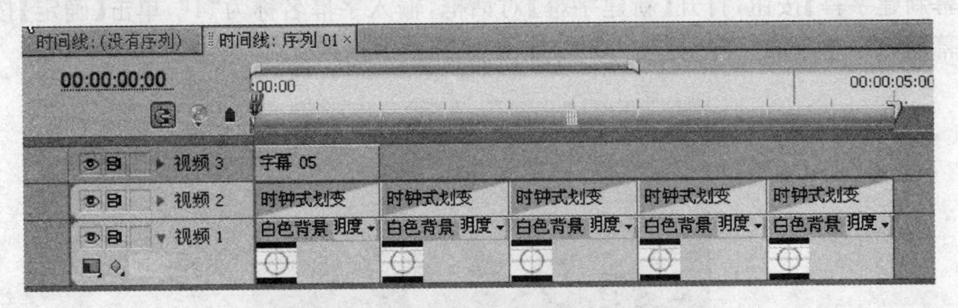

图 4-1-62　复制背景图形字幕

(2) 从项目窗口中将其他几个数字依次放置到“视频 3”轨道中的“5. prtl”之后,这样便完成了倒计时效果的制作,如图 4-1-63 所示。

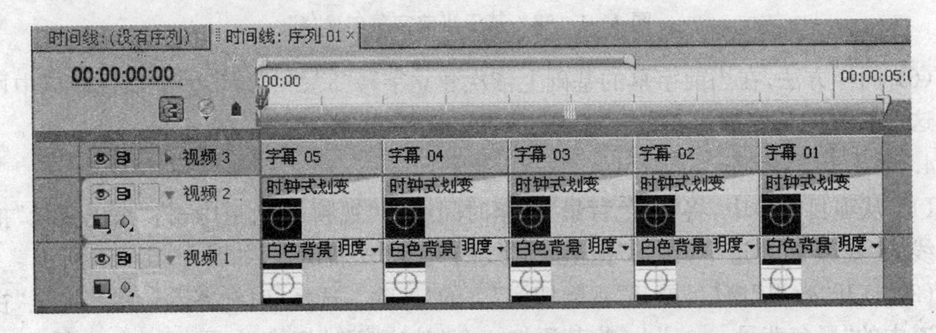

图 4-1-63　复制数字字幕

切换效果不仅能丰富不同场景素材之间的转换效果，在一些特殊效果的制作上也有其用武之地。"时钟擦除"切换给人以指针转动，时间流逝的感觉，使用"时钟擦除"每旋转一周用时一秒，加强视觉突出效果，这个切换是制作倒计时的关键。

4.2　实训 6　添加特效

4.2.1　局部马赛克效果

技术要点：在画面裁剪效果制作的局部范围上添加马赛克效果。

实例概述：本例介绍制作一种常用的马赛克效果，在需要遮挡的图像上面应用马赛克效果，这样只可以看出其大致的形状而不能看清其细节，经常用在不宜清晰显示人物面部、文字、标志等局部图像的处理上，实例效果如图 4-2-1 所示。

图 4-2-1　实例效果截图

制作步骤：本实例操作过程分为 3 个步骤，具体操作步骤如下所述。

1. 新建项目与导入素材

(1) 新建一个名为"局部马赛克"的项目文件，选择国内电视制式通用的 DV-PL 下的"标准 48 kHz"。

(2) 导入"实训 6\实训 6-01"文件夹中的文件"人物. avi"。

(3) 分两次从项目窗口中将"人物. avi"拖至时间线中的"视频 1"轨道中和"视频 2"轨道中，使其重叠在一起，如图 4-2-2 所示。

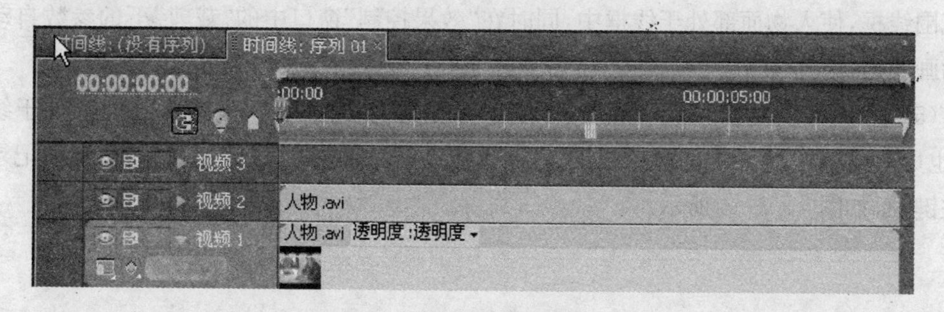

图 4-2-2　重叠放置素材

(4) 预览素材内容为一段移动的人物镜头，其中人物的面部从画面的左上方向中部移动。

2. 设置局部跟踪动画关键帧

(1) 打开“效果”窗口，展开“视频特效”下的“变换”，将“裁剪”特效拖至时间线中“视频 2”轨道中的素材上，暂时关闭“视频 1”轨道，只显示“视频 2”轨道中的图像，以方便下一步的操作。

(2) 将时间移至“第 0 帧”处，选中“视频 2”轨道中的素材，参照预览窗口中人物面部的位置，在“效果控制”窗口中单击打开“左”、“顶”、“右”和“底”前面的码表，对其“裁剪”进行设置。设置左为“55”，顶为“0”，右为“15”，底为“55”，如图 4-2-3 所示。

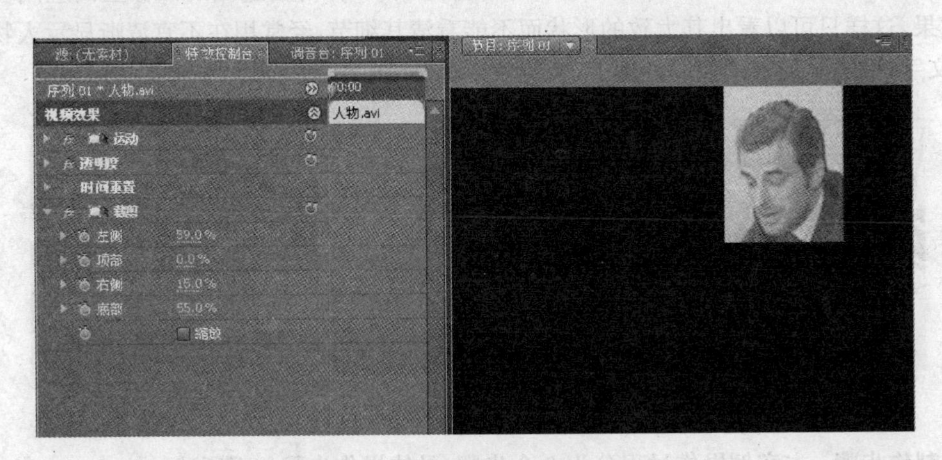

图 4-2-3　设置第 0 帧裁剪参数

(3) 在“效果控制”窗口中确认选中“裁剪”，使其处于高亮状态，这样剪切范围的线框将在预览窗口中显示。将时间移至“第 2 秒”处，人物面部与剪切范围线框会有些偏离，用鼠标移动剪切范围线框，使人物面部处于线框中，同时在“效果控制”窗口中，“裁剪”下的参数会发生相应的变化，并自动记录动画关键帧。

(4) 将时间移至“第 4 秒”处，人物面部与剪切范围线框再次发生偏离，用鼠标移动剪切范围线框，使人物面部处于线框中，同时在“效果控制”窗口中的“裁剪”下的参数自动记录动画关键帧。

(5) 将时间移至“第 6 秒”处，同样用鼠标移动剪切范围线框，使人物面部处于线框中，也可以将剪切范围线框调大一点，在“效果控制”窗口中的“裁剪”下的参数自动记录动画关键帧，如图 4-2-4 所示。

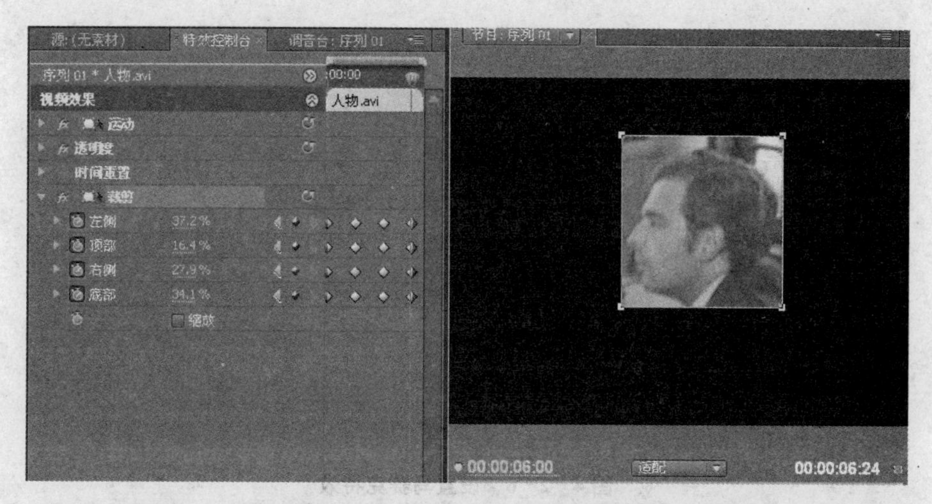

图 4-2-4　设置第 2 秒、第 4 秒、第 6 秒关键帧处裁剪特效参数

3. 设置局部马赛克

(1) 打开"效果"窗口，展开"视频特效"下的"风格化"，将"马赛克"拖至时间线中"视频 2"轨道中的素材上，恢复"视频 1"轨道的显示，如图 4-2-5 所示。

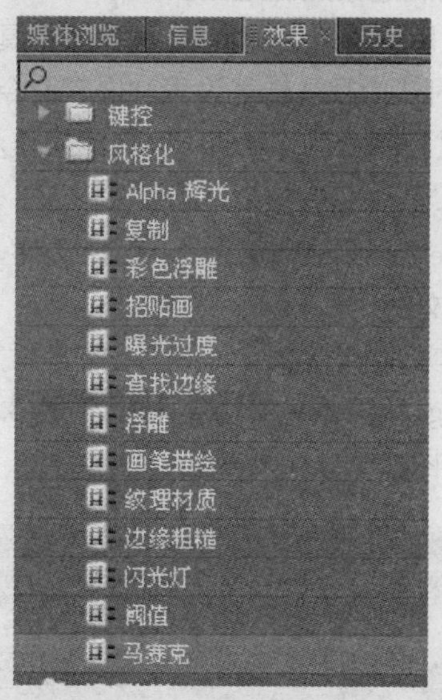

图 4-2-5　将马赛克特效拖到视频 2 轨道

(2) 在"效果控制"窗口中对"马赛克"的大小进行适当的设置，将水平块设为"30"，垂直块设为"30"，如图 4-2-6 所示。

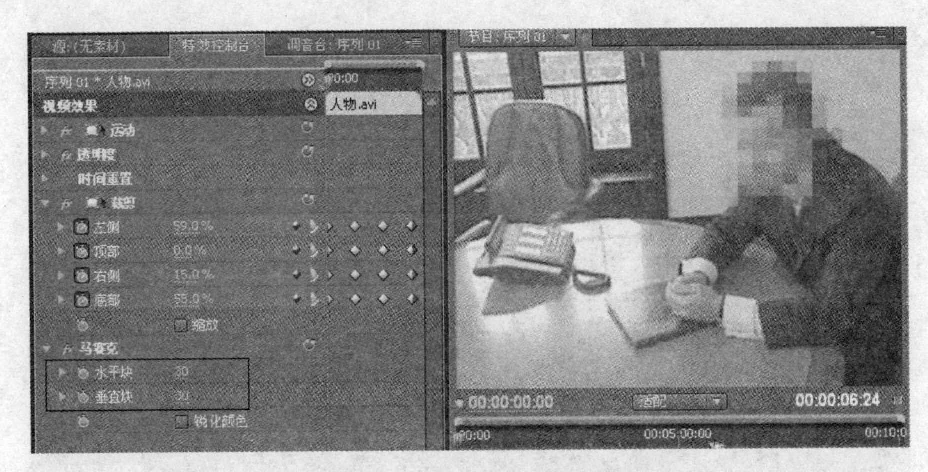

图 4-2-6　设置马赛克特效

(3) 播放预览局部马赛克效果,完成制作。

4.2.2　轨道蒙版透视效果

技术要点:键控特效中的轨道蒙版键运用。

实例概述:本实例通过运用轨道蒙版键特效,制作一个具有透明背景图片的文字效果,讲解轨道蒙版的使用方法,同时认为默认转场设置和嵌套命令的运用。

制作步骤:本实例操作过程将分为 3 个步骤,具体操作步骤如下所述。

1. 新建项目文件及导入素材

(1) 打开 Adobe Premiere Pro CS4,新建一个项目文件,选择 DV-PAL 制式中的"标准 48 kHz",创建一个新项目文件。

(2) 在项目窗口中导入"实训 6\实训 6-02"原始素材"花 01. jpg、花 02. jpg、花 03. jpg、花 04. jpg、秋天景色 1. jpg、秋天景色 2. jpg、秋天景色 3. jpg"等素材,然后将导入的素材插入时间线窗口的轨道,如图 4-2-7 所示。

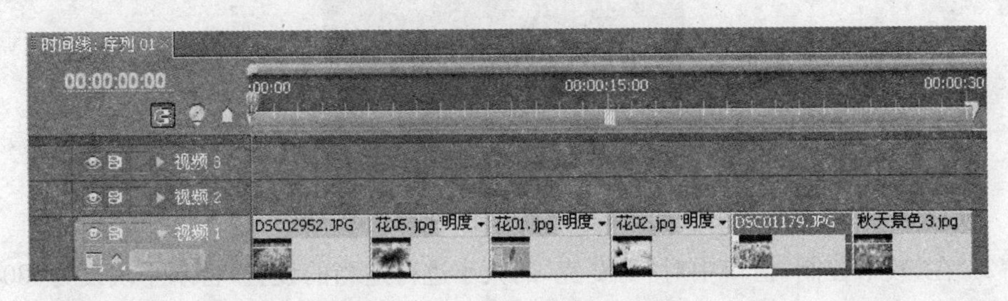

图 4-2-7　将素材插入时间线

2. 设置默认参数

(1) 选择【编辑】|【参数】|【常规】命令,打开【自定义设置】对话框,选择【常规】选项卡,将静帧图像默认持续时间修改为"25 帧",即 1 秒的时间,然后选中【画面大小默认适配为当前项目画面尺寸】复选框,如图 4-2-8 所示。

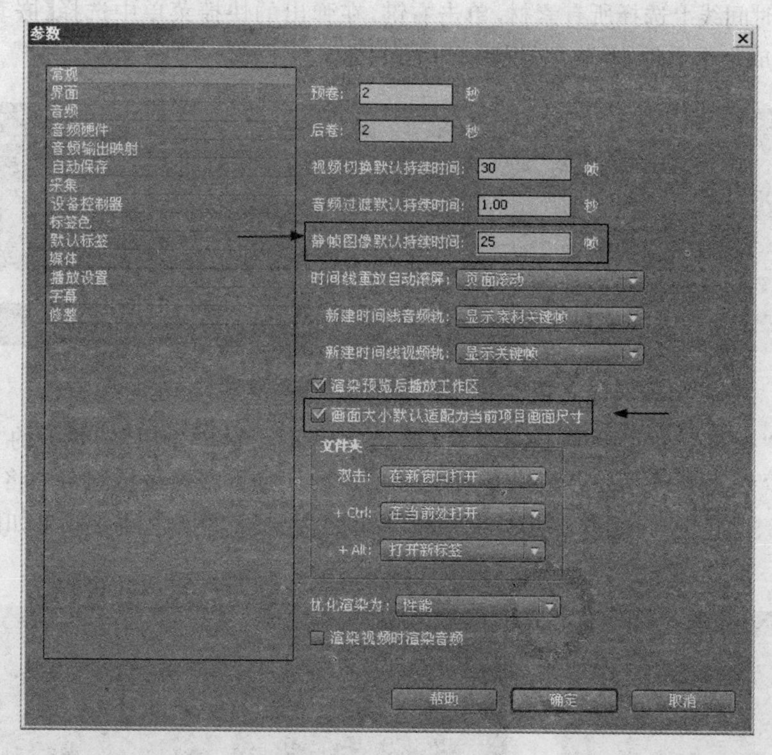

图 4-2-8　自定义设置

(2) 在时间线中将所有静帧图片应用"叠化"转场特效，方法是在"效果"面板中右击"叠化"文件夹下的"交叉叠化(标准)"转场特效，选择【设置为默认切换效果】命令，将其设置为默认转场特效，然后在时间线中选中所有素材，在【序列】菜单中选择【应用默认切换过渡到选择的素材】命令，如图 4-2-9 所示。

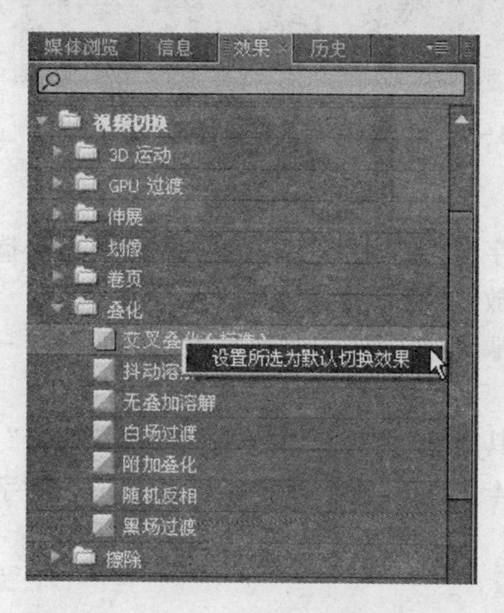

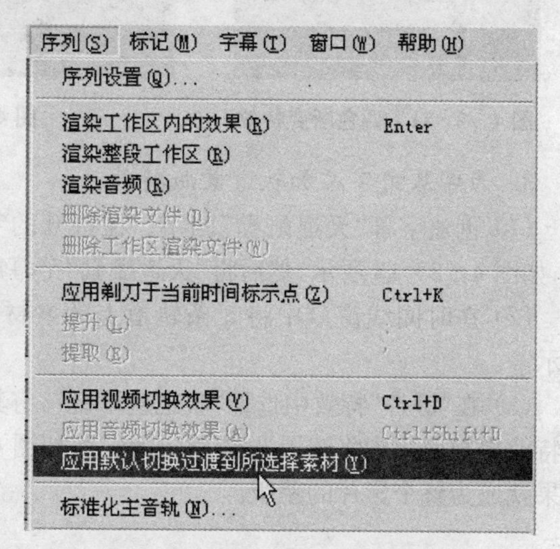

图 4-2-9　设置和运用默认切换效果

(3) 在时间线上选择所有素材，单击右键，在弹出的快捷菜单中选择【嵌套】命令，将所有素材编成一个文件，并放到“视频 2”轨道中，如图 4－2－10 所示。

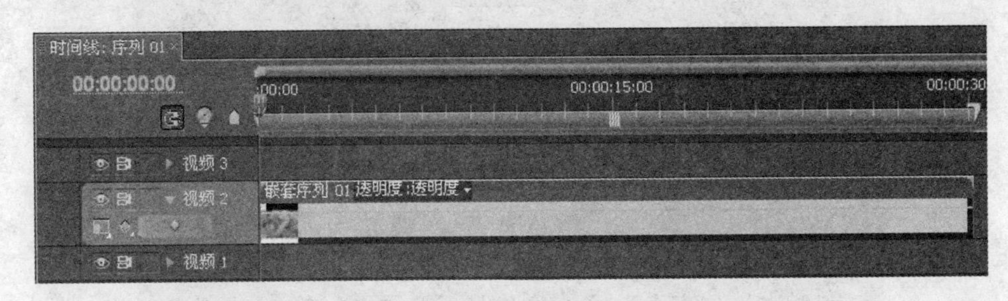

图 4－2－10　运用嵌套后的效果

(4) 在“视频 1”轨道中加入“秋天景色 3.jpg”图片，选择“生成”特效中的“四色渐变”特效添加到“秋天景色 3.jpg”图片上，如图4－2－11所示。在特效控制台中将“颜色 1、颜色 2、颜色 3、颜色 4”调整成自己喜欢的颜色，调整后画面的四色渐变效果如图4－2－12所示。

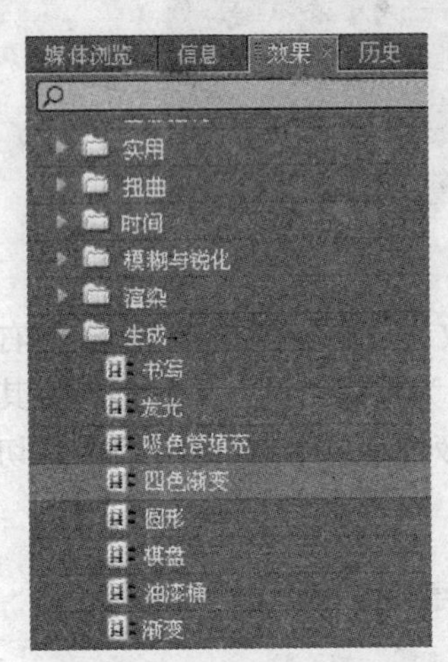

图 4－2－11　四色渐变特效

图 4－2－12　调整后的渐变效果

3. 为字幕文字添加轨道蒙版特效

(1) 创建字幕“天道酬勤”四字。在打开的字幕窗口中将字幕的字体和大小调整合适，如图 4－2－13 所示，然后将“天道酬勤”字幕放入“视频 3”轨道中。

(2) 在时闻线窗口中将 3 条轨道上的素材调整为同样的时间长度，如图 4－2－14 所示。

(3) 在“键控”特效中选择“轨道遮罩键”，将其拖到“视频 2”轨道的“嵌套序列 01”上，在特效控制面板中将遮罩选定为“视频 3”，如图 4－2－15 所示，则“视频 3”轨道中的字幕效果就成为整个影片的蒙版。

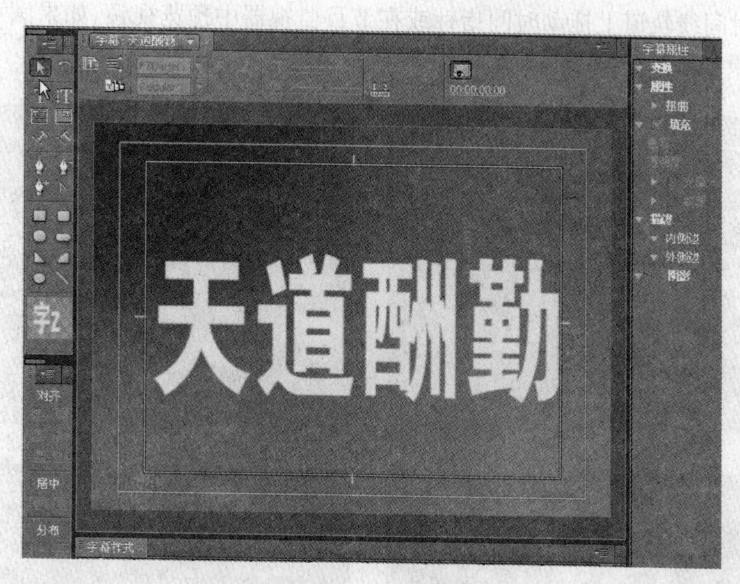

图 4-2-13　创建字幕

图 4-2-14　调整后 3 个视频轨道素材排列

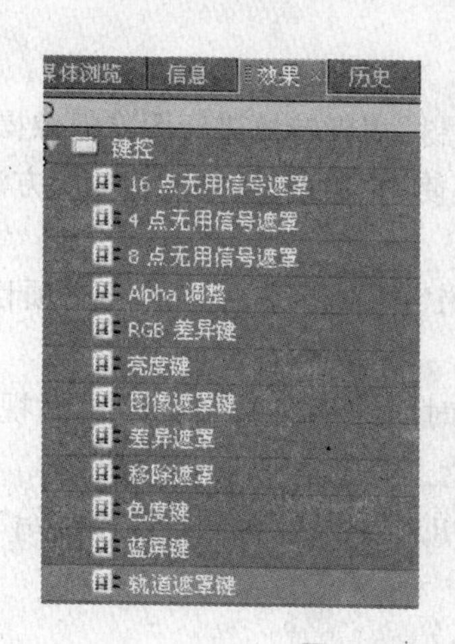

图 4-2-15　轨道蒙版特效和设置

(4) 在时间线轨道上拖动时间指针或在节目监视器中预览视频，如果满意可以输出。最后效果如图 4-2-16 所示。

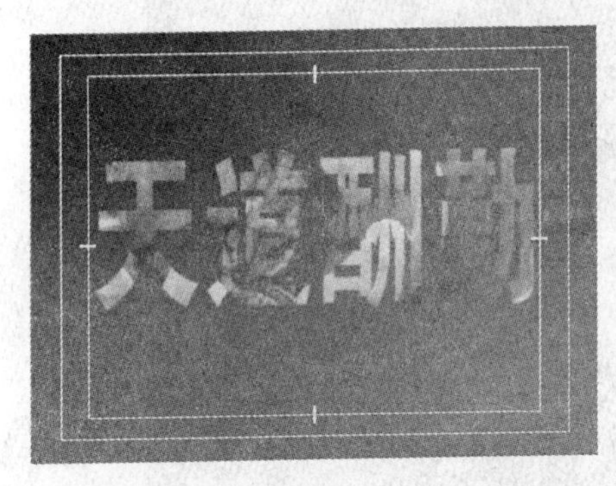

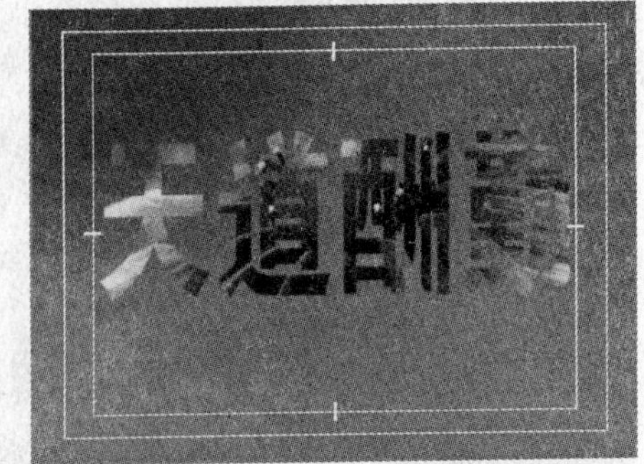

图 4-2-16　最后效果部分截图

4.3　实训 7　视频抠像特效应用

4.3.1　任意颜色的抠像

技术要点：应用“键控”视频特效组中的“颜色键”视频特效进行图像抠像操作。

实例概述：通过对本实例的操作，使读者掌握使用“颜色键”视频特效的方法。

制作步骤：本实例的具体操作步骤如下所述。

(1) 新建一个项目文件，将“实训 7\实训 7-01”中的素材文件导入到“项目”面板，完成后项目面板显示效果如图 4-3-1 所示。

(2) 将素材文件按照一定的顺序分别插入到时间线面板的“视频 1”和“视频 2”轨道中，效果如图 4-3-2 所示。

(3) 打开“效果”面板，并将如图 4-3-3 所示的“颜色键”视频特效添加给“视频 2”轨道中的素材文件。

图 4－3－1　“项目”面板显示效果

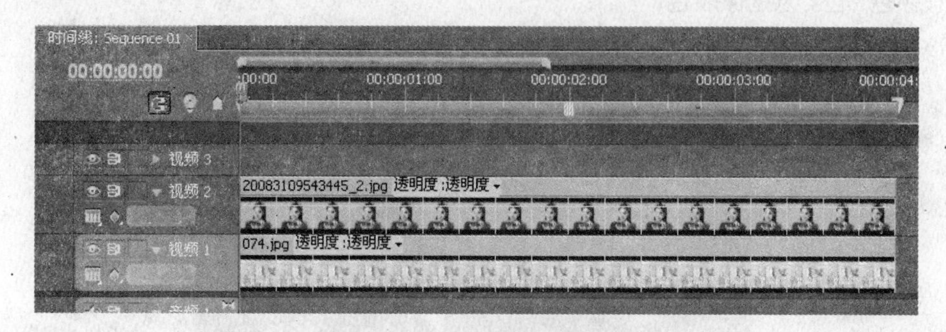

图 4－3－2　插入文件

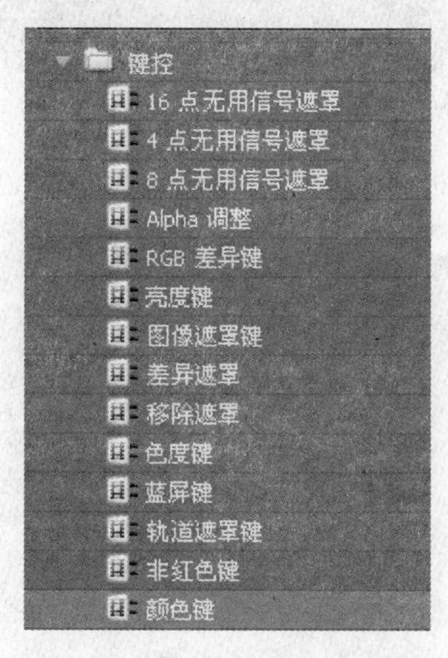

图 4－3－3　添加“颜色键”视频特效

(4) 打开"节目监视器"面板,在该面板的预览区中可观察到"颜色键"视频特效的默认参数并未对画面起任何作用。

(5) 打开"特效控制台"面板,单击"主要颜色"后的"吸管"按钮,如图 4-3-4 所示。

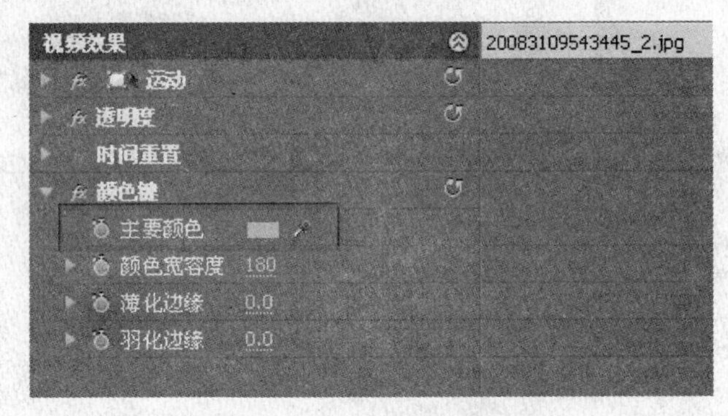

图 4-3-4 选择"吸管"按钮

(6) 在"节目监视器"面板预览区的图像背景处单击鼠标左键,如图 4-3-5 所示,将"背景颜色"定义为抠像颜色。

图 4-3-5 定义抠像颜色

(7) 在"特效控制台"面板设置如图 4-3-6 所示的"颜色键"特效参数。

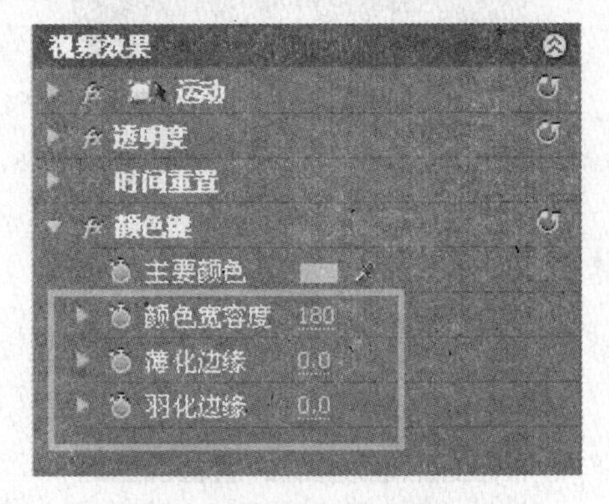

图 4-3-6 设置"颜色键"参数

(8) 在“节目监视器”面板中即可预览修改参数后的特效效果，如图 4-3-7 所示。

图 4-3-7 预览效果

(9) 执行【文件】|【导出】|【媒体】命令，设置如图 4-3-8 所示的输出基本参数，最后输出并保存该项目。

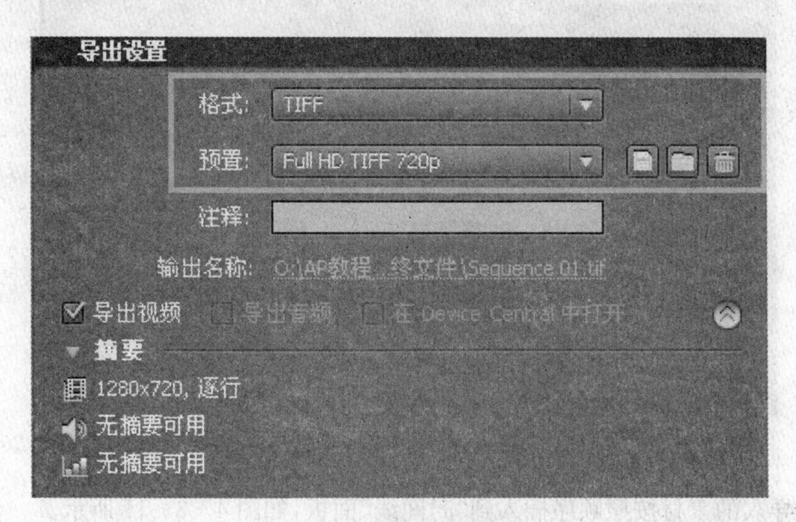

图 4-3-8 输出及保存项目

4.3.2 为主持人添加背景

技术要点：为“前景”素材添加“蓝屏键”视频特效进行抠像操作。

实例概述：通过学习本实例，读者可掌握对蓝色背景的动态视频进行抠像的操作方法。

制作步骤：本实例的具体操作步骤如下所述。

(1) 新建一个项目文件，在【新建序列】对话框中切换到【常规】选项卡，设置如图

4-3-9所示的序列参数。

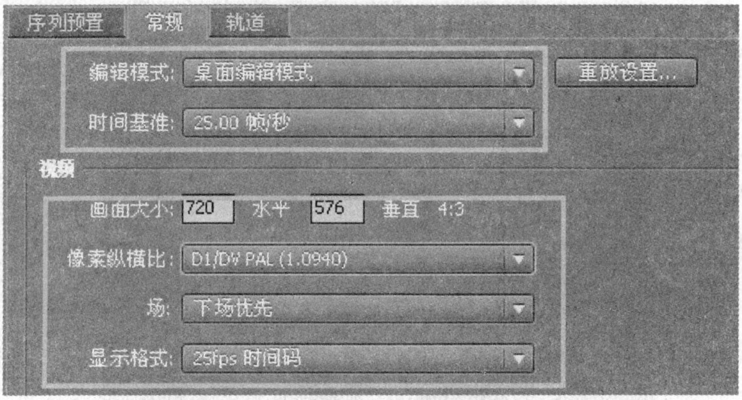

序列预置 常规 轨道
编辑模式: 桌面编辑模式 重放设置...
时间基准: 25.00 帧/秒
视频
画面大小: 720 水平 576 垂直 4:3
像素纵横比: D1/DV PAL (1.0940)
场: 下场优先
显示格式: 25fps 时间码

图 4-3-9 “常规”选项卡

(2) 将“实训 7\实训 7-02”中的两个素材文件导入到“项目”面板中,完成效果如图 4-3-10所示。

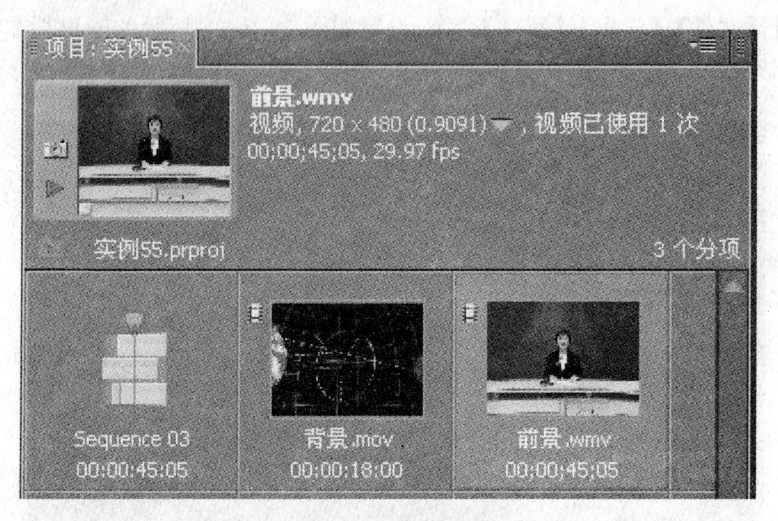

图 4-3-10 导入文件

(3) 将导入的素材按照顺序插入到“时间线”面板,如图 4-3-11 所示。

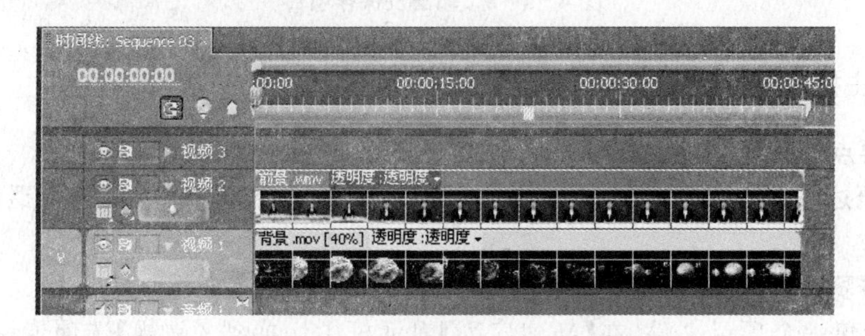

图 4-3-11 素材插入“时间线”面板

(4) 在“效果”面板中选择如图 4 - 3 - 12 所示的“蓝屏键”特效。

图 4 - 3 - 12　选择“蓝屏键”特效

(5) 将选择的“蓝屏键”视频特效添加给“时间线”面板中的“前景. wmv”素材文件。

(6) 在“节目监视器”面板中可预览到添加视频特效后，默认参数下画面抠像的效果，如图 4 - 3 - 13 所示。

图 4 - 3 - 13　抠像效果

(7) 在“特效控制台”面板中设置如图 4 - 3 - 14 所示的“蓝屏键”视频特效参数。

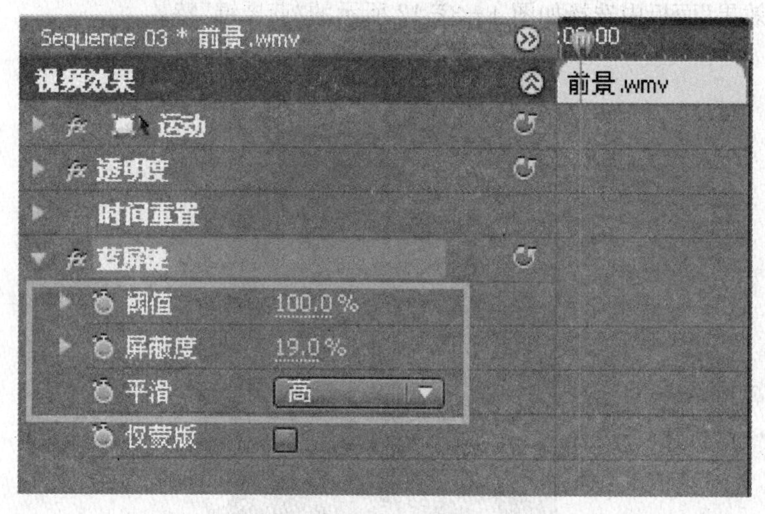

图 4-3-14　设置"蓝频键"特效

(8) 单击【平滑】下拉按钮,在弹出的下拉列表中选择【高】选项,如图 4-3-15 所示。

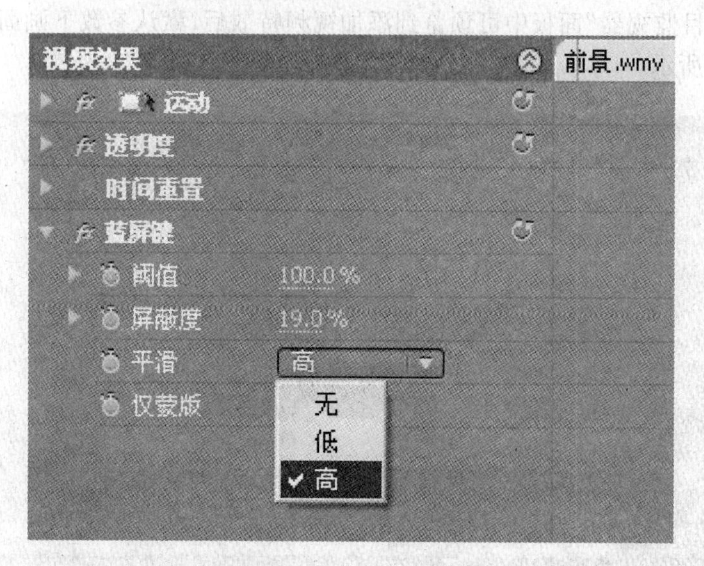

图 4-3-15　选择"平滑"参数

(9) 执行【文件】|【导出】|【媒体】命令,设置如图 4-3-16 所示的输出基本参数,最后输出并保存该项目。

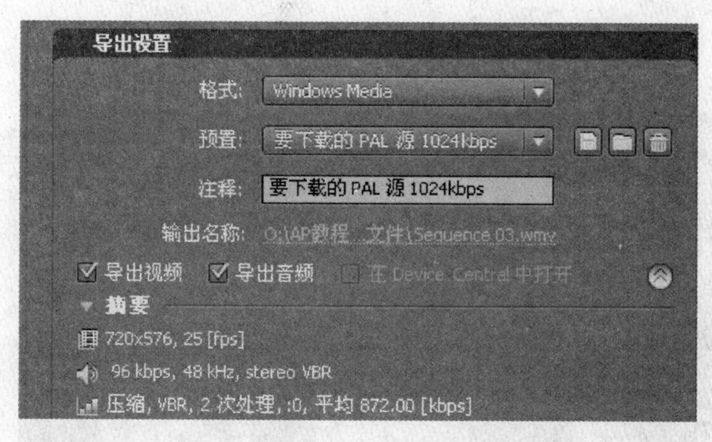

图 4－3－16　输出并保存项目

4.3.3　为画面替换前景

技术要点：为素材添加“8 点无用信号遮罩”与“颜色健”特效。

实例概述：通过对本实例的操作，读者将掌理通过添加抠像特效替换素材前景的方法。

制作步骤：本实例的具体操作步骤如下所述。

(1) 新建项目，在【新建序列】对话框中切换到【常规】选项卡，设置如图 4－3－17 所示的序列参数。

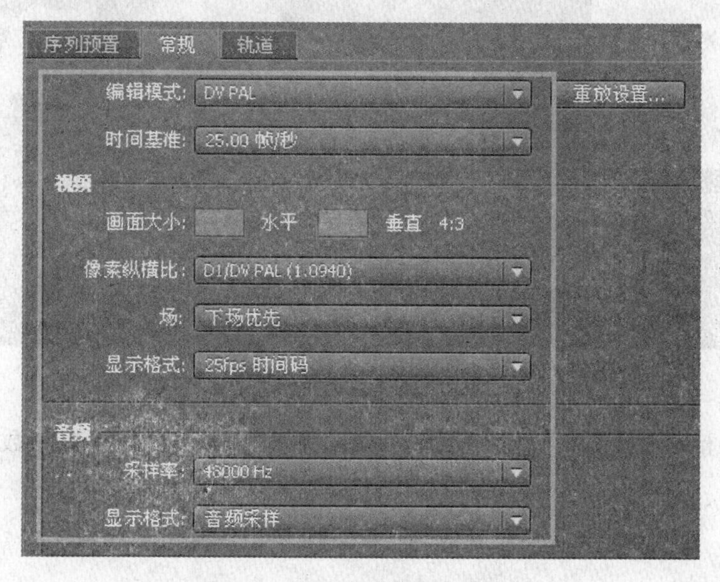

图 4－3－17　设置“常规”选项卡

(2) 导入“实训 7\实训 7－03”文件夹中的素材文件，如图 4－3－18 所示，将素材插入“时间线”面板中。

图 4-3-18　导入文件

(3) 将“8 点无用信号遮罩”特效添加给“2. jpg”素材并调整特效控制点，如图4-3-19所示。

图 4-3-19　添加“8 点无用信号遮罩”特效

(4) 为“2. jpg”素材添加“颜色键”特效，并设置如图4-3-20所示的参数，最后保存该项目。

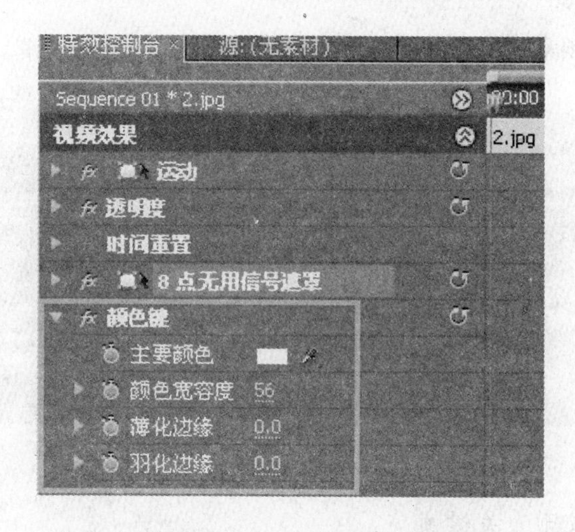

图 4-3-20　添加并设置"颜色键"特效

4.4　实训 8　音频编辑与特效

4.4.1　音频编辑

技术要点：音频素材的剪辑和设置。

实例概述：声音是数字电影不可缺少的部分，几乎每个影片都需要进行音频处理，本次实训将使用 Premiere Pro CS4 对导入的音频进行处理，具体目的如下：熟悉 Premiere Pro CS4 音频轨道的组成和应用；初步掌握为音频素材添加和设置关键帧的方法；熟悉音量控制的方法；掌握编辑音频素材的方法；熟悉音频转场和音频滤镜的应用方法。

制作步骤：

1. 导入音频素材

(1) 新建一个名为"音频编辑处理"的项目文件，选择【文件】|【导入】命令，将"实训 8\实训 8-01\haiou. mp3"文件导入到"项目"窗口中，如图 4-4-1 所示。

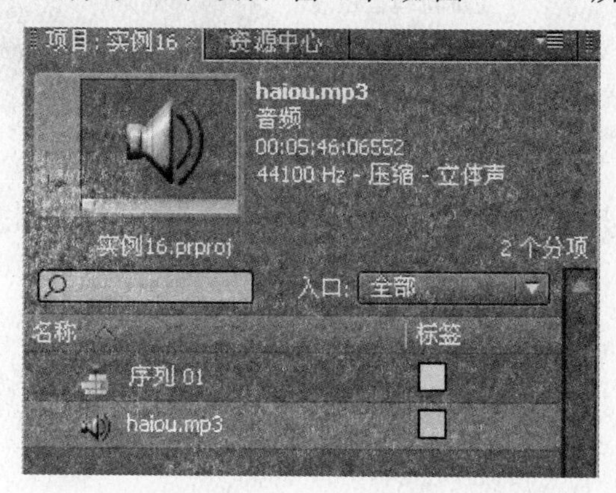

图 4-4-1　导入音频素材

(2) 将导入的音频素材拖放到时间轴的“音频 1”轨道中，如图 4-4-2 所示。

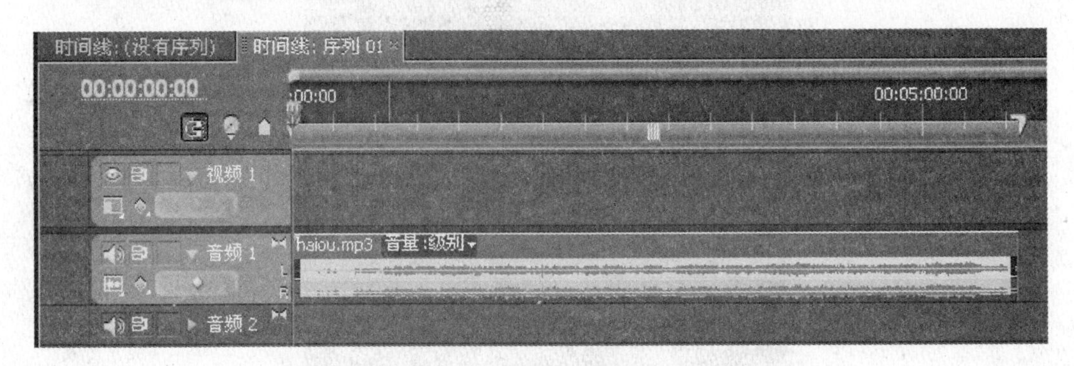

图 4-4-2 将导入的音频素材添加到时间轴

2. 为音频添加或删除关键帧

(1) 单击【扩展】按钮，展开音频轨道，单击【显示关键帧】按钮，在出现的下拉菜单中选择【显示素材关键帧】命令，如图 4-4-3 所示。

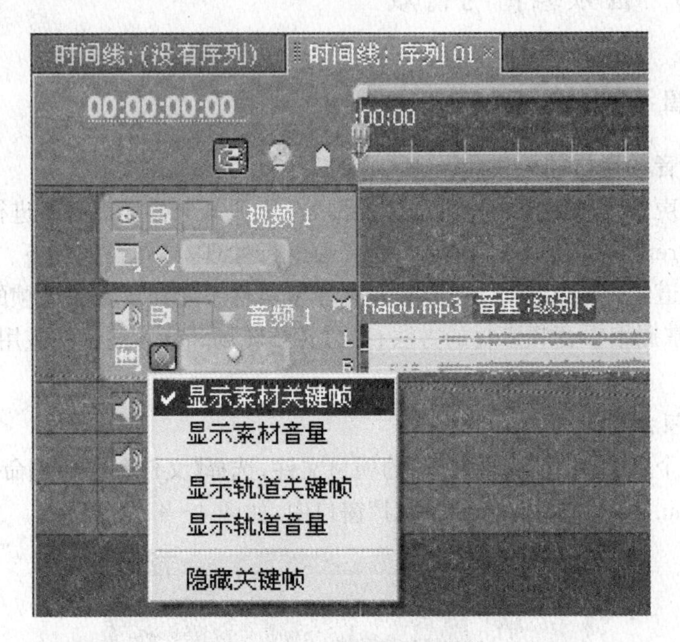

图 4-4-3 显示素材关键帧

(2) 单击【音量】下拉按钮，选择【音量】|【级别】命令，显示级别关键帧，如图 4-4-4 所示。

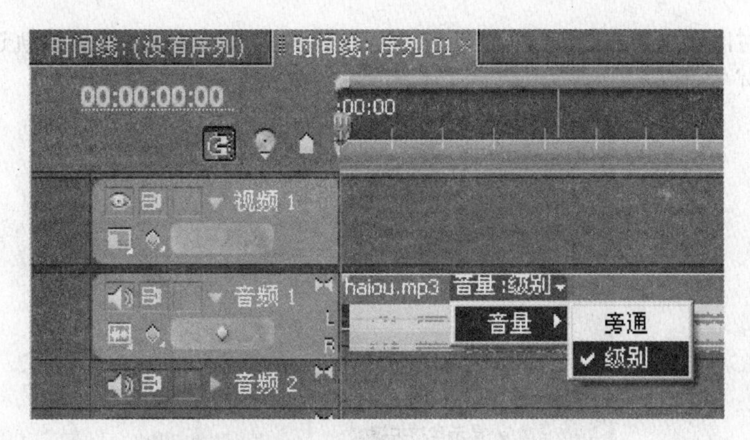

图 4-4-4　显示 Level 关键帧

(3) 在“特效控制”面板中,移动播放头到素材的开始处,单击级别左侧的【切换动画】按钮,系统自动添加一个关键帧,设置级别的值为“0 dB”,如图 4-4-5 所示。

(4) 移动播放头到“00：00：37：07”位置,单击【添加/删除关键帧】按钮,添加第 2 个关键帧,设置级别的值为“6.0 dB”,为音频素材添加“淡入”效果,如图 4-4-6 所示。

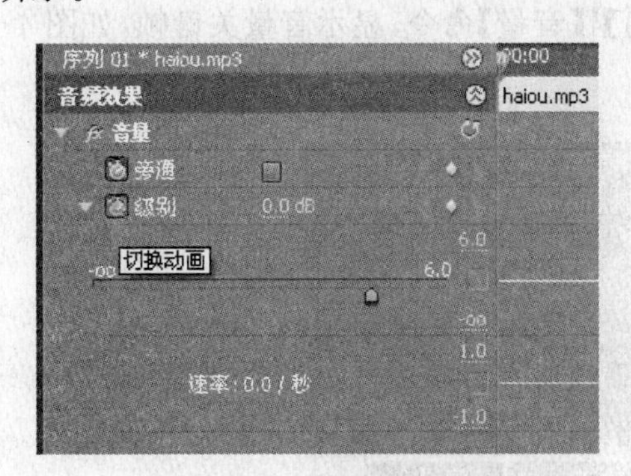

图 4-4-5　设置关键帧

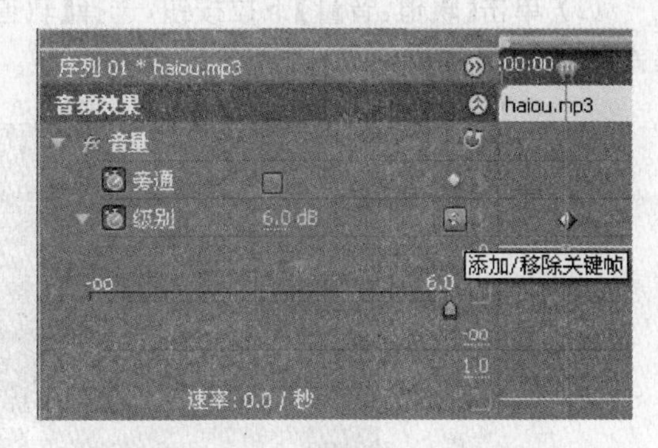

图 4-4-6　设置第 2 个关键帧

(5) 设置好后,时间轴的显示情况如图 4-4-7 所示。

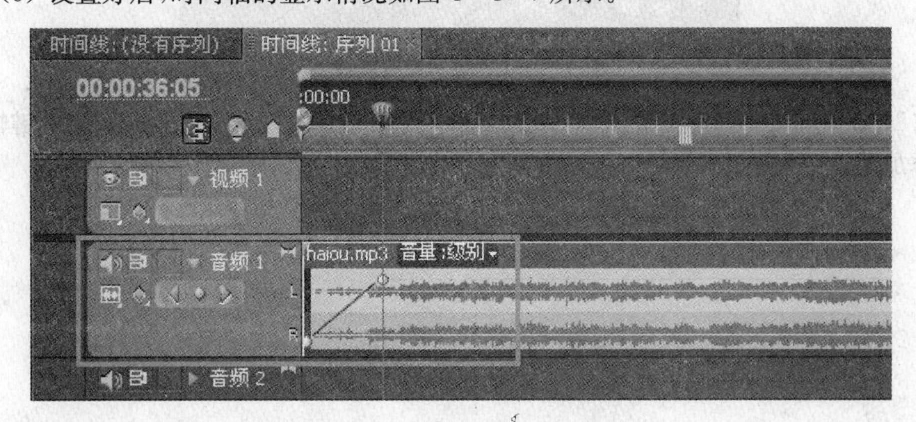

图 4-4-7　时间轴的显示情况

(6) 在时间轴上单击【显示关键帧】按钮,在出现的菜单中选择【显示轨道关键帧】命令,如图 4-4-8 所示。

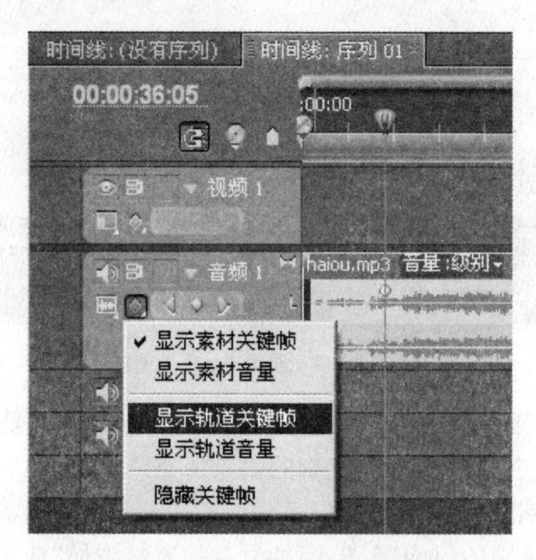

图 4-4-8　显示轨道关键帧

(7) 单击【轨道:音量】下拉按钮,选择【轨道】|【音量】命令,显示音量关键帧,如图 4-4-9 所示。

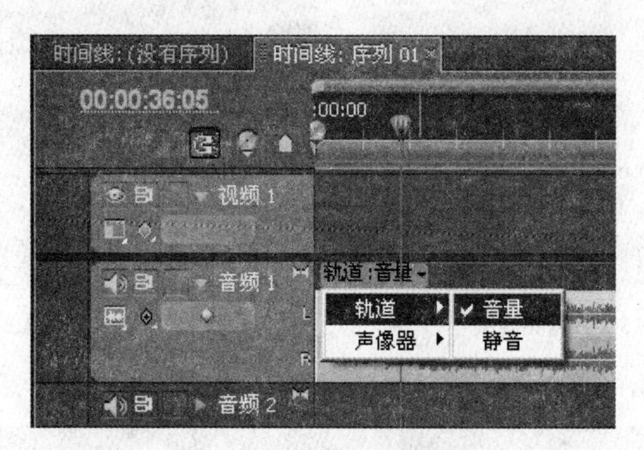

图 4-4-9　显示音量关键帧

(8) 在时间轴中移动播放头到“00:03:08:13”的位置,单击【添加/删除关键帧】按钮,添加第 1 个关键帧,如图 4-4-10 所示。

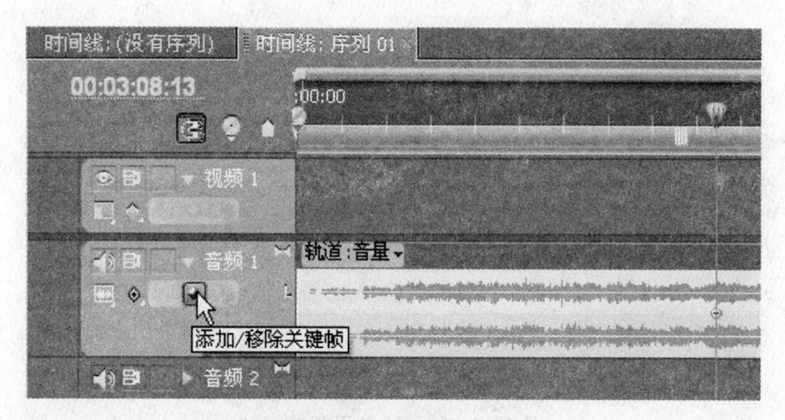

图 4-4-10　添加关键帧

(9) 向上拖动该关键帧,增大素材的音量,如图 4-4-11 所示。

图 4-4-11　移动关键帧

(10) 移动播放头到素材的末尾处,单击【添加/删除关键帧】按钮。添加第 2 个关键帧,向下拖动该关键帧,减小素材的音量,如图 4-4-12 所示,为音频素材添加"淡出"效果。

图 4-4-12　设置第 2 个关键帧

(11) 单击【轨道:音量】下拉按钮,选择【声像器】|【平衡】命令,显示平衡关键帧。添加如图 4-4-13 所示的 3 个关键帧,拖动第 1 个关键帧到最高位置,拖动第 2 个关键帧到最低位置,拖动第 3 个关键帧到中间位置,使声音由左声道过渡到右声道,再过渡到立

体声。

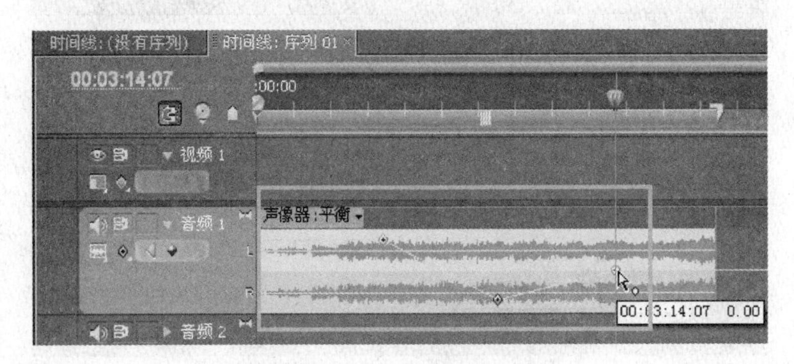

图 4-4-13　添加平衡关键帧

(12) 在如图 4-4-8 所示的菜单中选择【隐藏关键帧】命令,隐藏设置的所有关键帧,移动播放头到如图 4-4-14 所示的位置,选择【时间线】|【剃刀工具】命令,将素材拆分为两段。

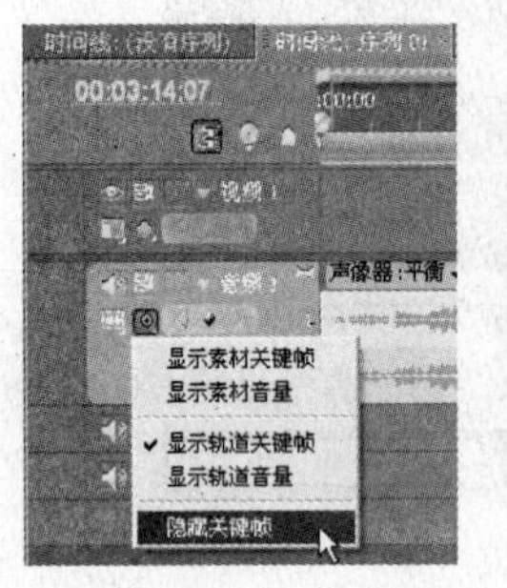

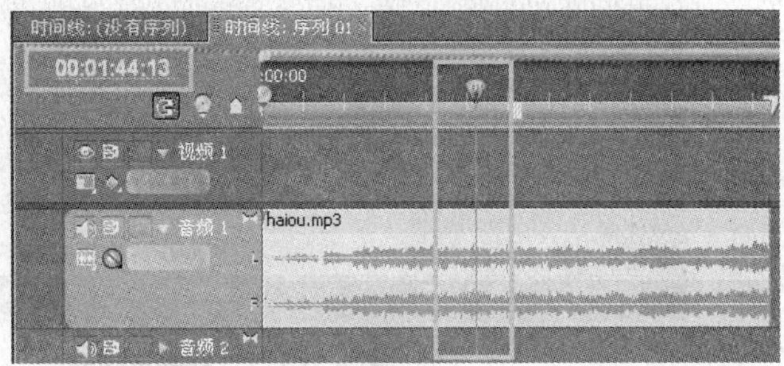

图 4-4-14　拆分素材

(13) 选择"特效"面板中"音频转换"下的"Crossfade"文件夹,将"恒定增益"转场特效拖放到拆分出的两段素材之间,如图 4-4-15 所示。

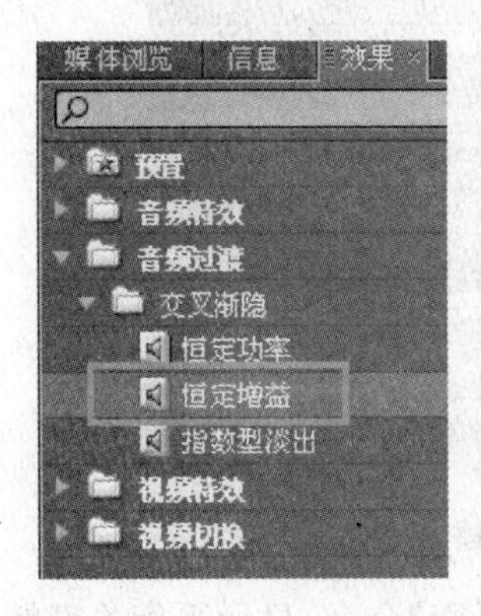

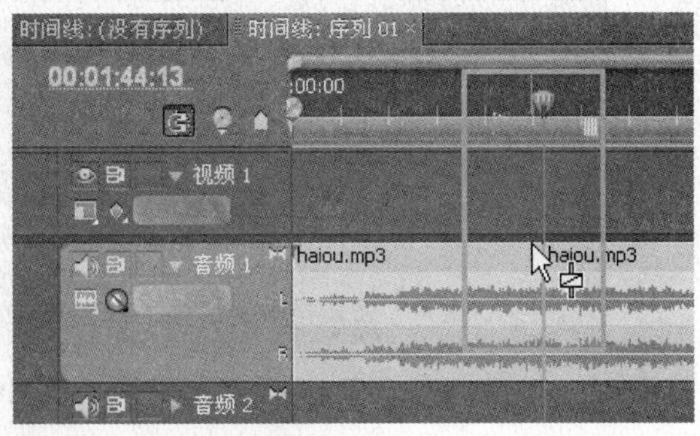

图 4-4-15　添加转场特效

(14) 单击面板中的【放大】按钮,放大时间轴,单击添加的转场特效,如图 4-4-16 所示。

图 4-4-16　放大时间线

3. 在"特效控制"面板设置音频属性

(1) 在"特效控制"面板中出现转场特效的属性设置。

(2) 移动鼠标到"持续时间"刻度上,按住鼠标左键不放向右拖动,增加"音频转换"特效的持续时间,如图 4-4-17 所示。

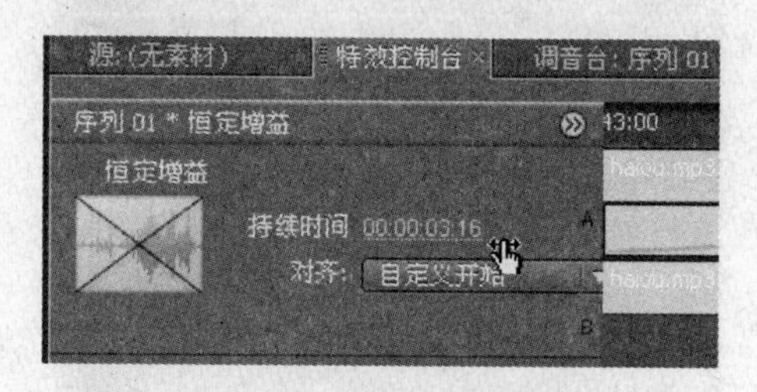

图 4-4-17　增加特效的持续时间

(3) 单击【对齐】下拉按钮,在出现的菜单中选择【居中于切点】命令,设置"音频转换"特效所跨越的素材范围,如图 4-4-18 所示。

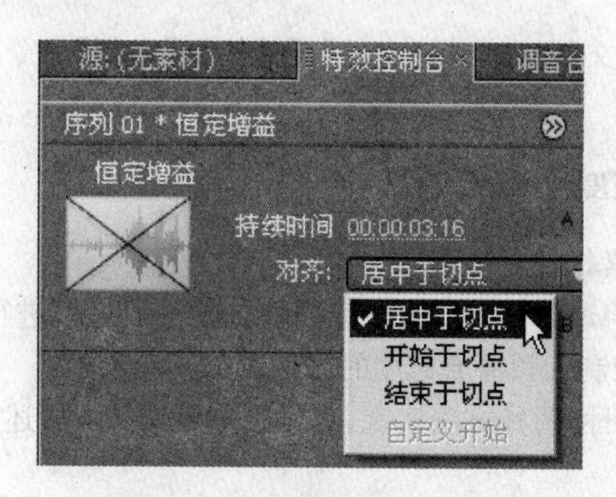

图 4-4-18　设置特效对齐方式

(4) 进入"特效"面板中"音频特效"下的"立体声"文件夹,将"高音"拖放到第 1 段素材中,这时素材中出现一条"绿线",如图 4-4-19 所示。

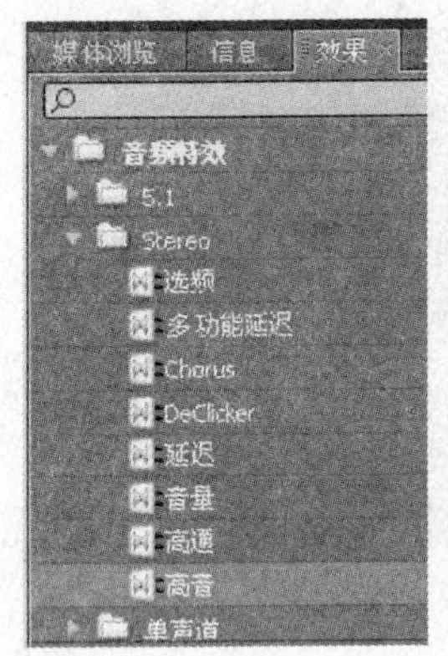

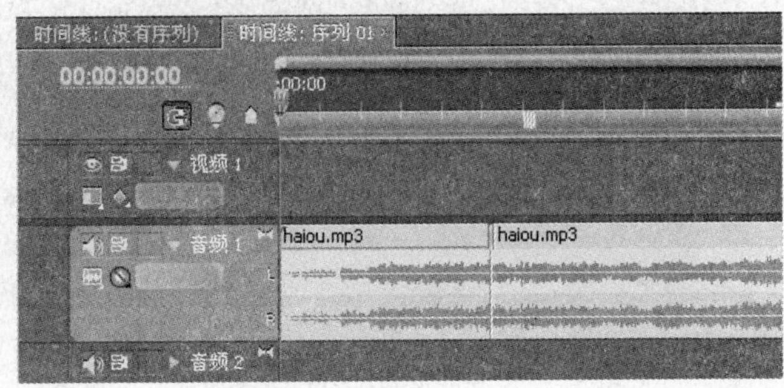

图 4-4-19 应用音频特效

(5) 进入"特效控制"面板,设置"放大"的值为"5.50 dB",加强音频的高音,如图 4-4-20 所示。

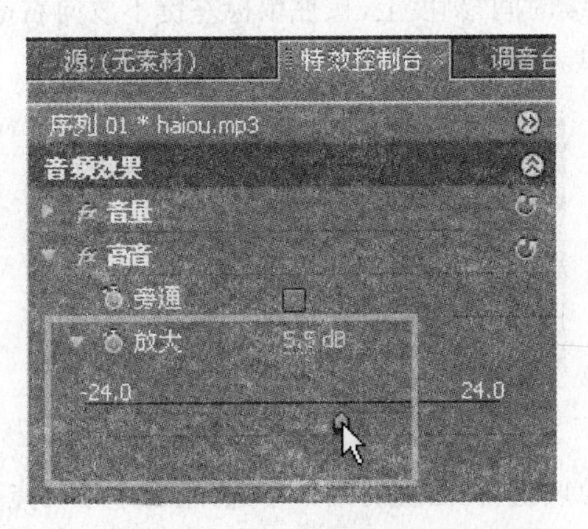

图 4-4-20 设置高音特效

(6) 最后,保存项目文件,再选择【文件】|【输出】|【音频】命令,即可输出编辑好的音频文件。

4.4.2 调整音频播放速度

技术要点:为音频素材设置播放时间和速度。

实例概述:本实例将通过两种方式对音频素材的播放速度进行调节。通过对本实例的学习,读者可以掌握控制音频播放速度的方法。

制作步骤:本实例可由两种方法实现,具体操作步骤如下所述。

1. *方法一*

(1) 导入"实训 8\实训 8-02"中的素材文件,导入后选择"项目"面板中的素材。

(2) 将导入的素材插入到"时间线"面板中,显示效果如图 4-4-21 所示。

(3) 选择"时间线"面板中的"音频 1",单击鼠标右键,在弹出的快捷菜单中选择【速度/持续时间】命令,如图 4-4-22 所示。

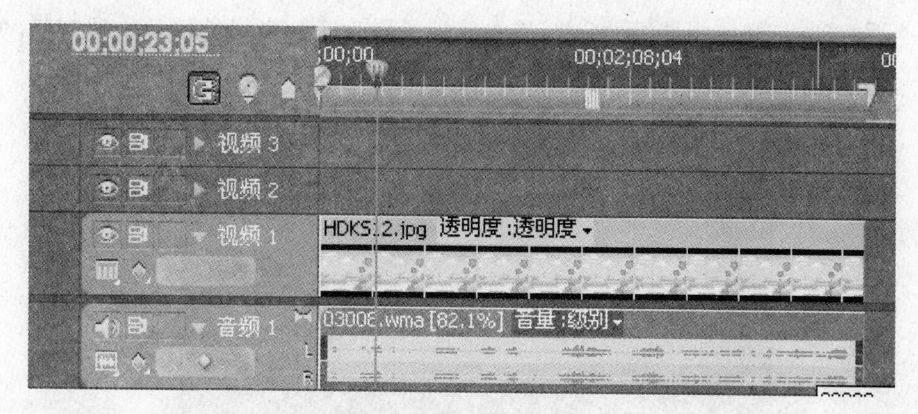

图 4-4-21　导入素材

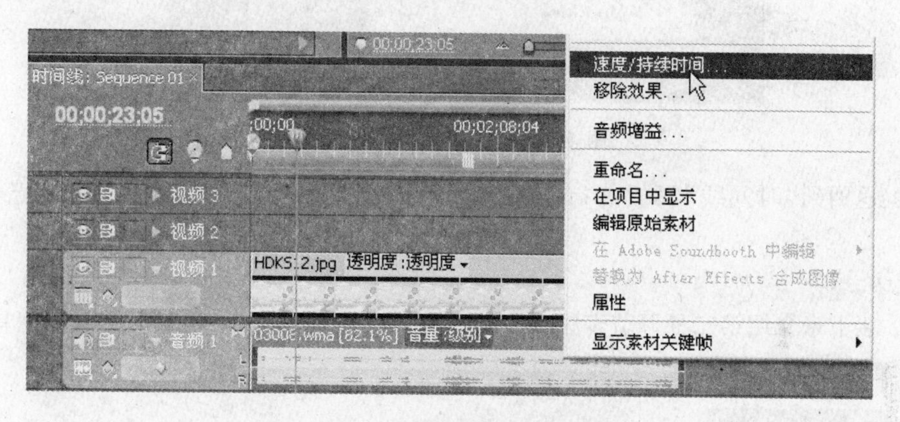

图 4-4-22　选择"速度/持续时间"

(4) 在弹出的【素材速度/持续时间】对话框中，将音频素材的速度设置为"75%"，如图 4-4-23 所示。

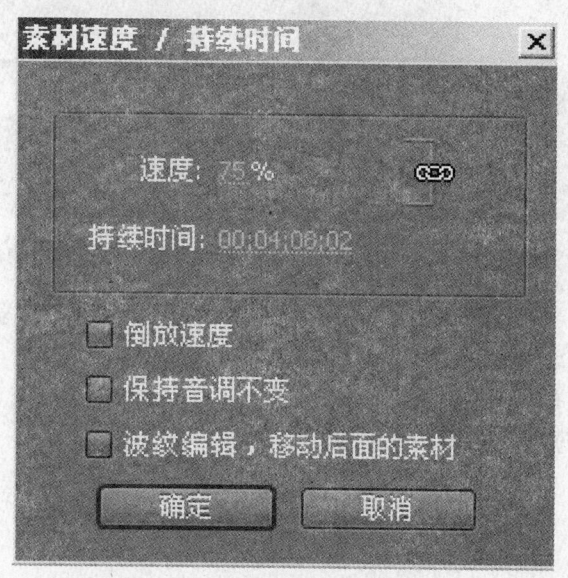

图 4-4-23　设置"速度"选项

(5) 返回到"节目监视器"面板中,其中显示了修改后此素材的播放持续时间,如图4-4-24所示。

图 4-4-24　显示调整效果

(6) 返回到"时间线"面板的"音频 1"轨道中,可以发现音频轨道上的速度已经增加了。

2. *方法二*

(1) 接下来介绍第二种调节音频速度的方法,返回到素材初始状态下,单击"工具"面板中的"速率伸缩工具"按钮,如图 4-4-25 所示。

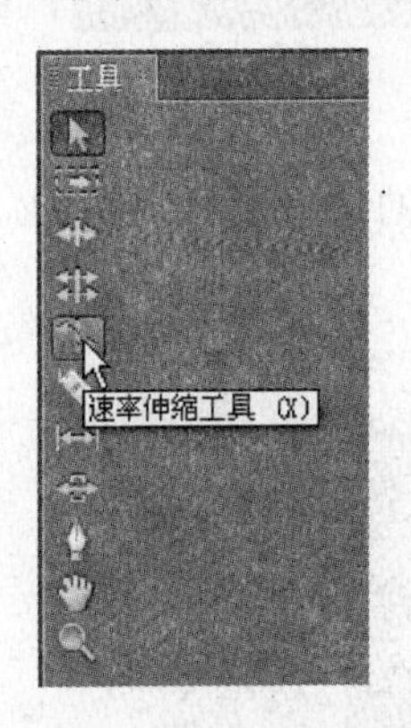

图 4-4-25　选择"速率伸缩工具"

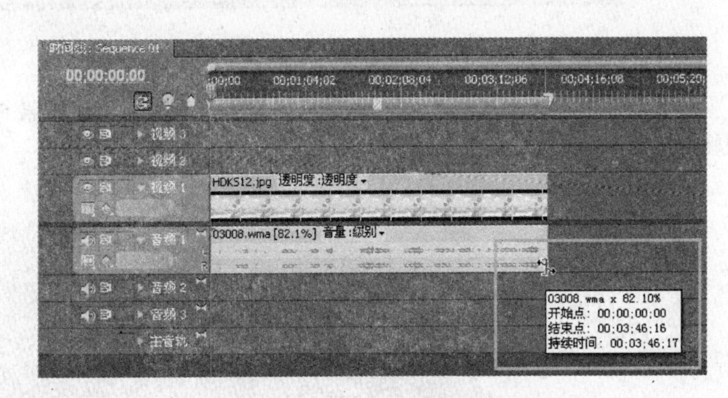

图 4-4-26　预览素材信息

(2) 返回到"时间线"面板的"音频 1"中。将鼠标光标放在素材的结束处,可预览素材的"速率"、"持续时间"等信息,如图 4-4-26 所示。

(3) 将光标放置在音频素材的结束位置,按下鼠标左键并向右进行拖拽,如图4-4-27所示。在拖拽一定距离后释放鼠标。

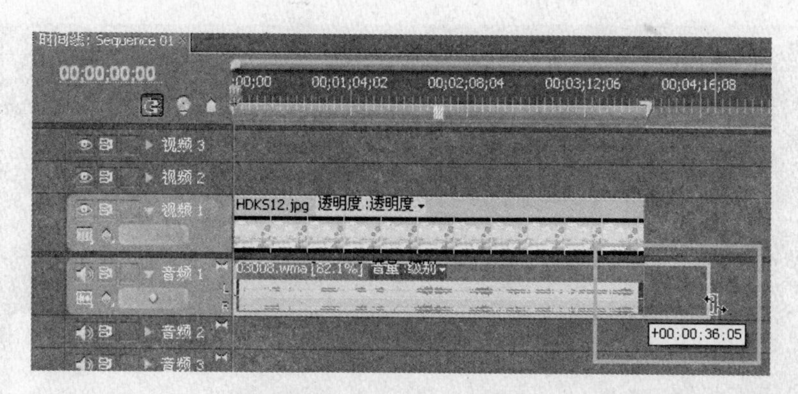

图 4－4－27　拖拽时间线

(4) 将光标放置在素材上,在弹出的素材信息框中,可观察到素材时间有一定的增长,如图 4－4－28 所示。

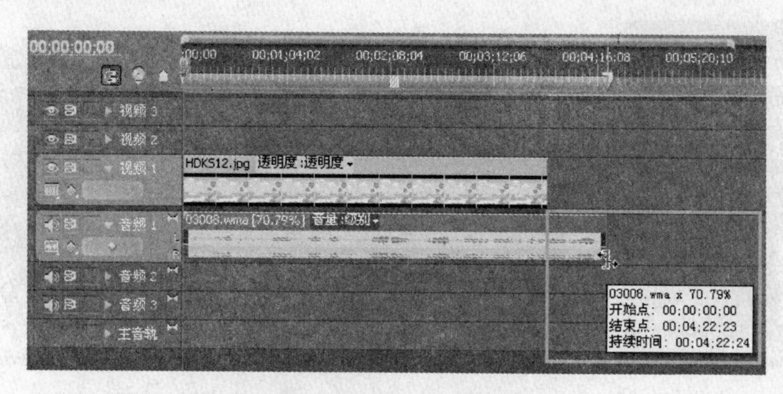

图 4－4－28　拖拽效果

4.4.3　实现音频淡入淡出

技术要点:添加音频转场效果"恒定增益"。

实例概述:本实例通过为素材添加音频转场效果"恒定增益",来实现声音的淡入淡出。通过对本实例的学习,读者可以掌握借助音频转场特效实现音频素材淡入淡出效果的方法。

制作步骤:本实例的具体操作步骤如下所述。

(1) 新建一个项目文件,导入"实训 8\实训 8－03"中的素材。

(2) 将导入的素材插入"时间线"面板"音频 1"轨道上,如图 4－4－29 所示。

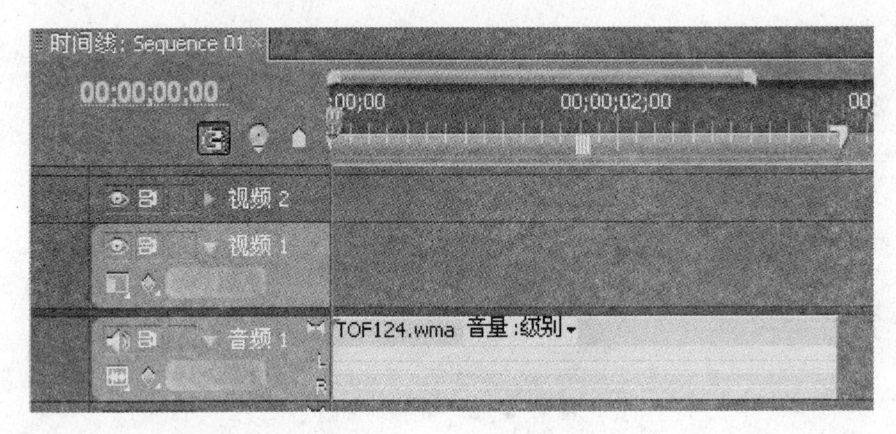

图 4-4-29　导入素材

(3) 打开"效果"面板，选择面板中如图 4-4-30 所示的"恒定增益"音频转场特效。

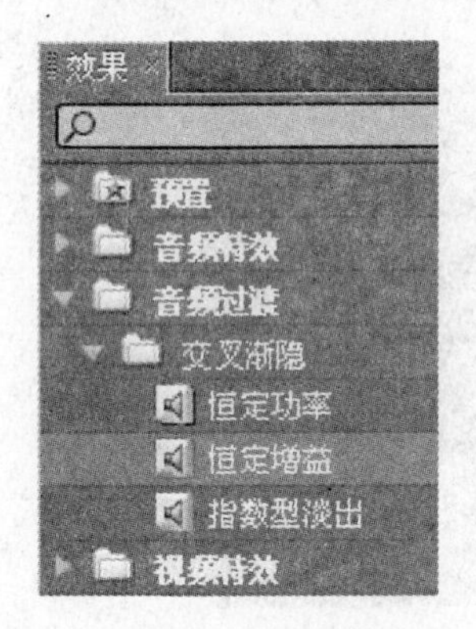

图 4-4-30　选择"恒定增益"

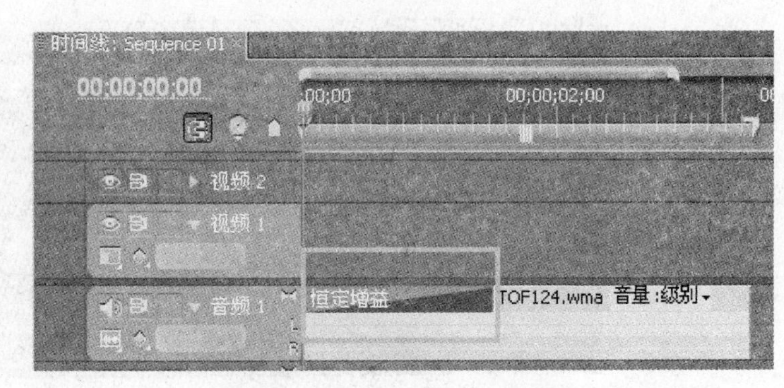

图 4-4-31　左端添加"恒定增益"

(4) 将"恒定增益"音频转场特效添加到音频素材的最左端，如图 4-4-31 所示。

(5) 单击此音频转场特效，然后打开"特效控制台"面板，将持续时间参数设置为"00：00：01：15"，如图 4-4-32 所示。

图 4-4-32　设置"持续时间"参数

(6) 返回"时间线"面板中，音频场景切换特效的持续时间将延长。

(7) 将"效果"面板中的"恒定增益"音频转场特效添加到音频素材的最右端，如图

4-4-33所示。

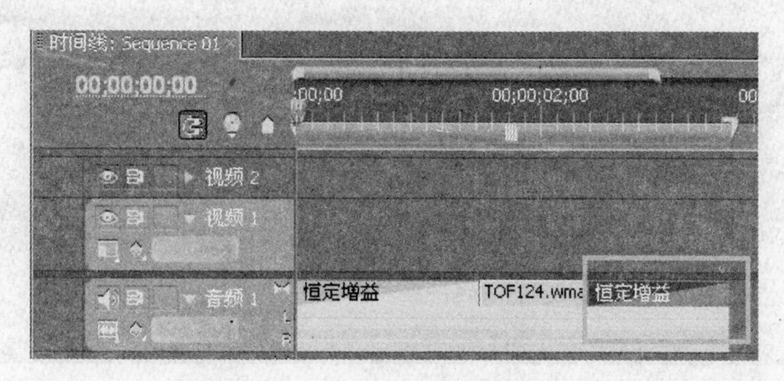

图 4-4-33 右端添加"恒定增益"

(8) 在"特效控制台"面板,将素材最右端的音频转场特效持续时间参数设置为"00:00:01:15",如图 4-4-32 所示。

(9) 返回"时间线"面板中,将鼠标光标放置在后添加的转场特效上,可预览到特效的持续时间等信息,如图 4-4-34 所示。

图 4-4-34 预览信息

(10) 最后,在"音频 1"轨道上的音频素材包含了两个音频转场特效。一个位于开始处,另一个位于结束处,如图 4-4-34 所示。

4.4.4 清除背景噪音

技术要点:使用"DeNoiser"和"去除指定频率"音频特效消除素材的背景噪音。

实例概述:本实例介绍使用"DeNoiser"音频特效和"去除指定频率"音频特效来实现消除素材的背景噪音。通过对本实例的学习,读者可以掌握消除背景噪音的方法。

制作步骤:本实例的具体操作步骤如下所述。

(1) 新建一个项目文件,导入"实训 8\实训 8-04"中的素材"噪音.mp3"。

(2) 将导入的音频素材插入"时间线"面板"音频 1"轨道上,如图 4-4-35 所示。

(3) 为素材添加"立体声"特效组中的"DeNoiser"特效,并设置如图 4-4-36 所示的参数。

(4) 为素材添加"去除指定频率"音频特效,在"特效控制"面板中设置如图4-4-37 所示的参数。

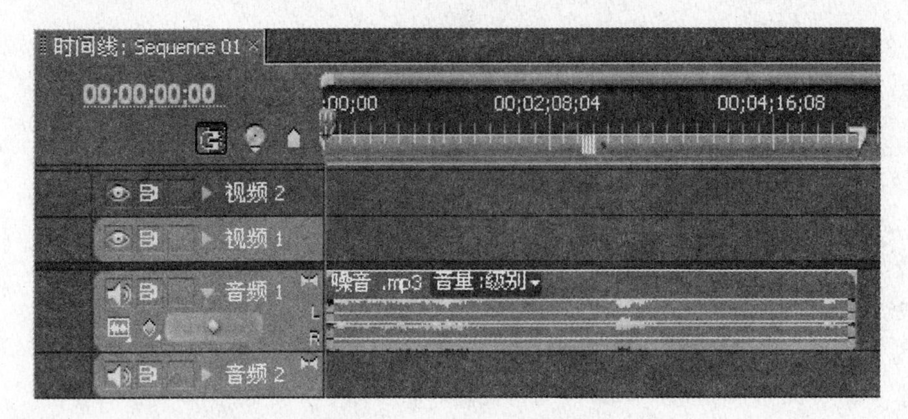

图 4-4-35　插入音频素材

图 4-4-36　添加“DeNoiser”特效

图 4-4-37　设置特效参数

4.5　实训 9　外挂滤镜特效应用

4.5.1　星光效果

技术要点：添加“LF 星光过滤器”视频特效。

实例概述：本节将通过为素材添加 Knoll Light Factory 系列中的“LF 星光过滤器”视频特效，制作耀眼的星光效果。

制作步骤：本实例的具体操作步骤如下所述。

（1）新建一个项目文件，在【新建项目】对话框中输入项目名称“星光效果”并保存在指定位置。

（2）在项目窗口中将“实训 9\星光效果.jpg”图片素材导入，并将其拖入到时间线窗口的“视频 1”轨道中。如图 4－5－1 所示。

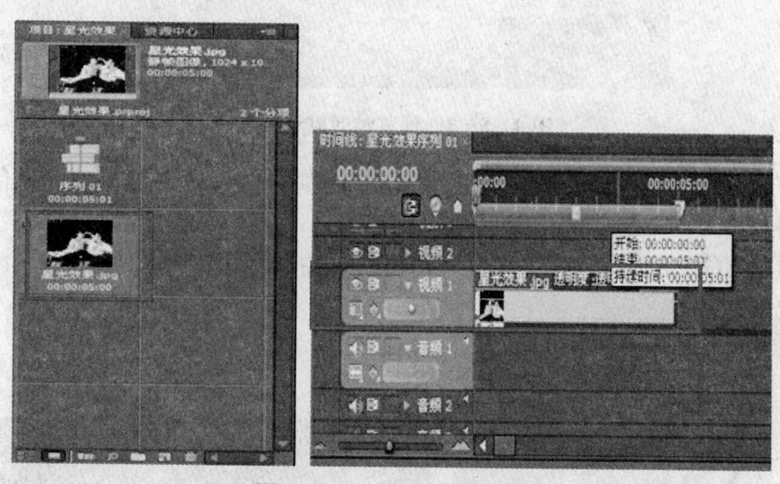

图 4－5－1　导入图片素材

（3）在“效果”面板中将图 4－5－2 所示的“LF 星光过滤器”视频特效添加给“时间线”面板中的星光效果素材。

图 4－5－2　添加星光效果素材

(4) 打开“特效控制台”面板，在该面板中即可预览到特效的默认参数，如图4－5－3所示。

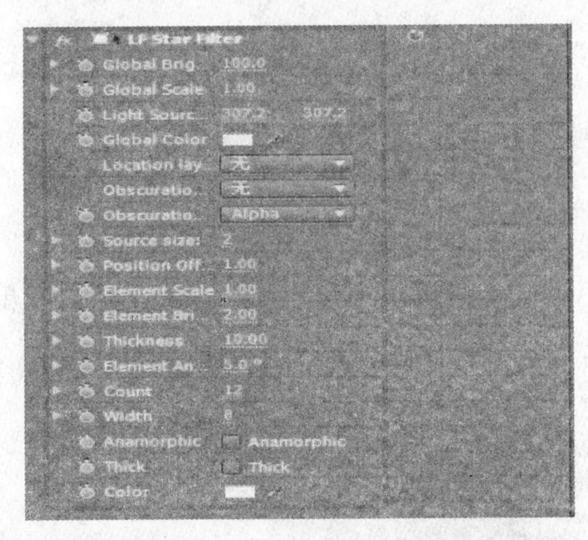

图4－5－3 预览特效默认参数

(5) 在“特效控制台”面板中，从上至下依次设置特效参数：整体亮度参数值为“300”；整体缩放参数值为“3”；整体颜色 RGB 值为“230，147，96”；数量参数值为“70”；宽度参数值为“8”；颜色 RGB 值为“210，30，30”。设置面板(左)及效果(右)如图4－5－4所示。

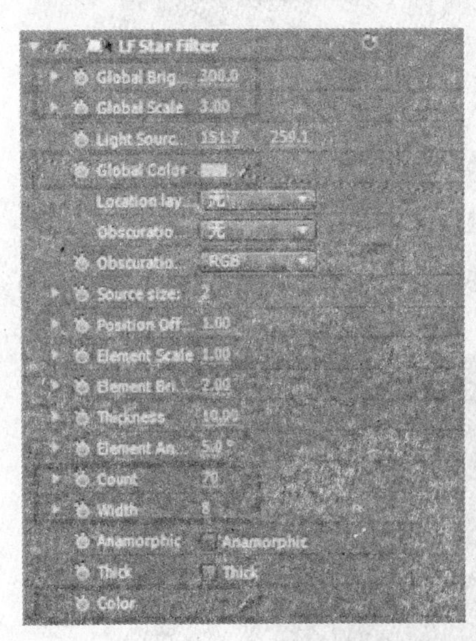

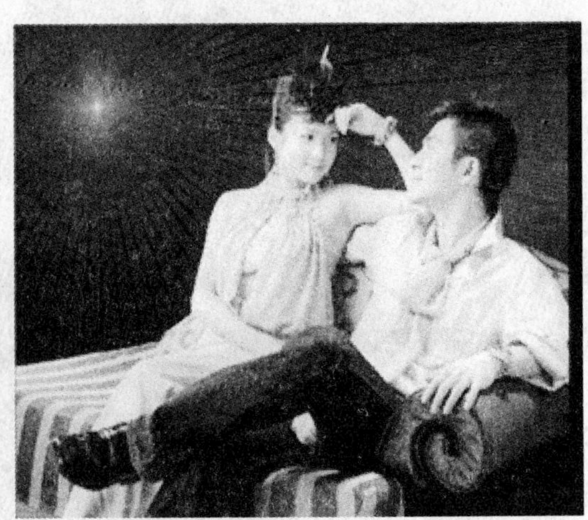

图4－5－4 设置参数(左)及效果显示(右)

技巧提示：在“颜色拾取”对话框中设置颜色参数时，可以通过设置 RGB 等参数精确控制颜色效果。

(6) 在“特效控制台”面板中设置如图4－5－5所示的“位置偏移”等视频特效参数并

添加关键帧。

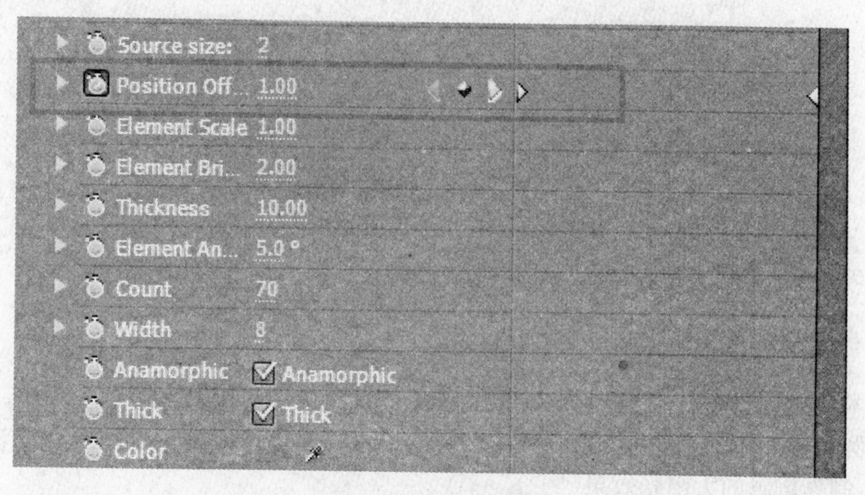

图 4-5-5 位置偏移

(7) 在“特效控制台”面板中依次设置如图 4-5-6 所示的“元素亮度”、“数量”、“宽度”等视频特效参数。

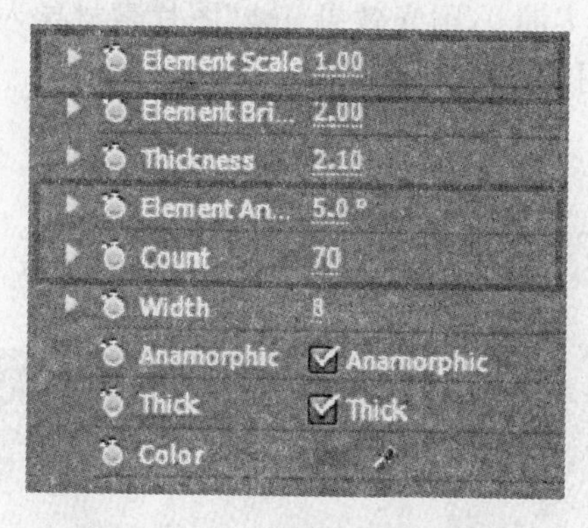

图 4-5-6 设置视频特效参数

(8) 在“特效控制台”面板中，勾选【变形设置】、【厚度】等参数复选框，如下图 4-5-7 所示。

图 4-5-7 勾选“变形设置”、“厚度”

(9) 在“特效控制台”面板中，为“位置偏移”添加参数关键帧，如图 4-5-8 所示，最后保存编辑项目。

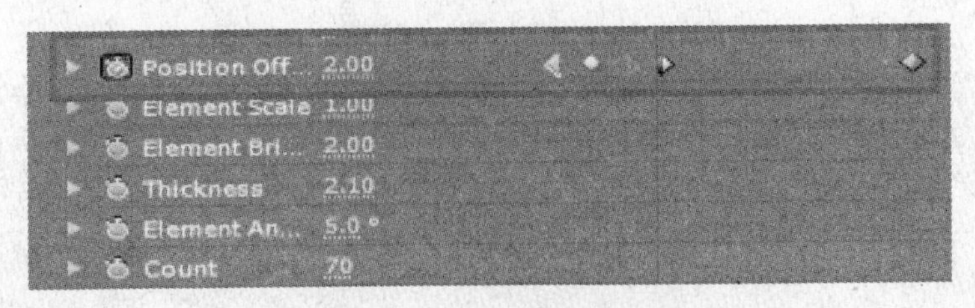

图 4-5-8　添加参数关键帧

技巧提示：通过为素材添加“光工厂”视频特效，也可以制作出类似效果。

4.5.2　阳光效果

技术要点：添加“LF 光晕滤镜”视频特效。

实例概述：本节将通过为素材添加 Knoll Light Factory 系列中的“LF 光晕滤镜”视频特效，制作耀眼的太阳光效果。

制作步骤：本实例的具体操作步骤如下所述。

(1) 新建一个项目文件，在【新建项目】对话框中输入项目名称“阳光效果”并保存在指定位置。

(2) 在项目窗口中将“实训 9\阳光效果.jpg”图片素材导入，并将其拖入到时间线窗口的“视频 1”轨道中。如图 4-5-9 所示。

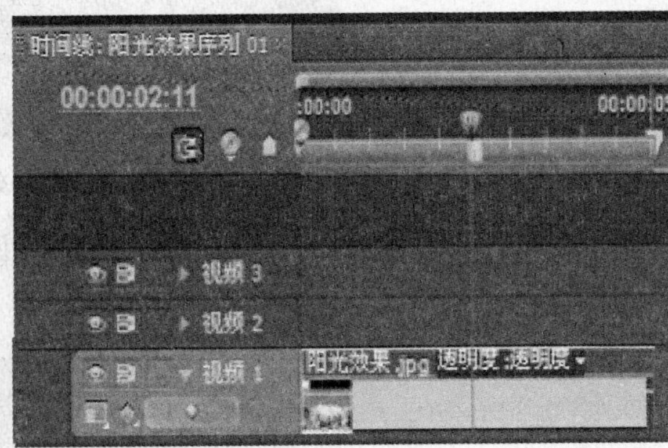

图 4-5-9　导入图片素材

(3) 在“效果”面板中将如图 4-5-10 所示的“LF 光晕滤镜”视频特效添加给“时间线”面板中的素材。

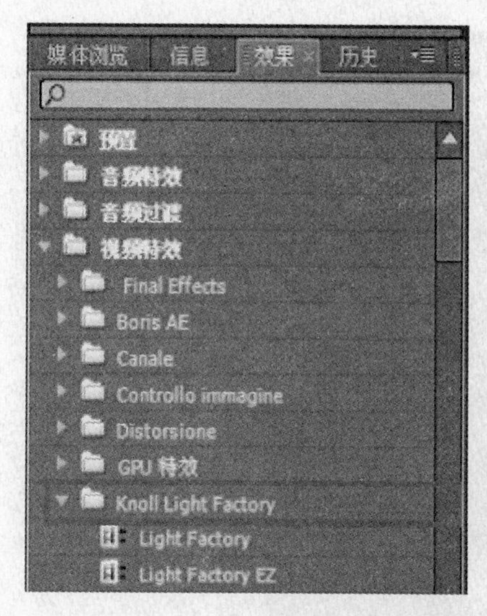

图 4－5－10　添加“光晕滤镜”视频特效

(4) 将素材利用“运动特效”调整到如图 4－5－11 所示的位置，大小不限。

图 4－5－11　调整素材位置

(5) 为素材添加了“LF 光晕滤镜”视频特效后，在“特效控制台”面板中可预览到该特效默认参数，如图 4－5－12 所示。

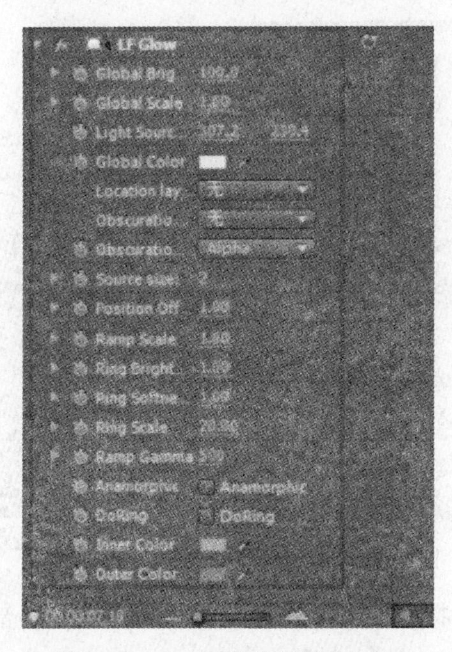

图 4－5－12 预览特效默认参数

(6) 打开“特效控制台”面板，从上至下依次设置特效参数：整体亮度参数值为“130”；整体缩放参数值为“1.00”；光源中心坐标值为“369.7，325.5”；圆环缩放参数值为“20”；圆环伽值参数值为“1 000”。设置面板(左)及效果(右)如图 4－5－13 所示。

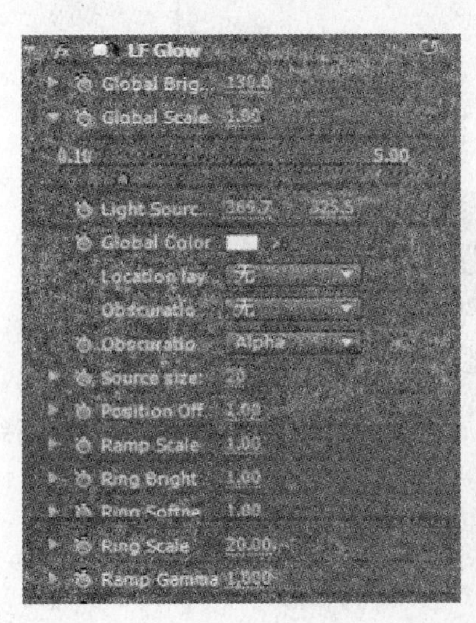

图 4－5－13 设置面板及效果(1)

(7) 单击“内部颜色”后的色块，在弹出【颜色拾取】对话框设置颜色 RGB 值为“128，148，217”，设置面板(左)及效果(右)如图 4－5－14 所示。

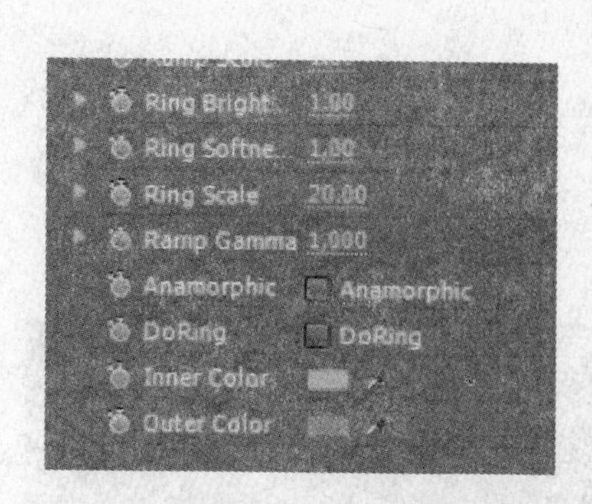

图 4-5-14　设置面板及效果(2)

(8) 在“特效控制台”面板中勾选“LF 光晕滤镜”视频特效的【变形设置】参数复选框，设置面板(左)及最终效果(右)如图 4-5-15 所示，最后保存项目。

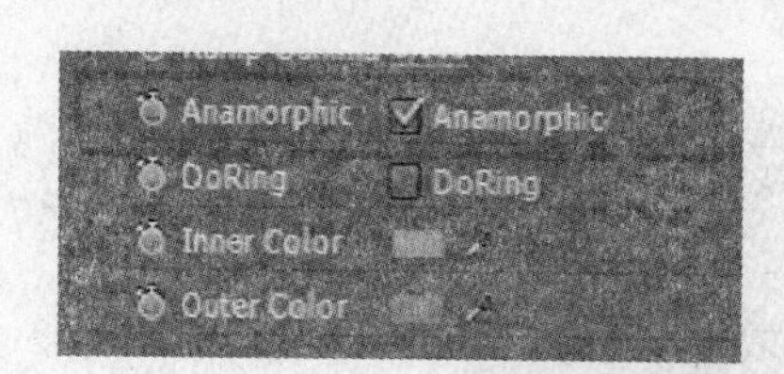

图 4-5-15　设置面板及效果(3)

技巧提示：使用同样的方法，还可以制作出不同颜色，不同形状的光线效果。

4.5.3　画面逐渐发光效果

技术要点：添加“星光”视频特效。

实例概述：本节将通过为素材添加 Trapcode 系列中的“星光”视频特效，从而实现画面逐渐发光效果。

制作步骤：本实例的具体操作步骤如下所述。

(1) 新建一个项目文件，在【新建项目】对话框中输入项目名称“画面逐渐发光效果”并保存在指定位置。

(2) 在项目窗口中将“实训 9\画面逐渐发光效果.jpg”图片素材导入并将其拖入到时间线窗口的“视频 1”轨道中，如图 4-5-16 所示。

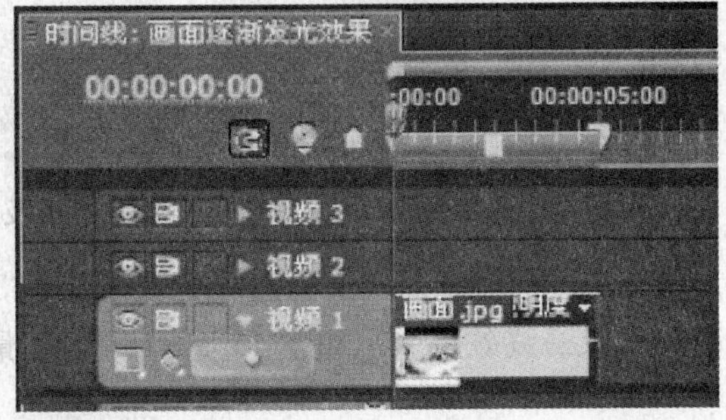

图 4-5-16　导入图片素材

(3) 在“效果”面板中将如图 4-5-17 所示的“星光”视频特效添加给“时间线”面板中的星光效果素材。

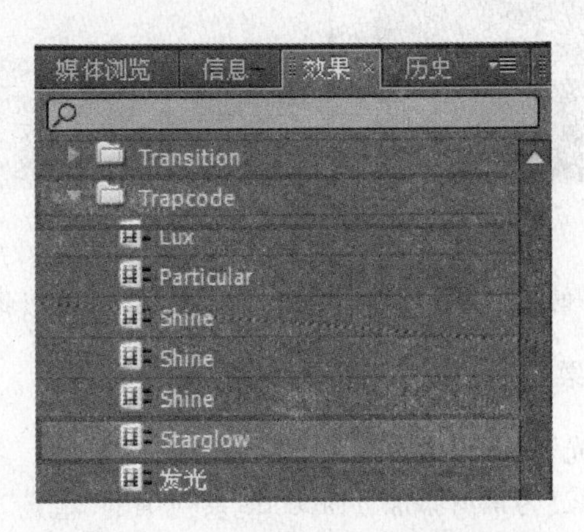

图 4-5-17　添加“星光”视频特效

(4) 打开“特效控制台”面板，在该面板中即可预览到特效的默认参数，如图 4-5-18 所示。

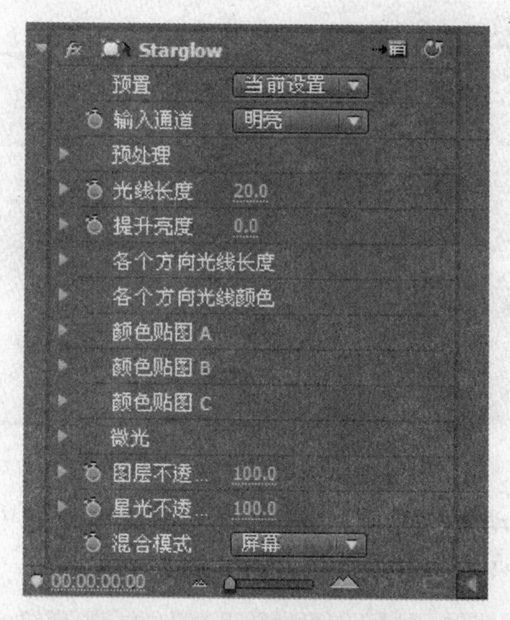

图 4－5－18　预览默认参数

(5) 为素材添加“星光”视频特效后，效果图如图 4－5－19 所示。

图 4－5－19　添加“星光”效果图

(6) 在“特效控制台”面板中，从上至下依次设置特效参数：预置设置为“暖色星光2”；输入通道设置为“绿色”；光线长度参数值为“10”。设置面板(左)及效果(右)如图4－5－20所示。

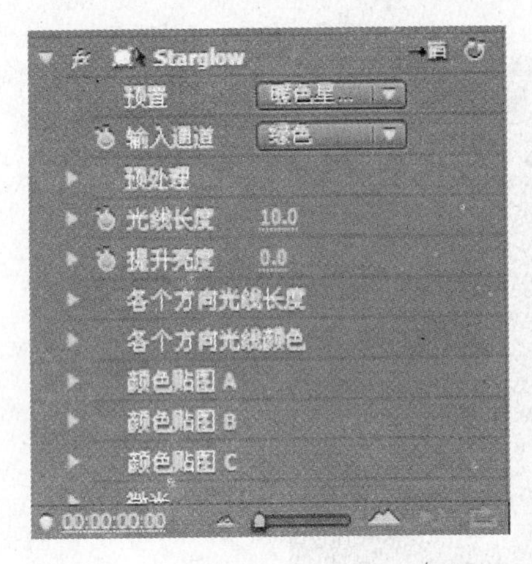

图 4-5-20 设置特效参数及效果

(7) 将时间滑块拖动至素材开始位置,在"特效控制台"面板中为"阀值"参数添加关键帧,并设置参数为"255",如图 4-5-21 所示。

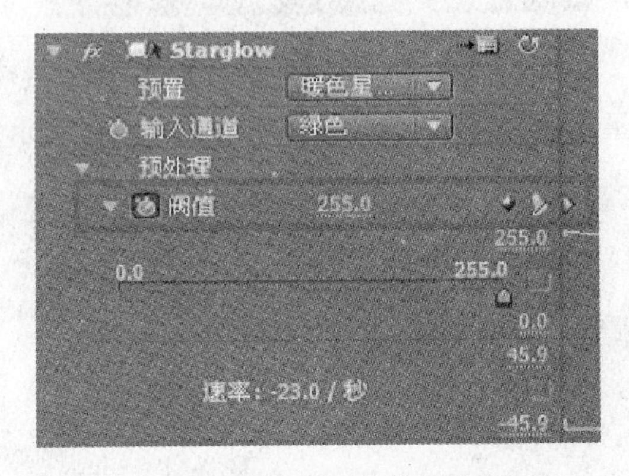

图 4-5-21 添加关键帧并设置参数(1)

(8) 将时间滑块拖动至"00:00:02:00"处,再次为"阀值"参数添加关键帧,修改参数值为"165",实现发光效果由弱到强的动态变化。设置面板如图 4-5-22 所示,最后保存项目。

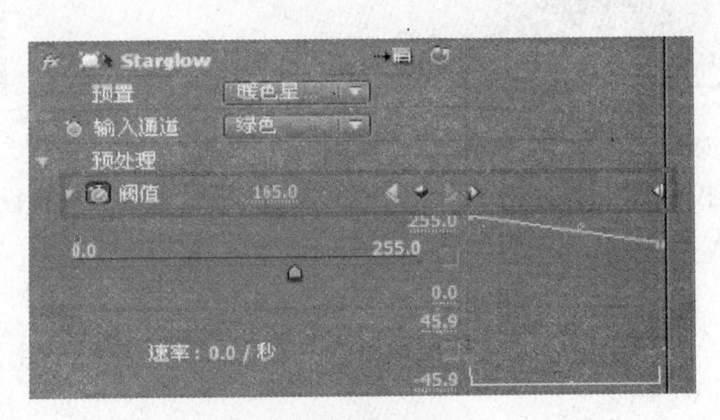

图 4-5-22 添加关键帧并设置参数(2)

技巧提示：若为拖尾长度添加关键帧，还可以制作出拖尾动态变化的效果。

4.5.4　森林透光效果

技术要点：添加“耀光”视频特效。

实例概述：本实例通过为素材添加 Trapcode 系列中的“耀光”视频特效，从而实现森林里的透光效果。

制作步骤：本实例的具体操作步骤如下所述。

(1) 新建一个项目文件，在【新建项目】对话框中输入项目名称“森林透光效果”并保存在指定位置。

(2) 在项目窗口中将“实训 9\森林透光效果. jpg”图片素材导入，并将其拖入到时间线窗口的“视频 1”轨道中，如图 4-5-23 所示。

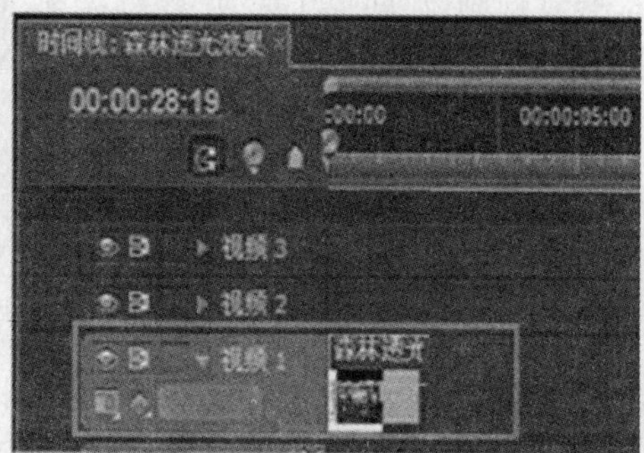

图 4-5-23　导入图片素材

(3) 在“效果”面板中将如图 4-5-24 所示的“耀光”视频特效添加给“时间线”面板中的森林透光效果素材，修改素材的运动特效参数，调整效果如图 4-5-24 所示。

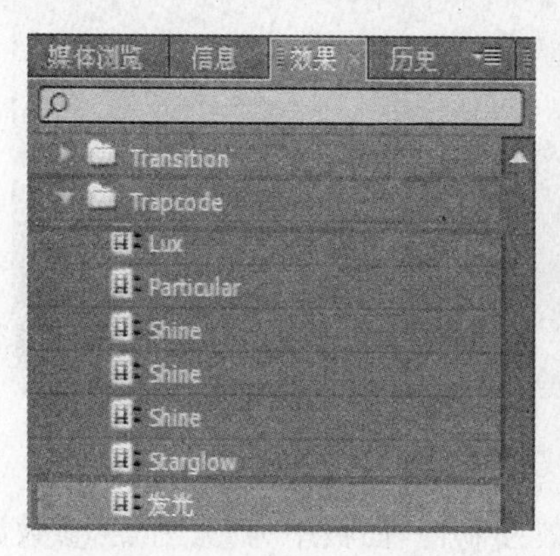

图 4-5-24　添加“耀光”特效

(4) 为素材添加了"耀光"视频特效后，打开"特效控制台"面板可预览到该特效的默认参数，如图 4－5－25 所示。

图 4－5－25　预览默认参数

(5) 在"特效控制台"面板中展开"颜色设置"卷展栏，设置如图 4－5－26 所示的参数："颜色阶梯..."设置为"单色色彩"；"基于..."设置为"亮度"；"Color(颜色)"RGB 值设置为"白色"；"改变模式"设置为"加"。设置面板(左)及效果(右)如图 4－5－26 所示。

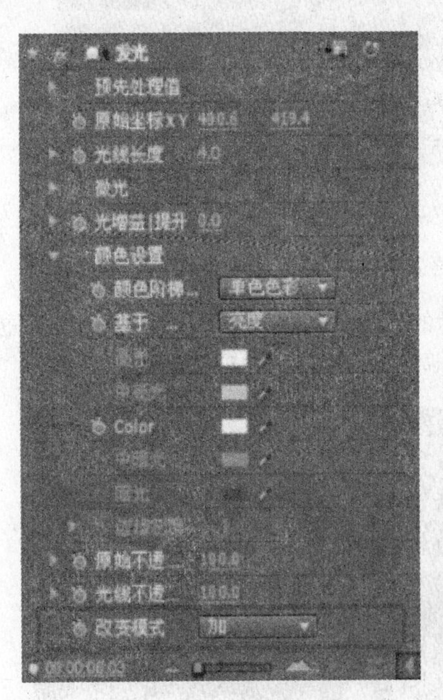

图 4－5－26　设置参数及效果显示

(6) 将时间滑块拖至素材开始位置，在"特效控制台"面板中为"素材点"参数添加关键帧，并设置坐标值为"378,102"，如图 4－5－27 所示。

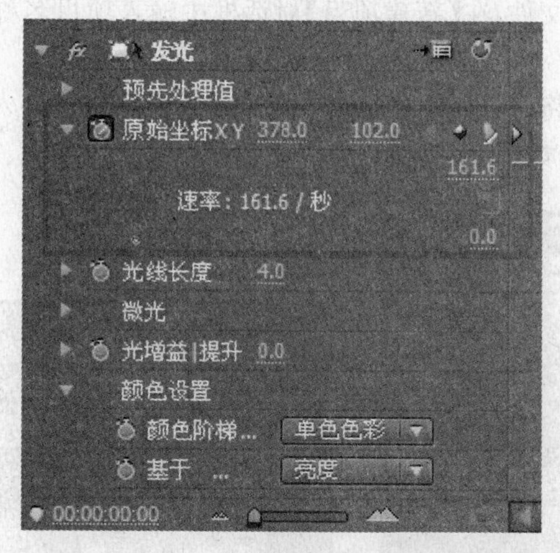

图 4-5-27 为"素材点"添加关键帧(1)

(7) 将时间滑块拖动至"00：00：02：00"处，再次为"素材点"参数添加关键帧，修改坐标值为"639，87"，实现发光位置从左到右移动的动态变化。设置面板如图 4-5-28 所示，最后保存项目。

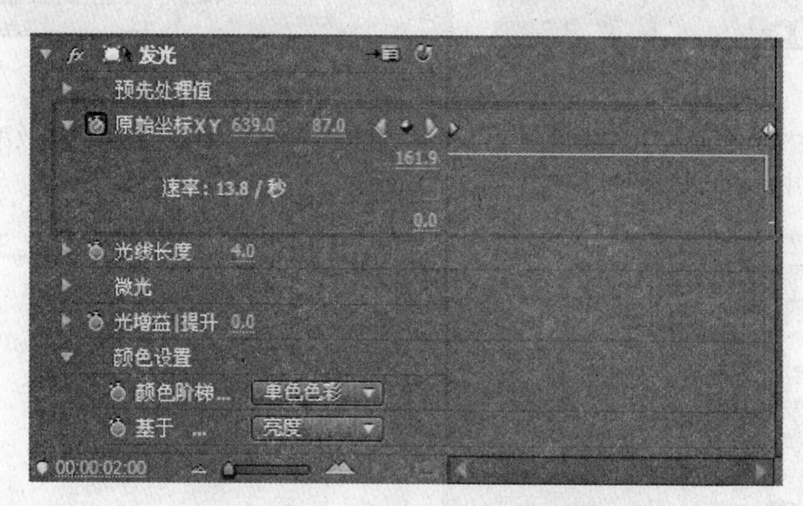

图 4-5-28 为"素材点"添加关键帧(2)

技巧提示：若为"耀光"视频特效设置不同的"改变模式"参数，还可以制作出多种光线效果，还可以给"光线长度"添加关键帧，做出更丰富的动态效果。

4.5.5 旧电影效果

技术要点：添加"DE 旧电影"视频特效。

实例概述：本实例通过为素材添加 DigiEffects CineLook Plugins 系列中的"DE 旧电影"视频特效，从而实现画面的旧电影效果。

制作步骤：本实例的具体操作步骤如下所述。

(1) 新建一个项目文件,在【新建项目】对话框中输入项目名称“旧电影效果”并保存在指定位置。

(2) 在项目窗口中将“实训 9\旧电影效果. mov”视频素材导入并将其拖入到时间线窗口的“视频 1”轨道中,如图 4-5-29 所示。

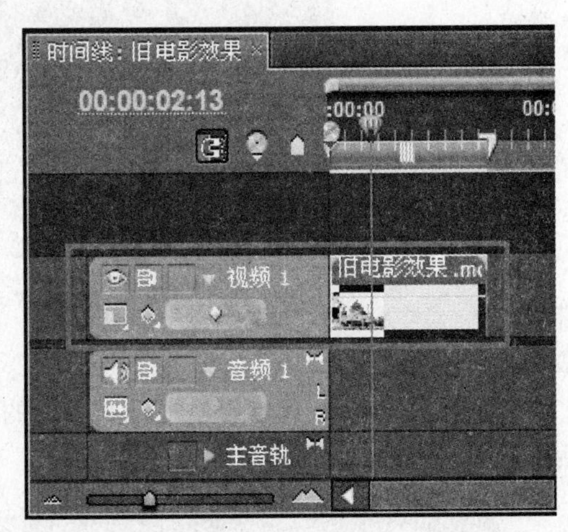

图 4-5-29 导入视频素材

(3) 在“效果”面板中,将如图 4-5-30 左图所示的“DE 旧电影”视频特效添加给“时间线”面板中的素材,初始效果如图 4-5-30 所示。

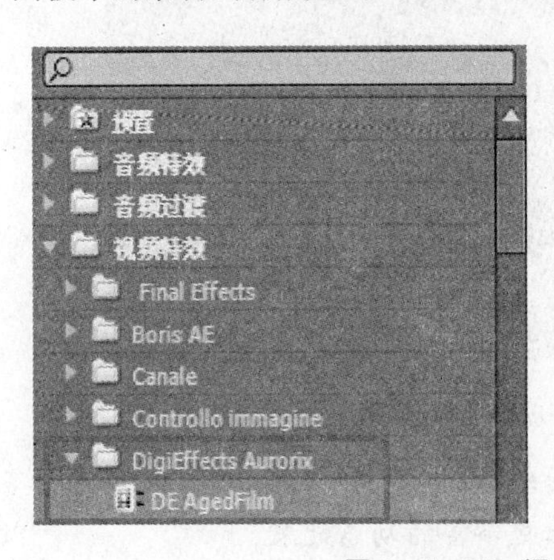

图 4-5-30 添加“DE 旧电影”特效

(4) 在“时间线”面板中选择素材,在“特效控制台”面板中即可预览到该特效的部分参数,如图 4-5-31 所示。

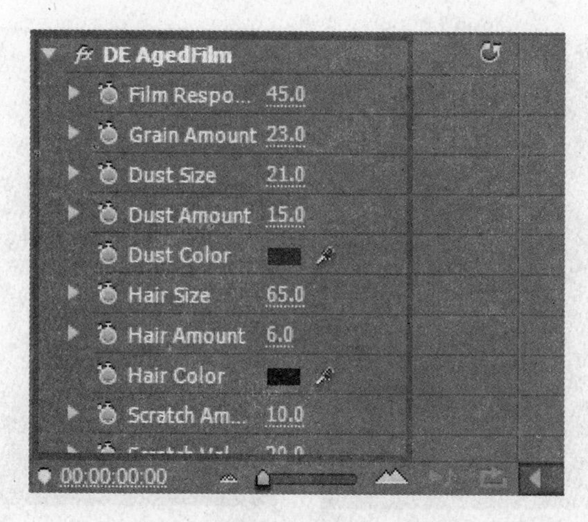

图 4－5－31　预览默认参数

(5) 在“特效控制台”面板中，从上至下依次设置如下特效参数：颗粒数量参数值为“30”；灰尘大小参数值为“20”；灰尘数量参数值为“10”；灰尘颜色为“白色”。设置面板(左)及效果(右)如图 4－5－32 所示。

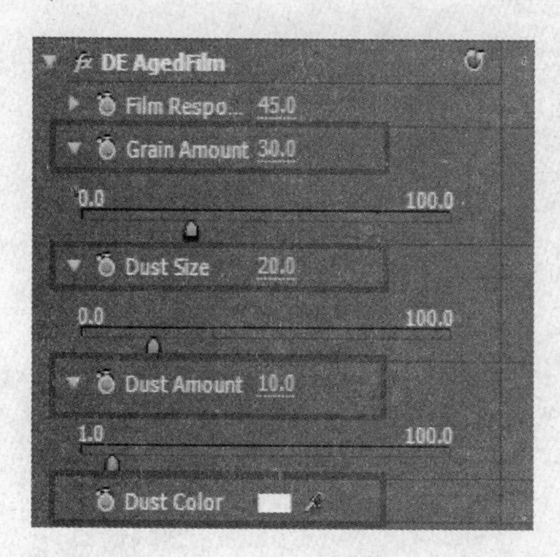

图 4－5－32　设置参数及效果显示(1)

(6) 在“特效控制台”面板中从上至下依次设置如下特效参数：毛状物大小参数值为“60”；毛状物数量参数值为“5”；刮伤数量参数值为“10”；刮伤速度参数值为“80”；刮伤生命参数值为“56.8”；刮伤不透明度参数值为“69.4”；帧颤抖参数值为“10”；并勾选【使用转化】复选框。设置面板(左)及效果(右)如图 4－5－33 所示。

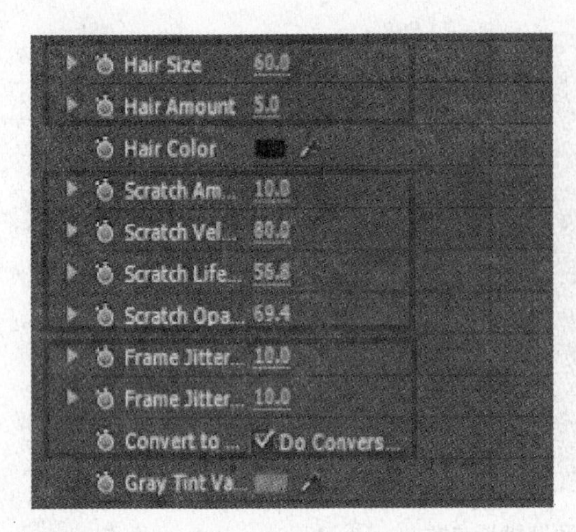

图 4-5-33 设置参数及效果显示(2)

(7) 单击 Gray Tint Value 后的色块,在弹出的【颜色拾取】对话框中设置如图 4-5-34 所示的参数。

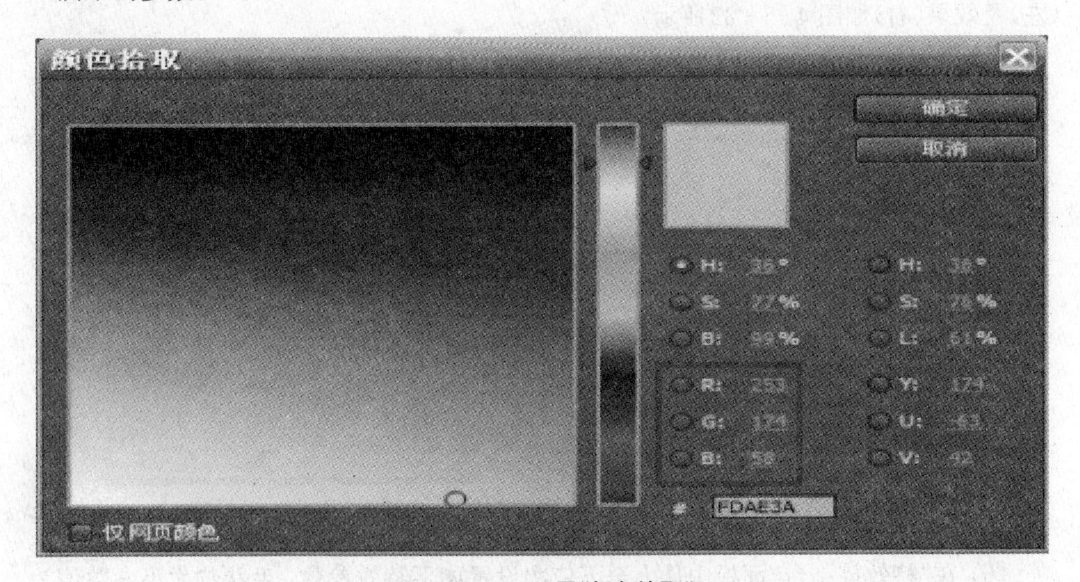

图 4-5-34 设置"颜色拾取"

(8) 在"特效控制台"面板中设置如图 4-5-35 所示的"随机种子"和"混合"参数。设置面板(左)及最终效果(右)如图 4-5-35 所示,最后保存编辑项目。

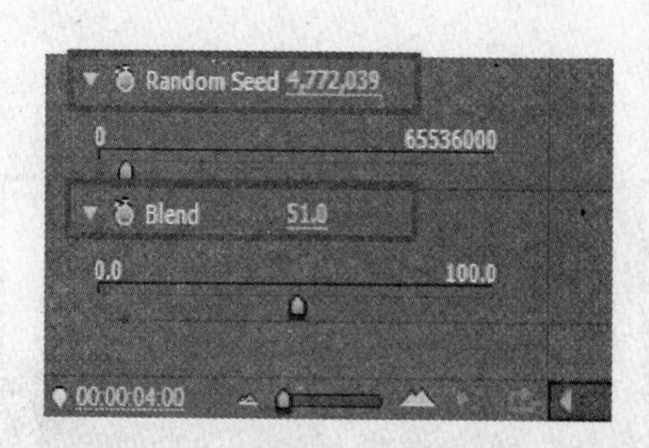

图 4-5-35　设置参数及效果显示(3)

技巧提示：若为"DE 旧电影"视频特效部分参数添加关键帧，还可以制作出更加真实的旧电影效果。

4.5.6　雨天效果

技术要点：添加"FE Rain"视频特效。

实例概述：本实例通过为素材添加 Final Effects 系列中的"FE Rain"视频特效，来实现下雨天效果。

制作步骤：本实例的具体操作步骤如下所述。

(1) 新建一个项目文件，在【新建项目】对话框中输入项目名称"雨天效果"并保存在指定位置。

(2) 在项目窗口中将"实训 9\雨天效果.jpg"图片素材导入并将其拖入到时间线窗口的"视频 1"轨道中。如图 4-5-36 所示。

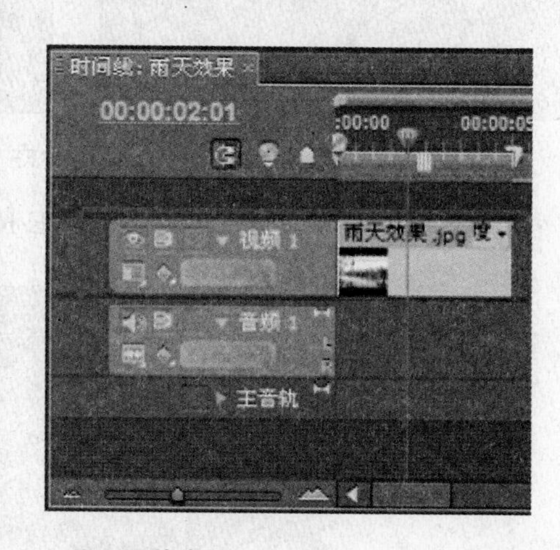

图 4-5-36　导入图片素材

(3) 利用"RGB 曲线"视频特效，降低"主通道"曲率，提升"红色通道"曲率，让素材整体效果变暗、变绿，更加符合雨天的场景效果。设置面板(左)及效果(右)如图 4-5-37 所示。

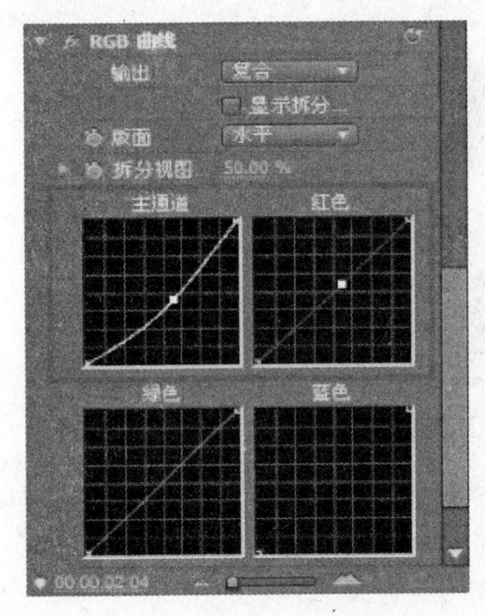

图 4-5-37　添加“RGB 曲线”特效

(4) 在“效果”面板中将如图 4-5-38 所示的“FE Rain”视频特效添加给“时间线”面板中的雨天效果素材，修改素材的运动特效缩放比例参数为“104”，如图 4-5-38 所示。

图 4-5-38　添加“FE Rain”特效

(5) 打开“特效控制台”面板，即可预览到“FE Rain”视频特效的默认参数，如图4-5-39所示。

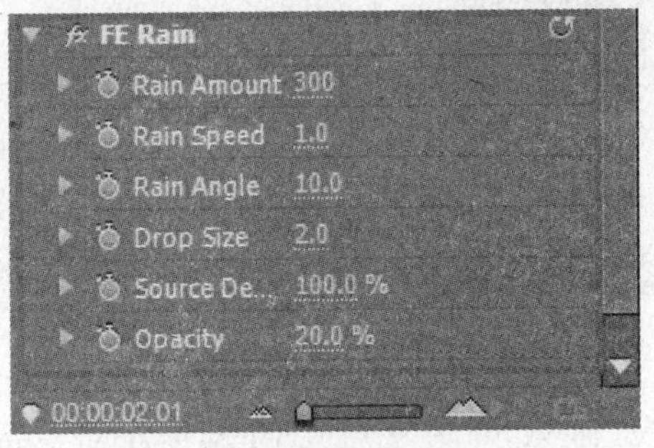

图 4-5-39　预览特效默认参数

(6) 将时间滑块拖动至素材的起始位置,为"雨量"和"雨速度"参数添加关键帧,如图 4-5-40 所示。

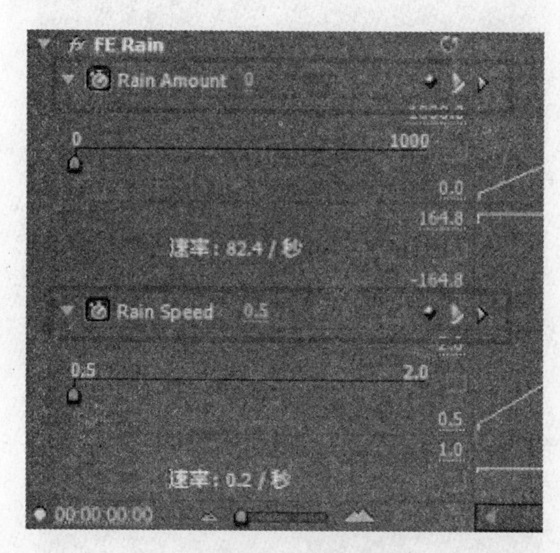

图 4-5-40　添加关键帧(1)

(7) 将时间滑块拖动至"00：00：02：14"处,再次为"雨量"和"雨速度"参数添加关键帧,如图 4-5-41 所示。

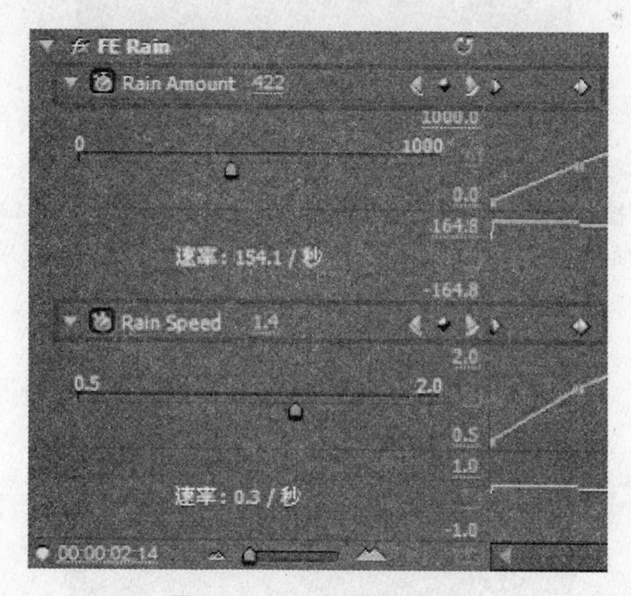

图 4-5-41　添加关键帧(2)

(8) 将时间滑块拖动至素材的结束位置,为"雨量"和"雨速度"参数添加关键帧,如图 4-5-42 所示。

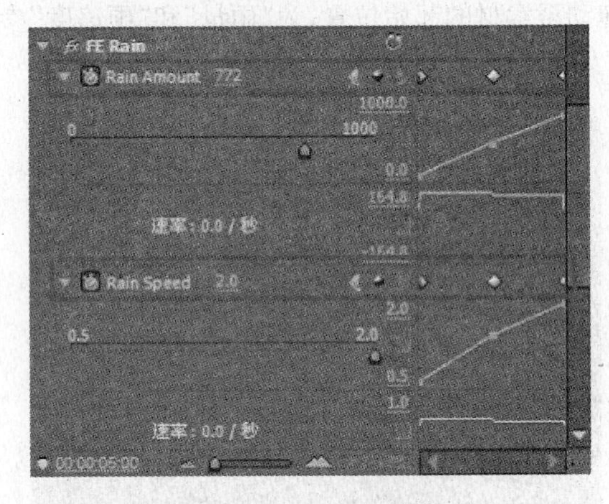

图 4-5-42　添加关键帧(3)

(9) 在“特效控制台”面板设置下雨角度参数为“－18”，如图 4-5-43 所示。

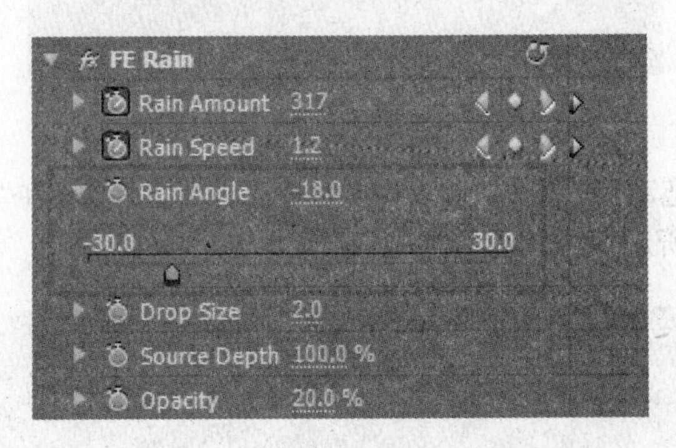

图 4-5-43　设置“下雨角度”

(10) 在“特效控制台”面板中，设置“雨滴大小”、“源深度”等参数。如图 4-5-44 所示，最后保存编辑项目。

图 4-5-44　设置“雨滴大小”、“源深度”

技巧提示：使用同样的技巧还可以为动态视频素材添加“下雨”效果，设置“下雨方向”参数，可控制雨的方向。

4.5.7　下雪效果

技术要点：添加“FE Snow”视频特效。

实例概述：本实例通过为素材添加 Final Effects 系列中的“FE Snow”视频特效，来实现下雪的效果。

制作步骤：本实例的具体操作步骤如下所述。

(1) 新建一个项目文件，在【新建项目】对话框中输入项目名称“下雪效果”，并保存在指定位置。

(2) 在项目窗口中将“实训 9\下雪效果.jpg”图片素材导入并将其拖入到时间线窗口的“视频 1”轨道中，如图 4-5-45 所示。

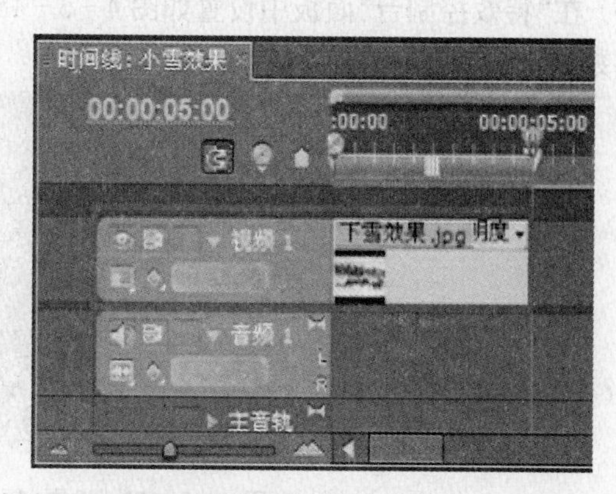

图 4-5-45　导入图片素材

(3) 在“效果”面板中将如图 4-5-46 所示的“FE Snow”视频特效添加给“时间线”面板中的下雪效果素材，如图 4-5-46 所示。

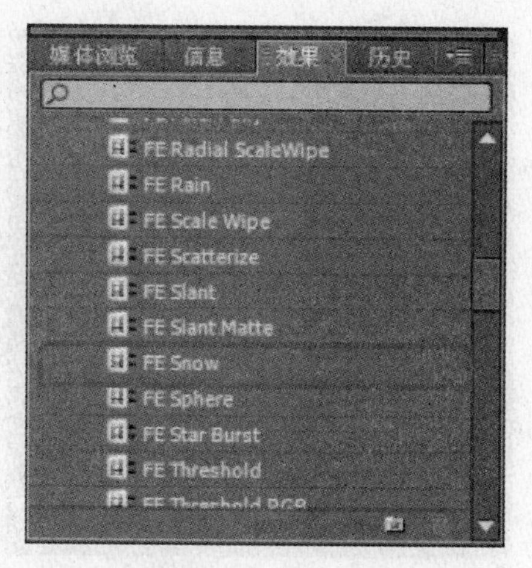

图 4-5-46　添加“FE Snow”特效

(4) 在“时间线”面板中选择素材，在“特效控制台”面板中可预览到该特效的默认参数，如图 4－5－47 所示。

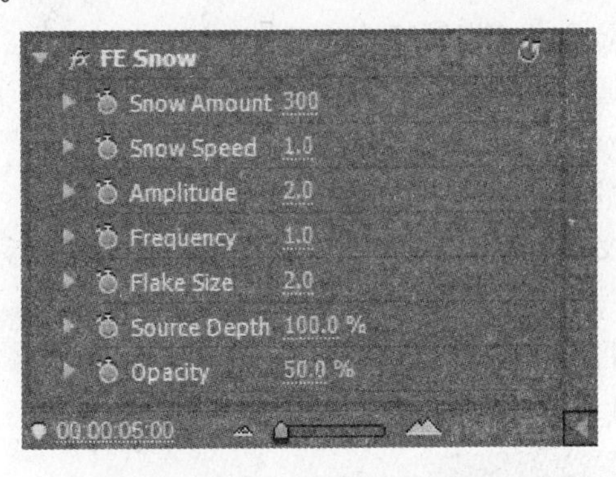

图 4－5－47　预览特效默认参数

(5) 在“特效控制台”面板中设置如图 4－5－48 所示的“FE Snow”视频特效的“雪量”特效参数。

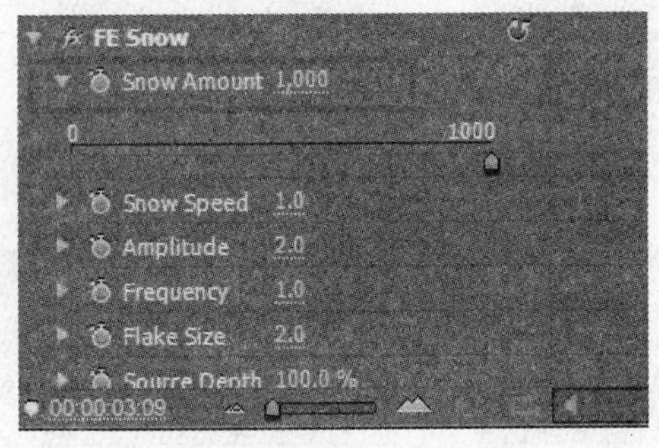

图 4－5－48　设置“雪量”参数

(6) 在“特效控制台”面板中设置“FE Snow”视频特效的其他参数，参数设置(左)及最终效果(右)如图 4－5－49 所示，最后保存编辑项目。

图 4－5－49　设置参数及效果

技巧提示：若为“FE Snow”视频特效的“雪花大小”等参数添加动画关键帧，还可以制作出时大时小的下雪效果。

【附录】外挂滤镜的安装

1. 外挂滤镜安装位置：通常情况下外挂滤镜都是安装在 C 盘该软件程序所在的插件文件夹(Plug-ins)中。在 Plug-ins 文件夹中有两个子文件夹(Common 和 en_US)就是专门放置外挂插件的。

2. 操作方法：按此路径“C：\Program Files\Adobe\Adobe Premiere Pro CS4\Plug-ins”依次打开文件夹，找到 Plug-ins 文件夹，然后将需要的外挂滤镜安装到 Common 和 en_US 文件夹中。

3. 本单元四个外挂滤镜安装包安装方法：DigiEffects Aurorix、Knoll Light Factory 2 AE、Trapcode 三个外挂滤镜安装文件都安装在 Common 文件夹中。FE 文件包中的滤镜应安装在 en_US 文件夹。

第三篇

Premiere Pro CS4 综合实训

第 5 章　Premiere Pro CS4 综合实训

5.1　综合实训 1　制作“童年拾趣”电子相册

技术要点：对儿童照片包装处理制作电子相册效果。

实例概述：随着电脑技术以及数码技术的应用和普及，不仅可以把相片冲洗到纸类介质上，还可以将相片放到电脑中，设置动画、配合音频包装制作视频化的电子相册。本例就对几幅儿童照片进行包装处理，制作一段电子相册效果。在制作中，先使用两个儿童图片的头像部分，并在 Photoshop 中绘制卡通的身体造型，导入到 Premiere 中制作动画效果，完成片头的制作，再利用字幕等包装制作儿童照片，形成个性风格的电子相册效果。实例效果如图 5-1-1 所示。

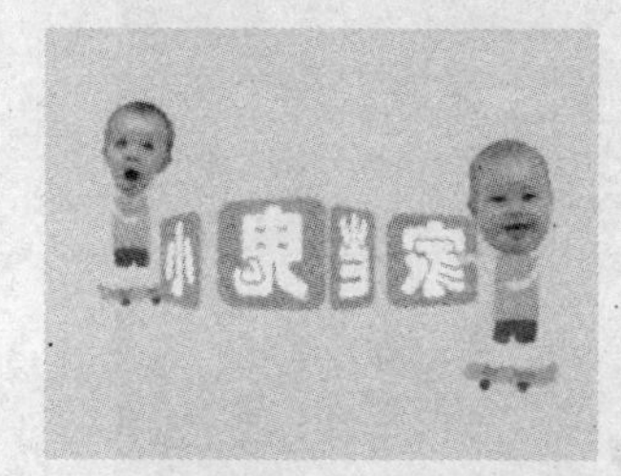

图 5-1-1　实例效果

制作步骤：本实例操作过程将分为 6 个步骤，具体操作步骤如下所述。

1. 新建项目文件

(1) 启动 Adobe Premiere Pro CS4 软件，单击【新建项目】按钮新建一个项目文件，打开“新建项目”窗口。

(2) 在打开的“新建项目”窗口中，展开“DV-PAL”，选择国内电视制式通用的 DV-PAL 下的“标准 48 kHz”。

(3) 在“位置”项的右侧单击【浏览】按钮，打开“浏览文件夹”窗口，新建或选择存放项目文件的目标文件夹，这里为“电子相册”。

(4) 在“新建项目”窗口的“名称”项中输入所建项目文件的名称，这里为“电子相册”，单击【确定】按钮完成项目文件的建立，进入 Adobe Premiere Pro CS4 的操作界面。

2. 预备设置

(1) 在项目窗口的下方单击【新建文件夹】按钮(快捷键为 Ctrl+/键)新建文件夹，命名为“片头”。

（2）用同样的方式再新建立两个文件夹，分别命名为“一组包装”和“其他照片”，如图 5-1-2 所示。

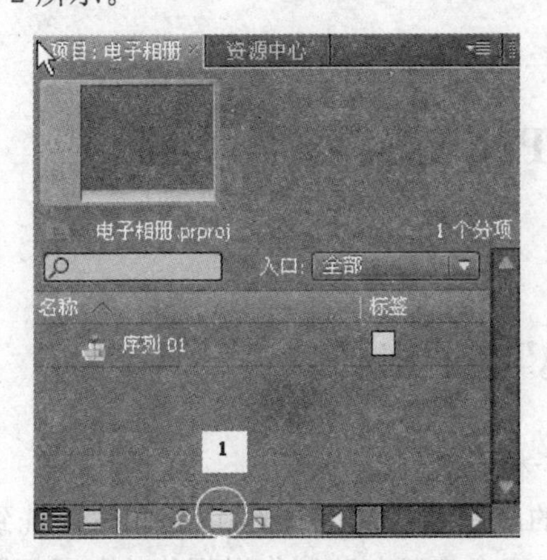

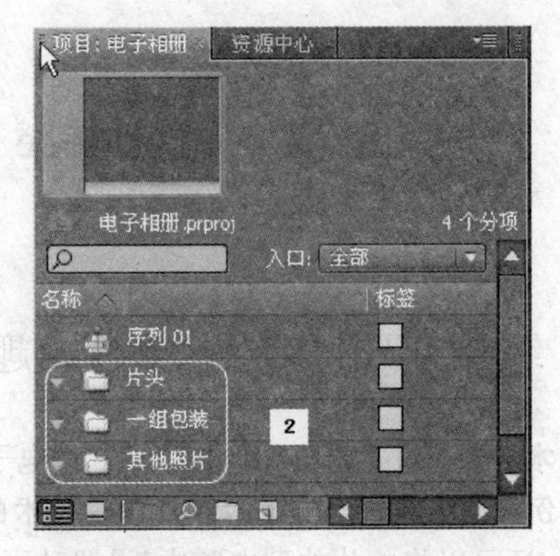

图 5-1-2　建立文件夹

（3）选择菜单命令【编辑】|【参数】|【常规】，打开“参数”窗口，将其中的视频切换默认持续时间修改为“25 帧（即 1 秒）”，同样将静帧图像默认持续时间改为“75 帧（即 3 秒）”，然后单击【确定】按钮，如图 5-1-3 所示。

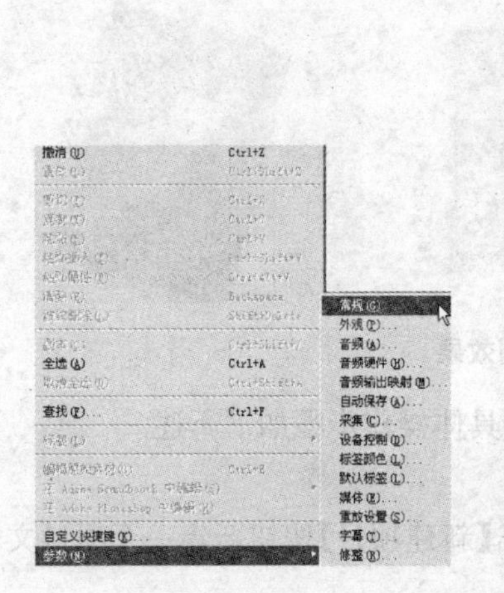

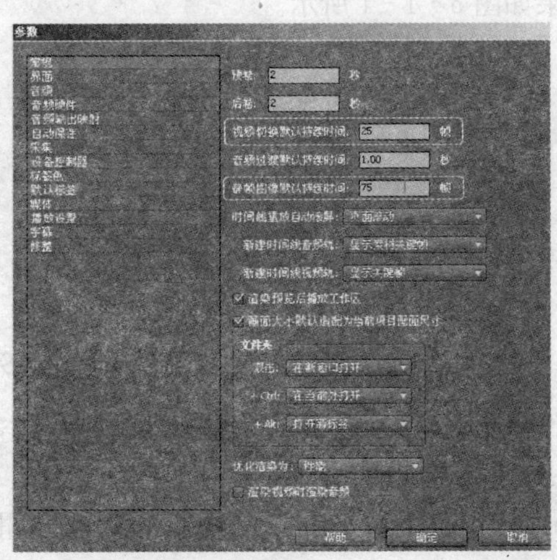

图 5-1-3　预设参数

3. 制作片头

（1）导入素材

① 选择菜单命令【文件】|【导入】（快捷键为 Ctrl+I 键）导入素材，在弹出的“导入”窗口中，选择素材“综合实训 1\头像卡通.psd”和“片头卡通.wav”文件，单击【打开】按钮导入所选素材。在导入“头像卡通.psd”分层图像时会弹出“导入层文件”窗口，将“导入为”使用“序列”方式，单击【确定】按钮将文件导入到项目窗口中，如图 5-1-4 所示。

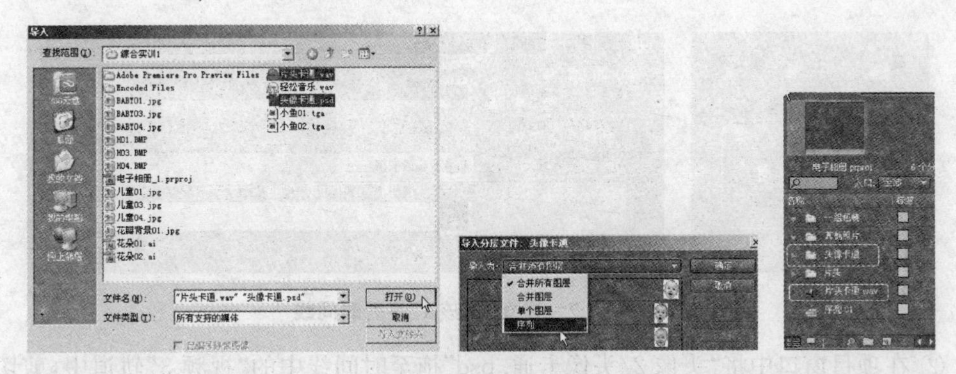

图 5-1-4　导入素材

② “头像卡通.psd”导入后为一个“头像卡通”的文件夹，文件夹内是一个图层和一个名为“头像卡通”的序列。将“头像卡通”文件夹及“片头卡通.wav”移至“片头”文件夹内，如图 5-1-5 所示。

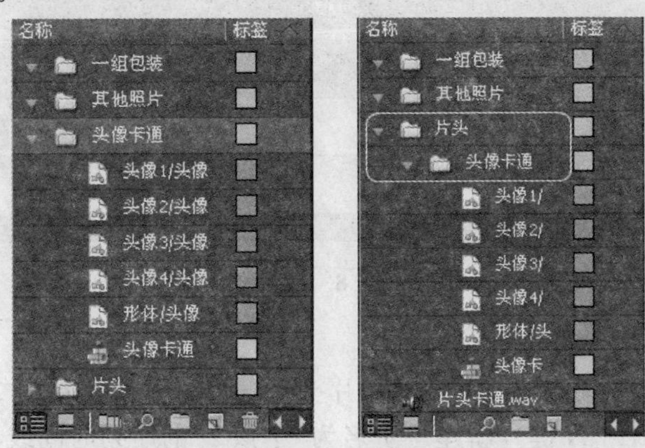

图 5-1-5　整理素材

③ “头像卡通”序列中有 5 个图层，最底层为形体，其上面的 4 个图层为两组不同的头像，这 4 个图层的头像分别与底层形体组合后的效果，如图 5-1-6 所示。

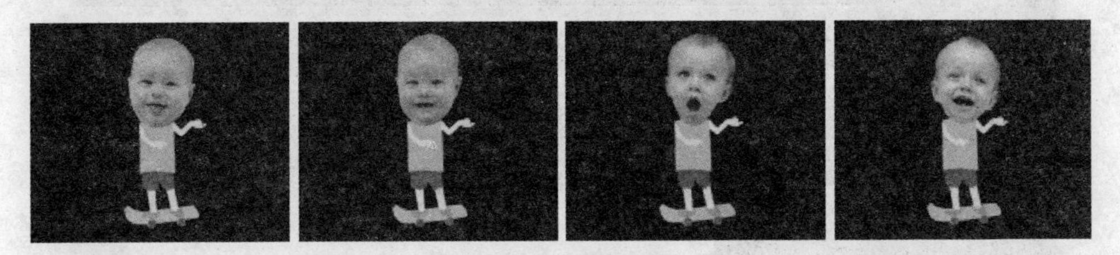

图 5-1-6　图层效果

(2) 建立“小孩 1”序列时间线

① 在项目窗口中选中“片头”文件夹，选择菜单命令【文件】|【新建】|【序列】(快捷键为 Ctrl+N 键)，新建一个名为“小孩 1”的序列时间线，这样新建的序列将位于“片头”文件夹内。将“形体/头像卡通.psd”拖至“小孩 1”序列时间线的“视频 1”轨道中，将“头像 1/头像卡通.psd”拖至“视频 2”轨道中，长度均调整为“5 秒”，如图 5-1-7 所示。

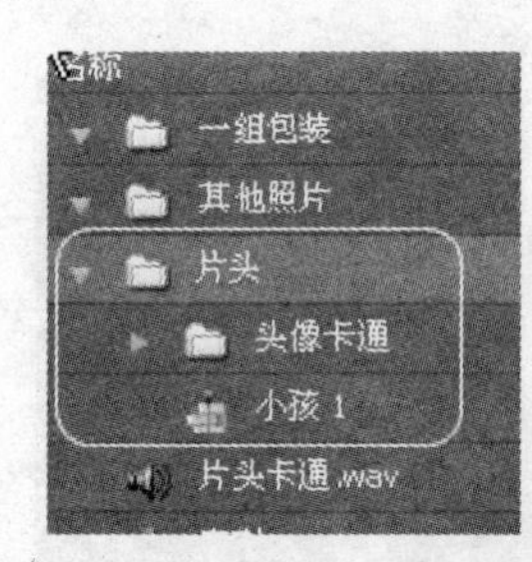

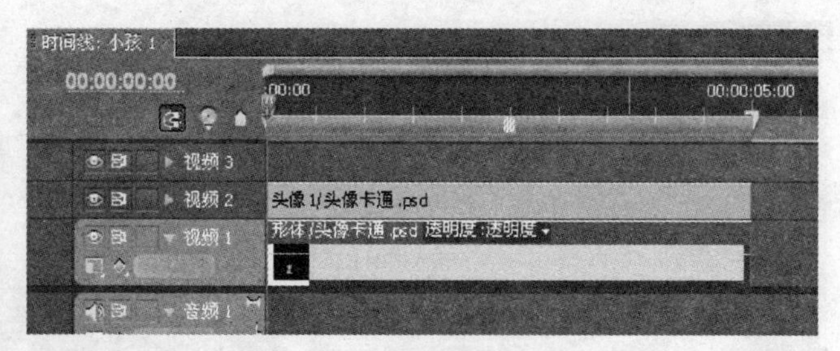

图 5-1-7　建立“小孩 1”序列时间线

② 在项目窗口中将“头像 2/头像卡通. psd”拖至时间线中的“视频 3”轨道中，剪切出两个“12 帧”长度的片段，分别在“第 3 秒”和“第 4 秒”的入点处覆盖放置在“视频 2”轨道中，这样在播放时，头像的改变形成表情的动画，如图 5-1-8 所示。

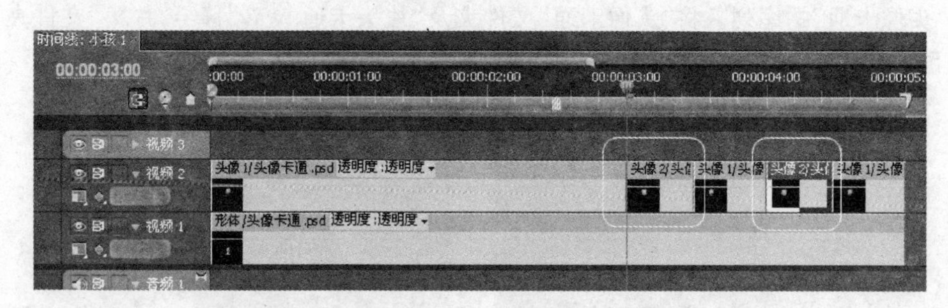

图 5-1-8　放置素材

(3) 建立“小孩 2”序列时间线

① 用同样的方法在项目窗口中选中“片头”文件夹，选择菜单命令【文件】|【新建】|【序列】(快捷键为 Ctrl+N 键)，新建一个名为“小孩 2”的序列时间线。将“形体/头像卡通. psd”拖至“小孩 2”序列时间线的“视频 1”轨道中，将“头像 3/头像卡通. psd”拖至“视频 2”轨道中，长度均调整为“5 秒”，如图 5-1-9 所示。

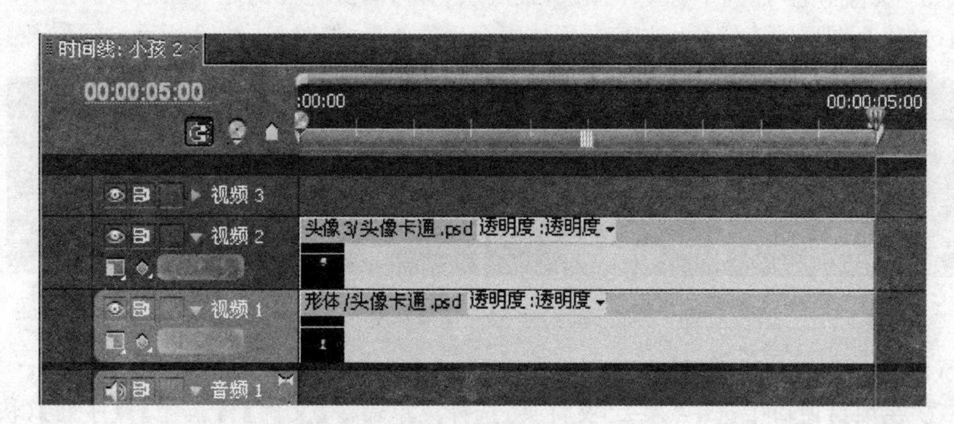

图 5-1-9　建立“小孩 2”序列时间线

② 在项目窗口中将“头像 4/头像卡通. psd”拖至时间线中的“视频 3”轨道中，剪切出两个“12 帧”长度的片段，分别在“第 3 秒”和“第 4 秒”的入点处覆盖放置在“视频 2”轨道

中，这样在播放时，头像的改变形成表情的动画，如图 5-1-10 所示。

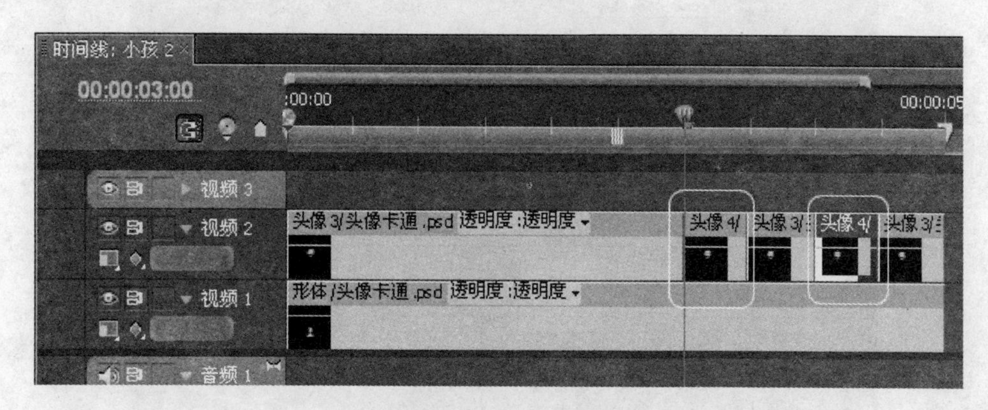

图 5-1-10　放置素材

(4) 建立文字

① 选择菜单命令【文件】|【新建】|【字幕】(快捷键为 Ctrl+T 键)，打开一个【新建字幕】对话框，输入字幕名称为“小”，单击【确定】按钮，打开字幕窗口。

② 在工具面板中选择“圆角矩形工具”，绘制一个“圆角矩形”，将其“属性”下的圆角大小调整为“15”，“填充”下的色彩设为“RGB(255,160,0)”，居中放置，如图 5-1-11 所示。

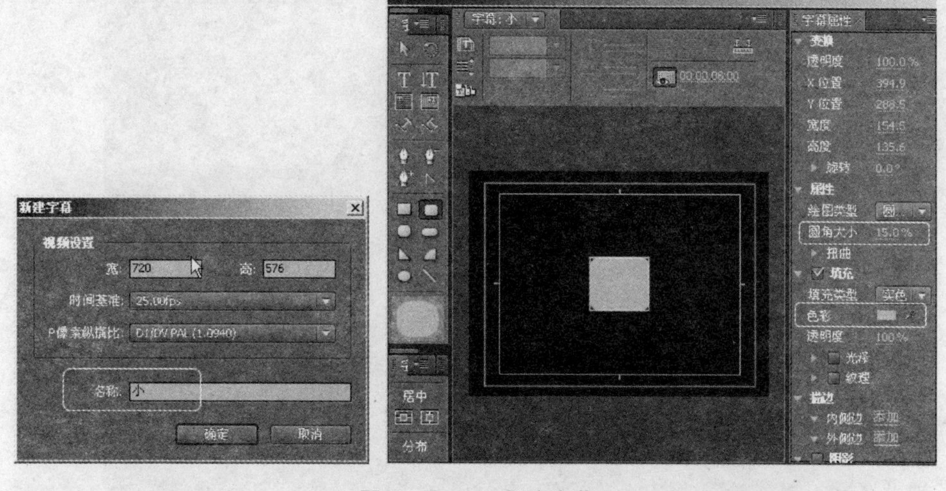

图 5-1-11　新建字幕

③ 在工具面板中选择“文字工具”，建立一个白色的“小”字，字体为“琥珀体”，字体大小为“100”，也居中放置，如图 5-1-12 所示。

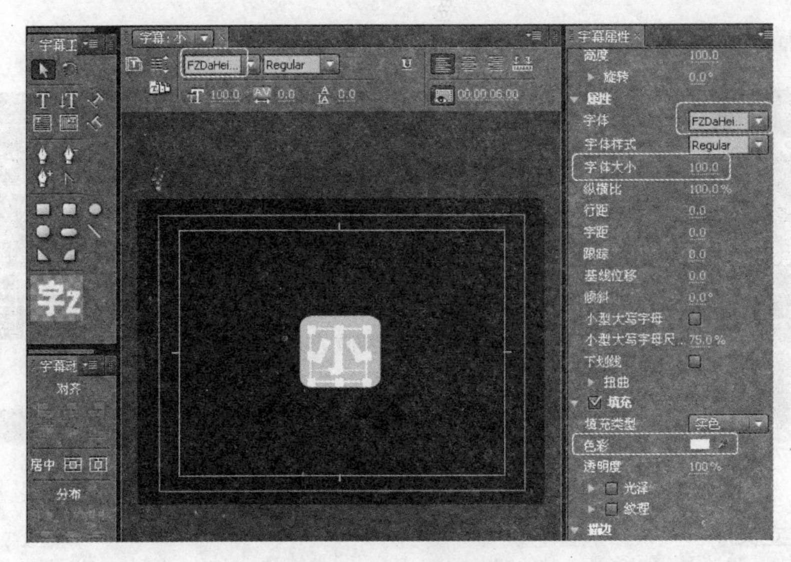

图 5-1-12　设置字幕

④ 建立好“小”字后，在字幕窗口的左上部单击【基于当前字幕新建字幕】按钮新建字幕，在打开的【新建字幕】对话框中输入字幕名称为“鬼”，单击【确定】按钮，打开字幕窗口。将原来的“小”字修改为“鬼”字即可，如图 5-1-13 所示。

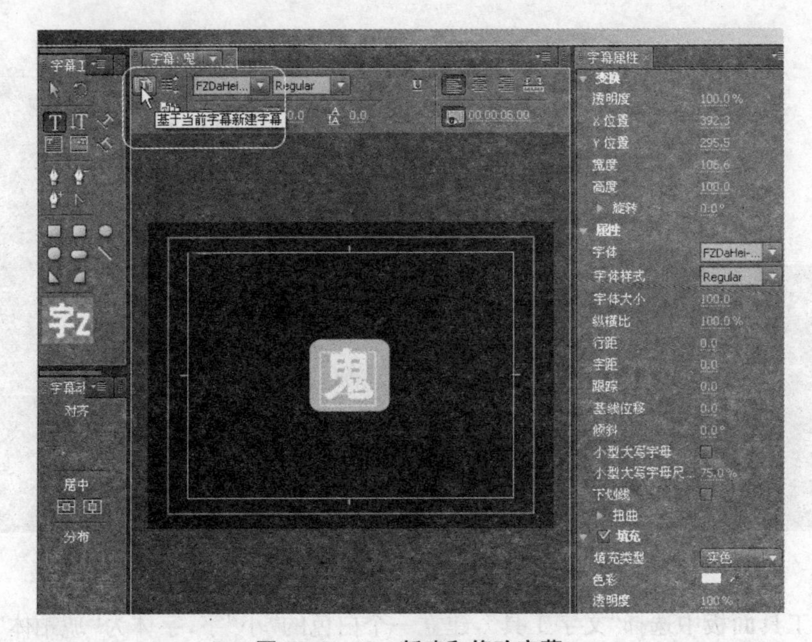

图 5-1-13　新建和修改字幕

⑤ 用同样的方法，在字幕窗口的左上部单击【基于当前字幕新建字幕】按钮新建字幕，分别建立“当”字幕和“家”字幕。

(5) 建立“片头”序列时间线

① 在项目窗口中选中“片头”文件夹，选择菜单命令【文件】|【新建】|【序列】(快捷键

为 Ctrl＋N 键)，新建一个名为“片头”的序列时间线，这样新建的序列将位于“片头”文件夹内。

② 在项目窗口中将“片头卡通. wav”拖至“片头”序列时间线的“音频 1”轨道中，如图 5－1－14 所示。

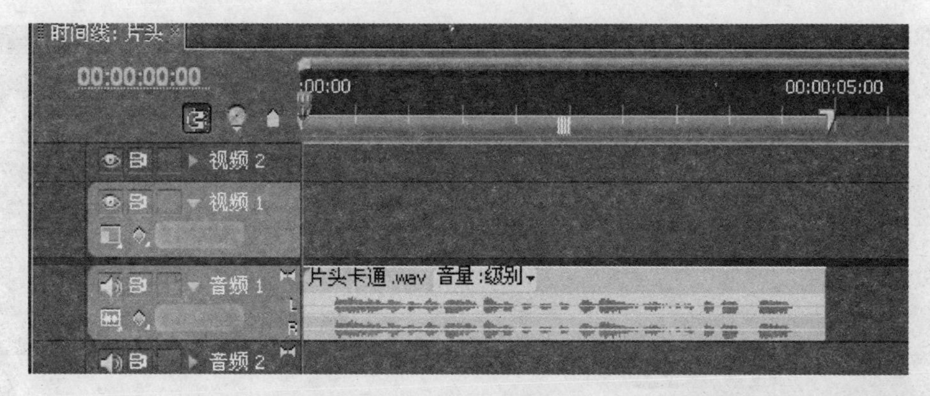

图 5－1－14　建立“片头”序列时间线并放置音频素材

③ 在项目窗口中选中“片头”文件夹，选择菜单命令【文件】|【新建】|【彩色蒙版】，打开【颜色拾取】对话框，从中将颜色设为“RGB(222，222，222)”，单击【确定】按钮。然后弹出【选择名称】对话框，将其命名为“白色蒙版”，单击【确定】按钮，这样建立了一个白色的蒙版。从项目窗口中将“白色蒙版”拖至“片头”时间线的“视频 1”轨道中，长度设为“6 秒”，如图 5－1－15 所示。

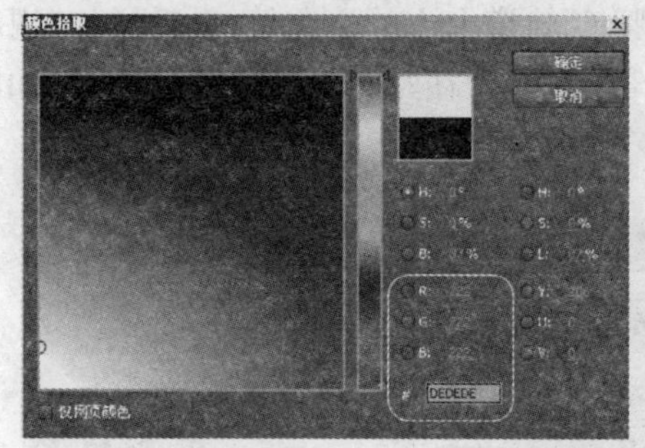

图 5－1－15　建立和放置白色蒙版

(6) 放置图像和字幕

① 在项目窗口中将“小孩 1”拖至“片头”时间线的“视频 2”轨道中，在“第 1 秒 10 帧”处剪切并删除后面的部分。

② 在项目窗口中将“小孩 2”拖至时间线的“视频 2”轨道中的“第 1 秒 10 帧”处，在“第 3 秒”处剪切并删除后面的部分。

③ 在项目窗口中将“当”字幕拖至时间线“视频 3”轨道中的“第 1 秒 20 帧”处。

④ 将“家”字幕拖至时间线“视频 3”轨道上的空白处，自动增加“视频 4”轨道放置“家”字幕，入点设为“第 1 秒 17 帧”。

⑤ 将“小”字幕拖至时间线“视频 4”轨道上的空白处，自动增加“视频 5”轨道放置

“小”字幕，入点设为“第 5 帧”。

⑥ 将“鬼”字幕拖至时间线“视频 5”轨道上的空白处，自动增加“视频 6”轨道放置“鬼”字幕，入点设为“第 8 帧”。

⑦ 将字幕的出点均设为“第 6 秒”处，如图 5－1－16 所示。

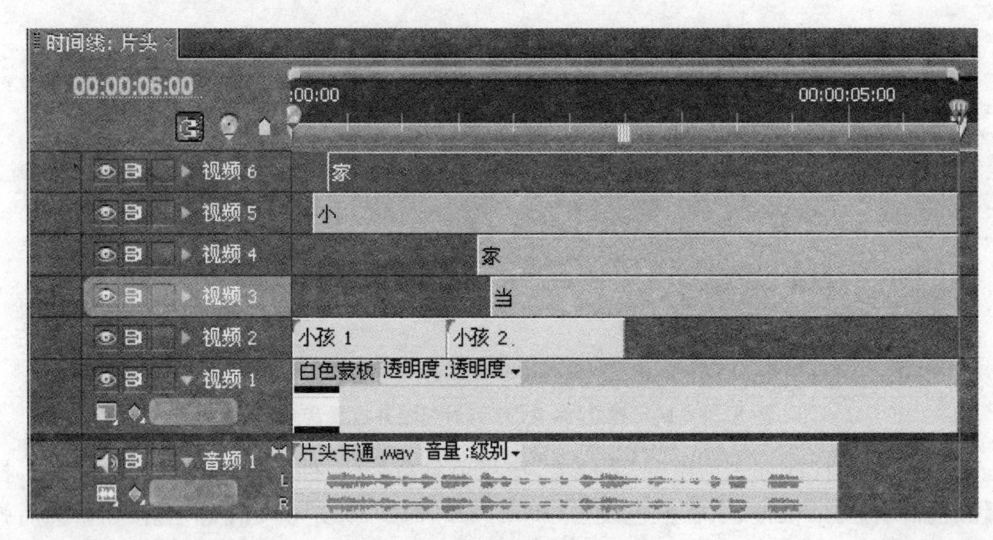

图 5－1－16　放置图像和字幕

⑧ 在项目窗口中将“小孩 2”拖至时间线“视频 2”轨道的“3 秒”之后，对其进行剪切，取其后两秒部分，放置在“第 3 至 5 秒”的位置。

⑨ 在项目窗口中将“小孩 1”拖至时间线“视频 6”轨道上方的空白处，自动增加“视频 7”轨道放置“小孩 1”，对其进行剪切，取其后两秒部分，放置在“第 3 至 5 秒”的位置，如图 5－1－17所示。

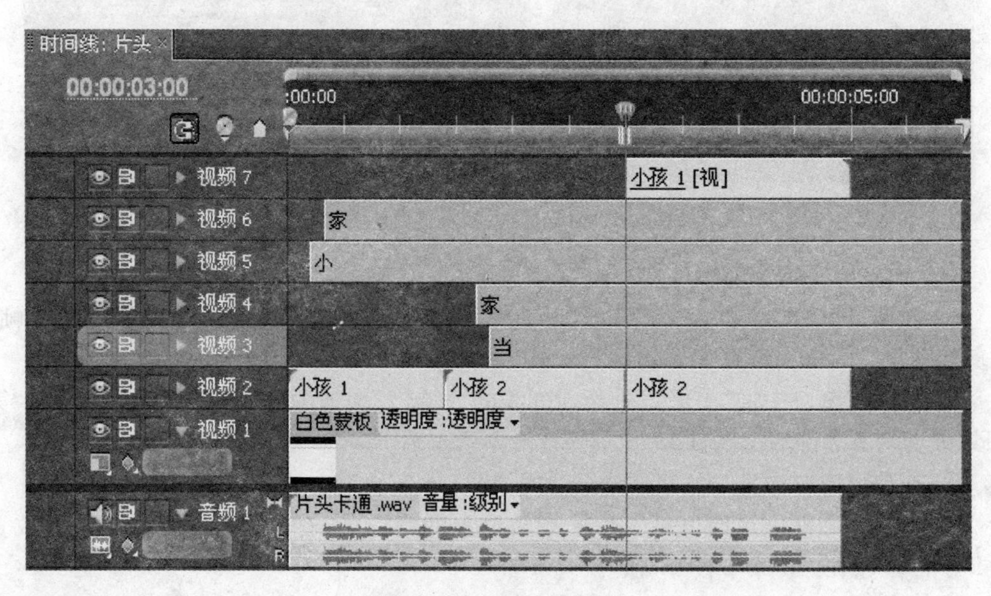

图 5－1－17　放置图像

(7) 设置片头中的字幕动画

① 在“效果”窗口中展开“视频特效”下的“透视”，从中将“基本 3D”拖至时间线中的“小”字幕上，选中“小”字幕，在“效果控制”窗口中显示其属性参数。在“第 5 帧”时，单击打开“运动”下“位置”和“比例”前面的码表，记录关键帧，设置位置为“738，350”，比例为“50”；将时间移至“第 1 秒 06 帧”处，设置位置为“176，370”，比例为“100”；将时间移至“第 3 秒 12 帧”，单击“位置”右侧的【添加/删除关键帧】按钮添加一个相同数值的关键帧，并打开“基本 3D”下“旋转”前面的码表，记录关键帧，当前设为“－45°”；将时间移至“第 4 秒 12 帧”，位置设为“176，288”，“基本 3D”下的旋转为“395°”，如图5－1－18所示。

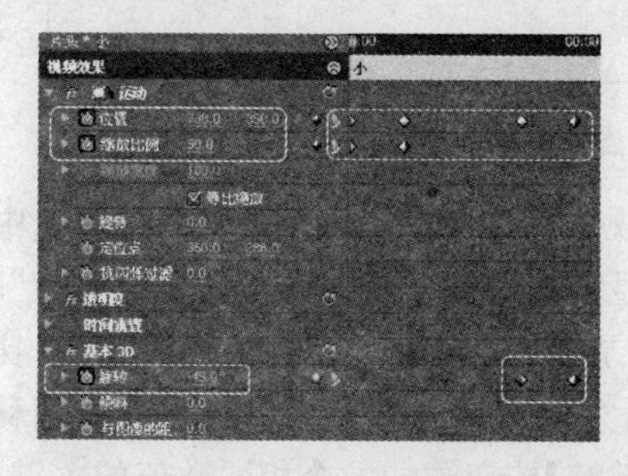

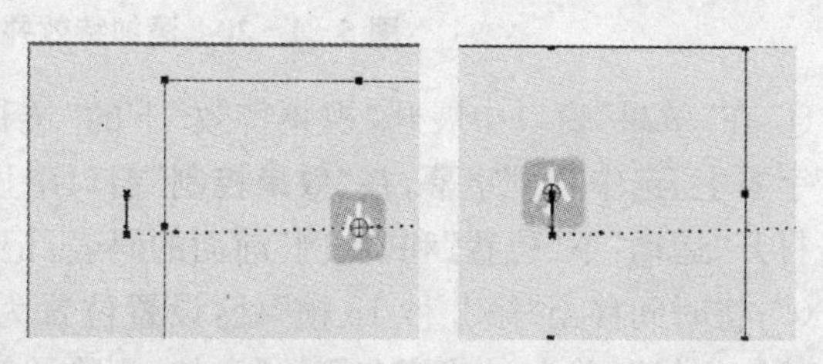

图 5－1－18　添加特效和设置动画(1)

② 在“效果”窗口中展开“视频特效”下的“透视”，从中将“基本 3D”拖至时间线中的“鬼”字幕上，选中“鬼”字幕，在“效果控制”窗口中显示其属性参数。在“第 8 帧”时，单击打开“运动”下“位置”和“比例”前面的码表，记录关键帧，设置位置为“731，350”，比例为“50”；将时间移至“第 1 秒 06 帧”处，设置位置为“295，360”，比例为“120”；将时间移至“第 3 秒 12 帧”，单击“位置”右侧的【添加/删除关键帧】按钮添加一个相同数值的关键帧，并打开“基本 3D”下“旋转”前面的码表，记录关键帧，当前设为“－45°”；将时间移至“第 4 秒 12 帧”，位置设为“295，280”，“基本 3D”下的旋转为“315°”，如图 5－1－19 所示。

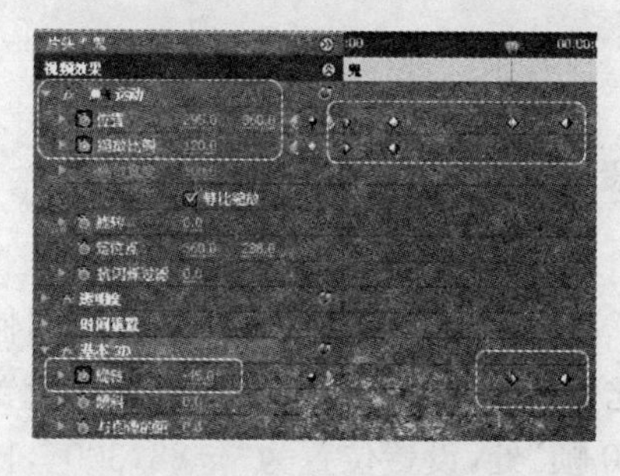

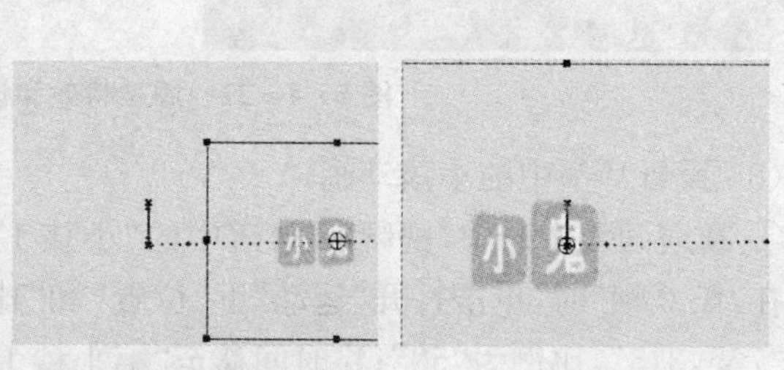

图 5－1－19　添加特效并设置动画(2)

③ 在“效果”窗口中展开“视频特效”下的“透视”，从中将“基本 3D”拖至时间线中的“家”字幕上，选中“家”字幕，在“效果控制”窗口中显示其属性参数。在“第 1 秒 17 帧”时，单击打开“运动”下“位置”和“比例”前面的码表，记录关键帧，设置位置为“－14，370”，比例为“50”；将时间移至“第 2 秒 18 帧”处，设置位置为“507，370”，比例为“100”；将时间移至“第 3 秒 12 帧”，单击“位置”右侧的【添加/删除关键帧】按钮添加一个相同数值的关键

帧，并打开“基本 3D”下“旋转”前面的码表，记录关键帧，当前设为“45°”；将时间移至“第 4 秒 12 帧”，位置设为“507，288”，“基本 3D”下的旋转为“－315°”，如图 5－1－20 所示。

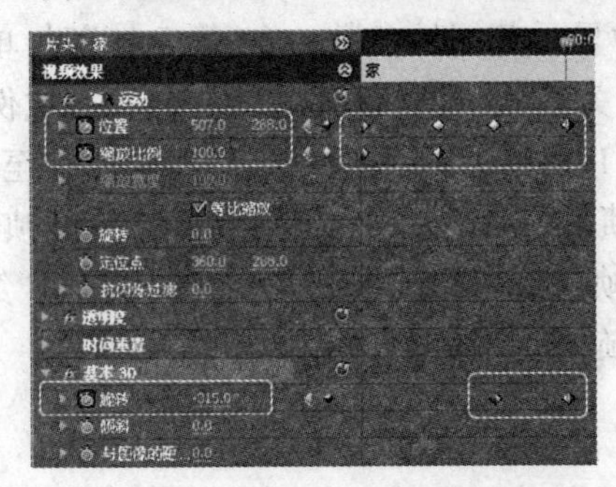

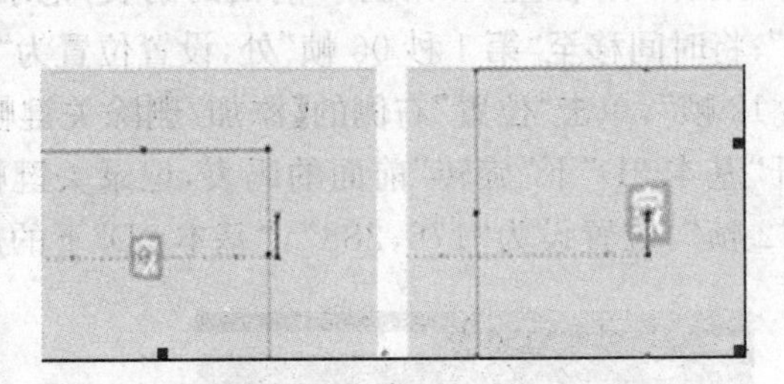

图 5－1－20　添加特效并设置动画(3)

④ 在“效果”窗口中展开“视频特效”下的“透视”，从中将“基本 3D”拖至时间线中的“当”字幕上，选中“当”字幕，在“效果控制”窗口中显示其属性参数。在“第 1 秒 20 帧”时，单击打开“运动”下“位置”和“比例”前面的码表，记录关键帧，设置位置为“－6，370”，比例为“50”；将时间移至“第 2 秒 18 帧”处，设置位置为“403，370”，比例为“110”；将时间移至“第 3 秒 12 帧”，单击“位置”右侧的【添加/删除关键帧】按钮添加一个相同数值的关键帧，并打开“基本 3D”下“旋转”前面的码表，记录关键帧，当前设为“45°”；将时间移至“第 4 秒 12 帧”，位置设为“403，288”，“基本 3D”下的旋转为“135°”，如图 5－1－21 所示。

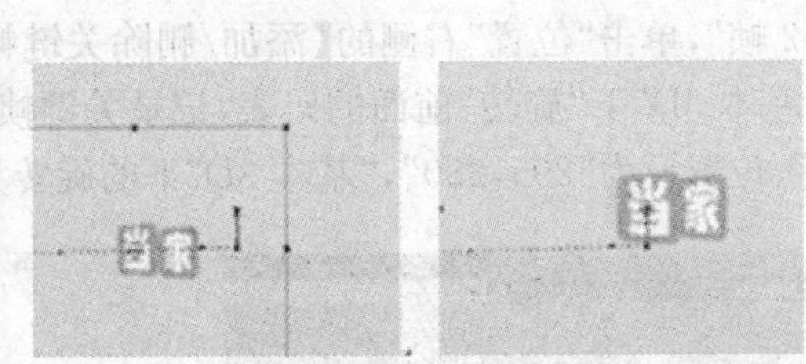

图 5－1－21　添加特效和设置动画(4)

(8) 设置片头中的小孩动画

① 在时间线中选中“视频 2”轨道中的“小孩 1”，在“效果控制”窗口中显示其属性参数。在“第 0 帧”时，单击打开“运动”下“位置”和“比例”前面的码表，记录关键帧，设置位置为“765，315”，比例为“50”；将时间移至“第 1 秒 10 帧”处，设置位置为“－88，300”，比例为“100”，如图5－1－22所示。

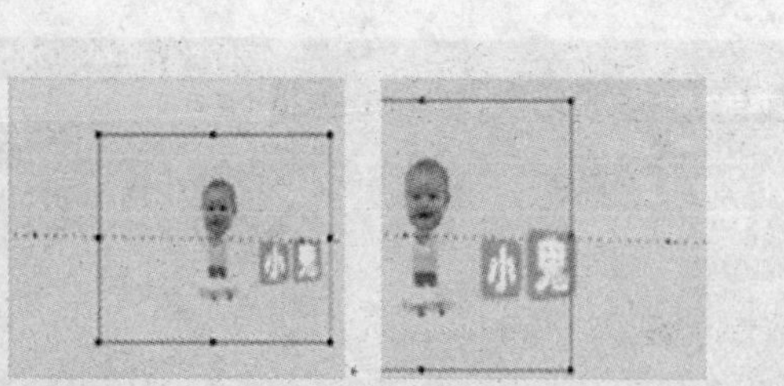

图 5-1-22　设置动画(1)

② 在时间线中选中“视频 2”轨道中的前一段“小孩 2”，在“效果控制”窗口中显示其属性参数。在“第 1 秒 10 帧”时，单击打开“运动”下“位置”和“比例”前面的码表，记录关键帧，设置位置为“－88，300”，比例为“50”；将时间移至“第 3 秒”处，设置位置为“810，315”，比例为“100”，如图 5-1-23 所示。

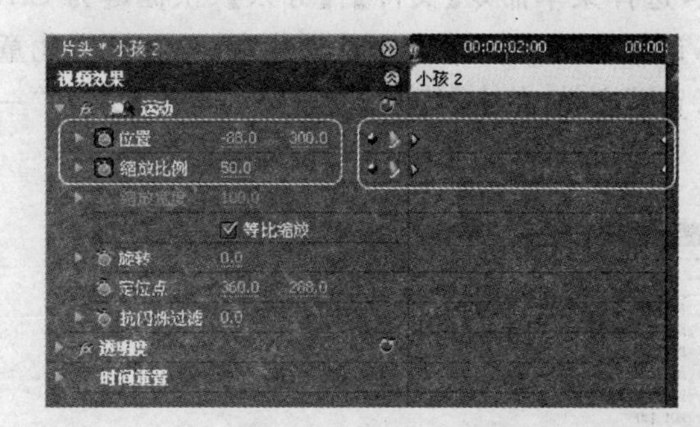

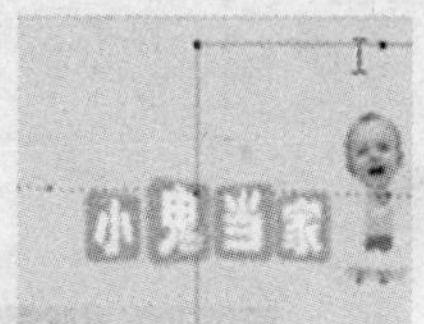

图 5-1-23　设置动画(2)

③ 在时间线选中“视频 7”轨道前一段“小孩 1”，在“效果控制”窗口显示其属性参数。在“第 3 秒”时，单击打开“运动”下“位置”前面的码表，记录关键帧，设置位置为“－88，300”；将时间移至“第 4 秒 12 帧”处，设置位置为“815，315”，如图 5-1-24 所示。

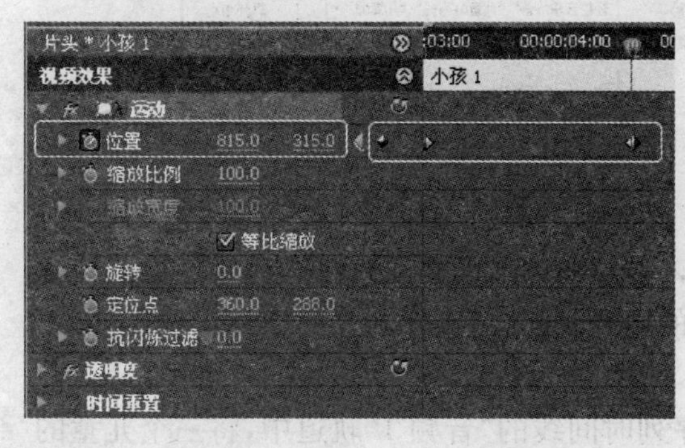

图 5-1-24　设置动画(3)

④ 在时间线中选中“视频 2”轨道中的后一段“小孩 2”，在“效果控制”窗口中显示其属性参数，将其比例设为“80”，定位点设为“360，375”。在“第 3 秒”时，单击打开“运动”下

“位置”前面的码表，记录关键帧，设置位置为“765，315”；将时间移至“第 4 秒 12 帧”处，设置位置为“－88，300”，如图 5－1－25 所示。

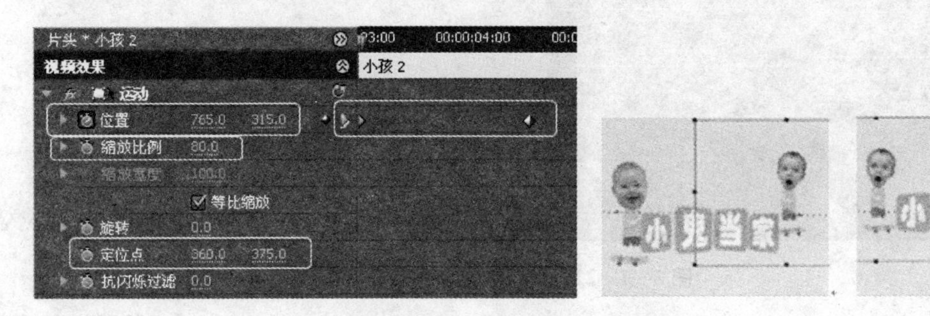

图 5－1－25　设置动画(4)

4. 包装一组照片

(1) 导入素材

选中项目窗口中的“一组包装”文件夹，选择菜单命令【文件】|【导入】(快捷键为 Ctrl＋I 键)导入素材，在弹出的“导入”窗口中，选择素材“儿童 01. jpg”、“儿童 03. jpg”、“儿童 04. jpg”、“轻松音乐. wav”和“花瓣背景 01. jpg”文件，单击【打开】按钮导入所选素材到“一组包装”文件夹内，如图 5－1－26 所示。

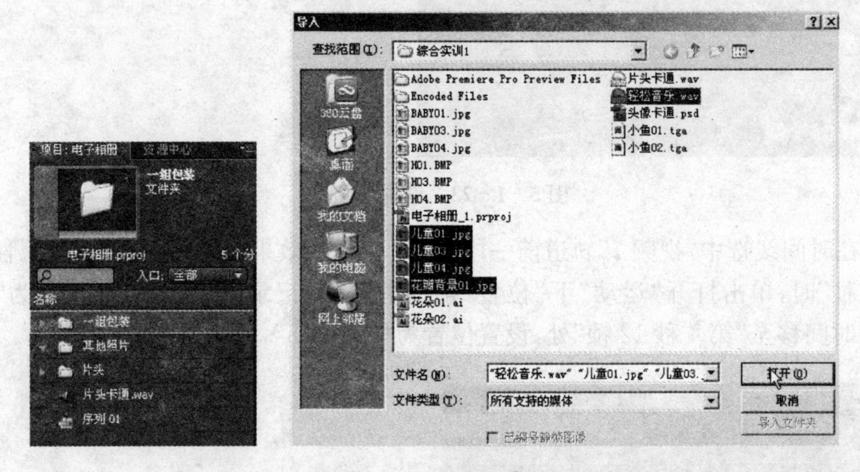

图 5－1－26　导入素材

(2) 建立“照片包装”序列时间线

① 在项目窗口中选中“一组包装”文件夹，选择菜单命令【文件】|【新建】|【序列】(快捷键为 Ctrl＋N 键)，新建一个名为“照片包装”的序列时间线，这样新建的序列将位于“一组包装”文件夹内。

② 将“轻松音乐. wav”拖至“照片包装”序列时间线的“音频 1”轨道中，将三个儿童的照片按需要的顺序拖至“视频 2”轨道中，这里依次为“儿童 01. jpg”、“儿童 04. jpg”和“儿童 03. jpg”。“视频 1”轨道中在下一步将放置背景，如图 5－1－27 所示。

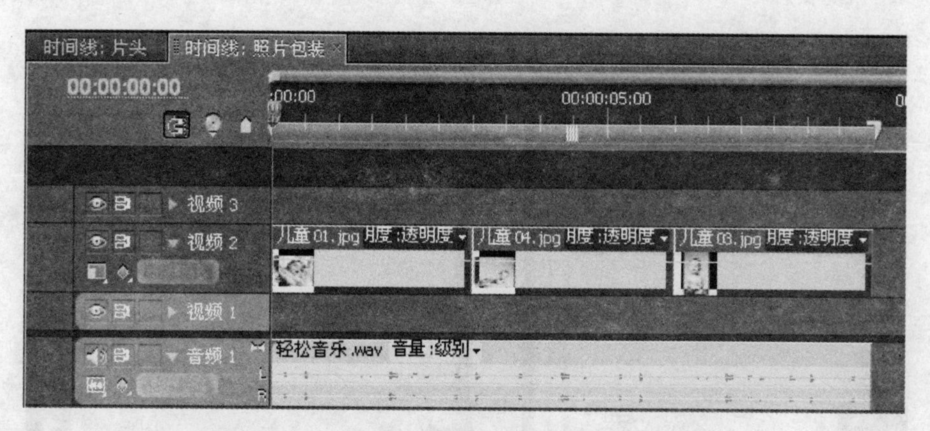

图 5－1－27　建立“照片包装”序列时间线并放置素材

(3) 制作背景

① 选择菜单命令【文件】|【新建】|【字幕】(快捷键为 Ctrl＋T 键)，打开一个【新建字幕】对话框，输入字幕名称为“儿童字幕模板底 1”，单击【确定】按钮，打开字幕窗口。

② 在工具面板中选择“矩形工具”绘制一个充满屏幕的大矩形，将其“填充”下的色彩设为“RGB(248,243,235)”，如图 5－1－28 所示。

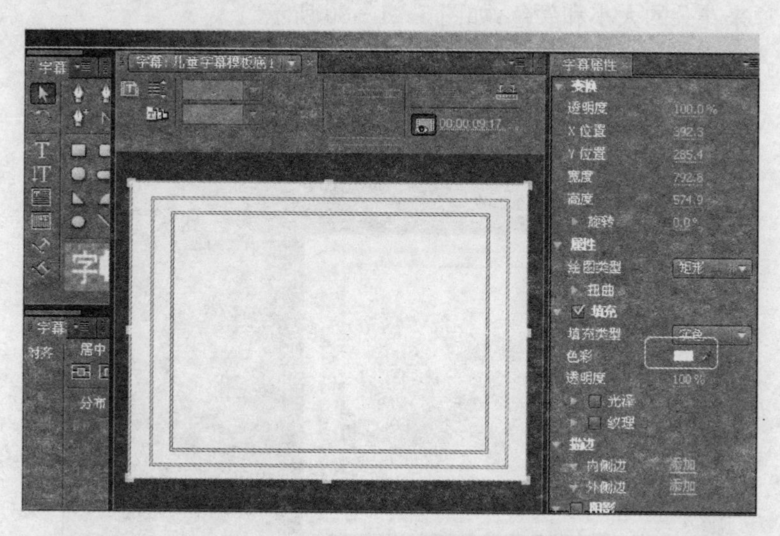

图 5－1－28　新建字幕并绘制矩形

③ 选择菜单命令【字幕】|【标志】|【插入标志】，打开“导入图像为标志”窗口，从中找到并选择图像文件“花朵 01. ai”，单击【打开】按钮，将图像导入到字幕窗口，如图 5－1－29 所示。

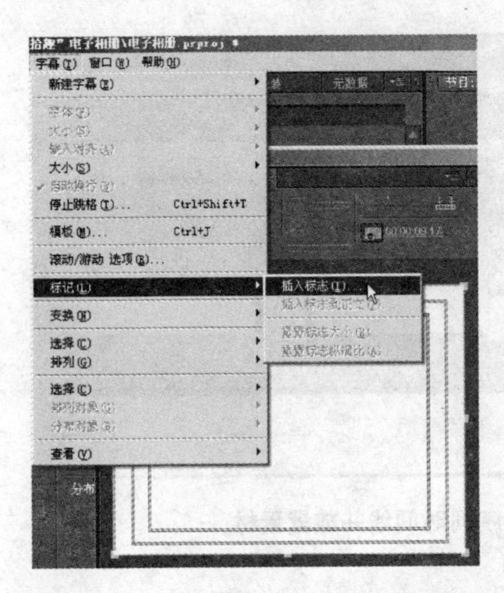

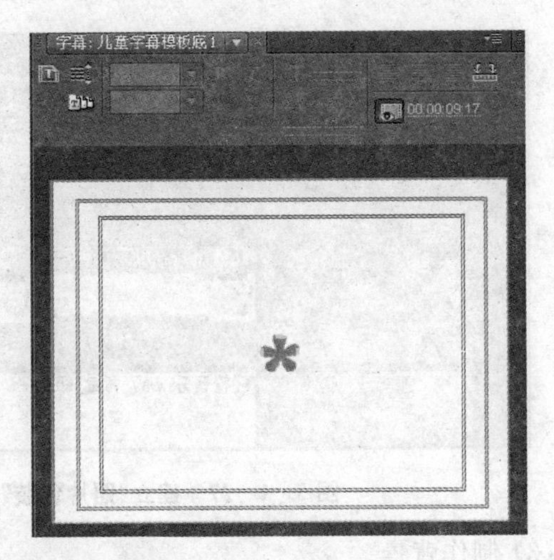

图 5-1-29　导入图像

④ 在字幕窗口中选中导入的花朵图形，将其放大一些，在其右侧的“字幕属性”面板中进行适当的设置，将“变换”下的高度和宽度均设为“135”。在“描边”下的“内侧边”后单击【添加】，添加一个“内侧边”，将其下的尺寸设为“30”，色彩设为“RGB(235，117，149)”。这样改变了原来花朵的大小和颜色，如图 5-1-30 所示。

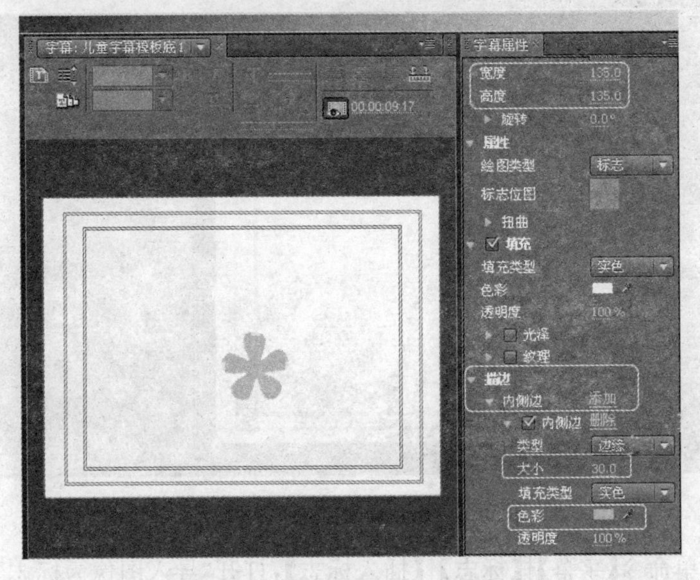

图 5-1-30　设置图像大小和颜色

⑤ 选中花朵图形，按“Ctrl+C 组合键”复制，再按“Ctrl+V 组合键”粘贴，将其缩小一些，在其右侧的“字幕属性”面板中进行适当的设置，将“变换”下的高度和宽度均设为“100”。在“描边”下的“内侧边”的色彩改的浅一些，设为“RGB(250，173，195)”，如图 5-1-31所示。

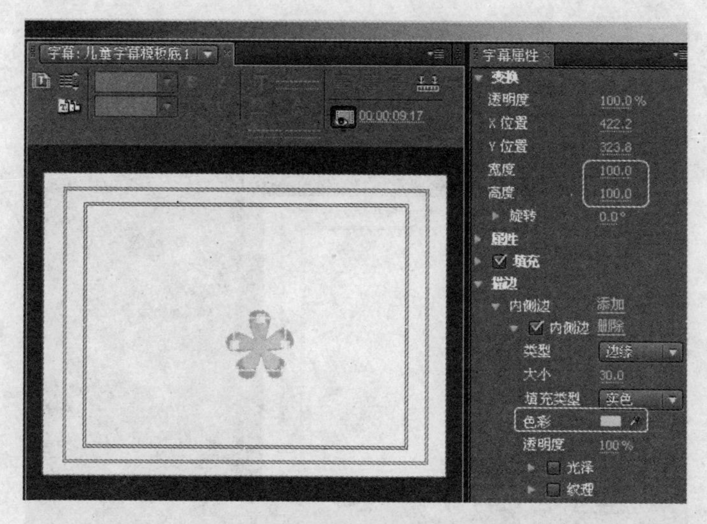

图 5－1－31　复制图像并修改(1)

⑥ 用同样的方法，选中小一些的花朵图形，按“Ctrl＋C 组合键”复制，再按“Ctrl＋V 组合键”粘贴，将其再缩小一些，在其右侧的“字幕属性”面板中进行适当的设置，将“变换”下的高度和宽度均设为“65”。在“描边”下的“内侧边”的色彩改的更浅一些，设为“RGB (253,226,235)”，如图 5－1－32 所示。

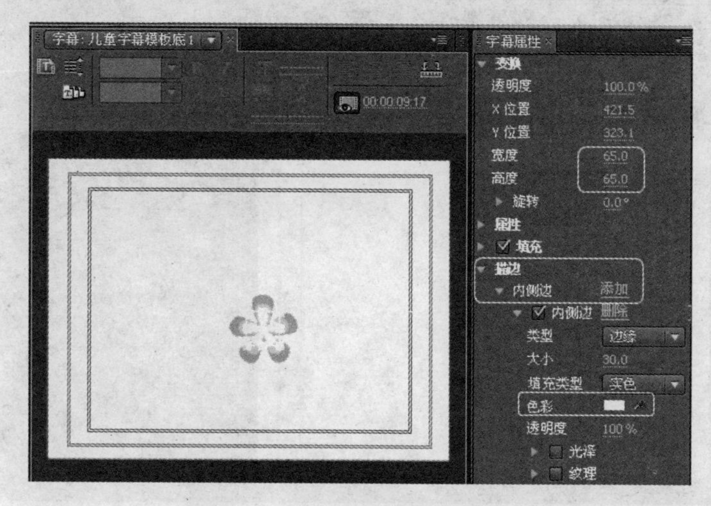

图 5－1－32　复制图像并修改(2)

⑦ 选中这三层花瓣组成的花朵，将其整体移至右下角合适的位置，并旋转一个角度，如图 5－1－33 所示。

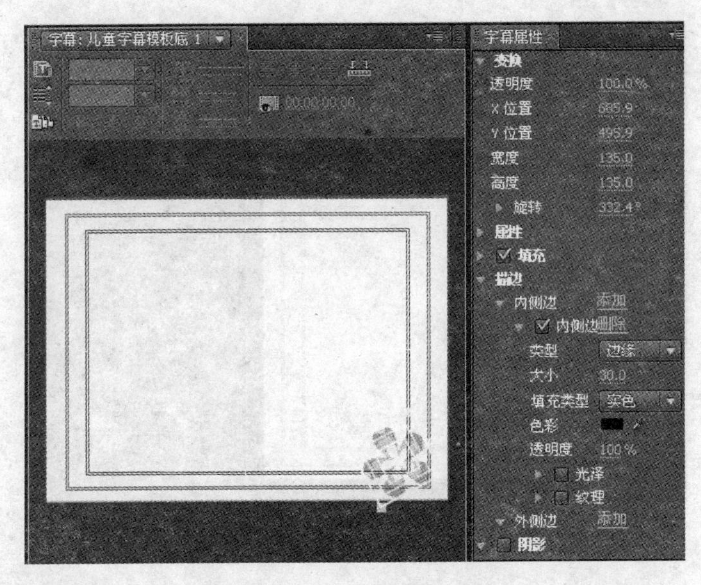

图 5－1－33　放置图像

⑧ 使用同样的方法，进行复制和修改，制作多个不同大小、颜色的花朵，放置在不同的位置，设置不同的角度，如图 5－1－34 所示。

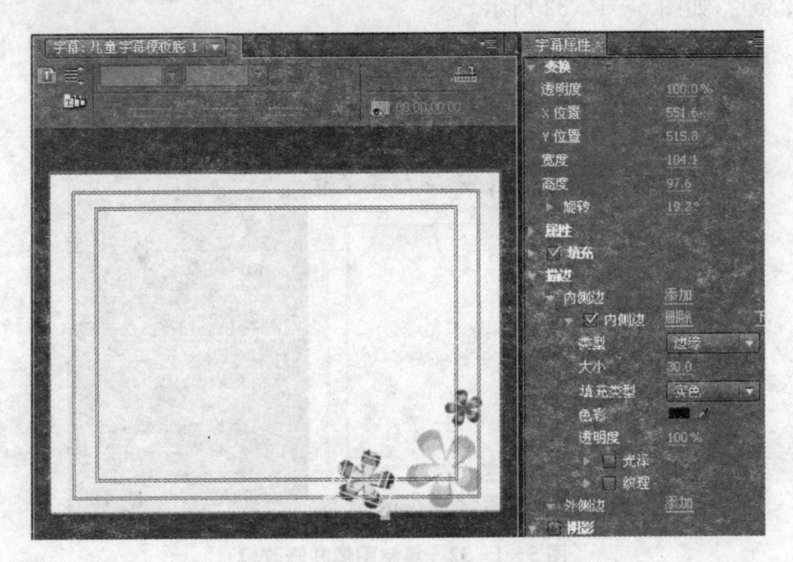

图 5－1－34　复制图像并修改

⑨ 使用同样的方法，选择菜单命令【字幕】|【标志】|【插入标志】，打开“导入图像为标志”窗口，从中找到并选择图像文件“花朵 02. ai”，单击【打开】按钮，将图像导入到字幕窗口，然后使用添加“内侧边”的方法将其修改为其他颜色，并复制多份，如图 5－1－35 所示。

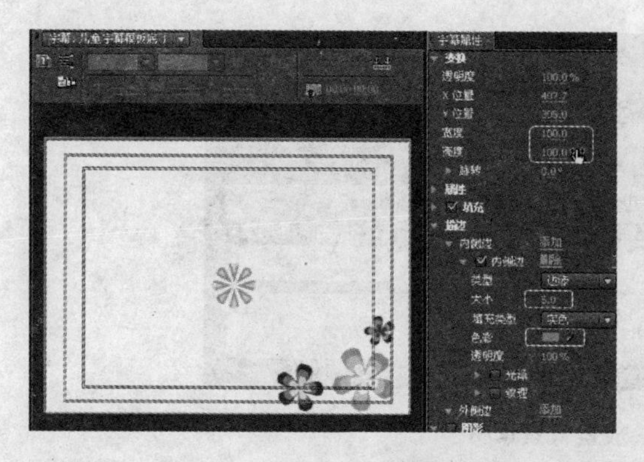
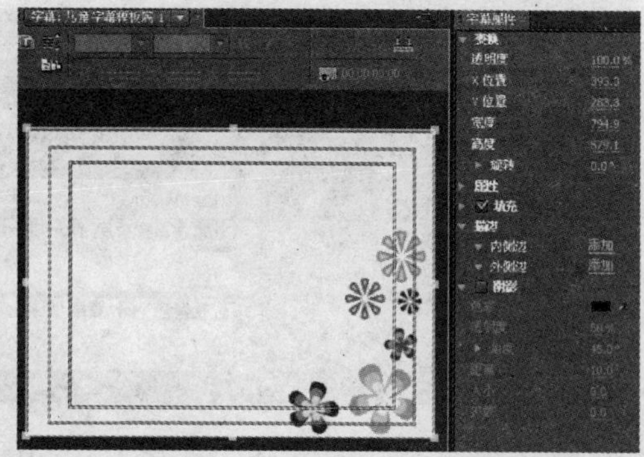

图 5-1-35　导入图像并修改和复制

⑩ 在“字幕工具”面板中选择“椭圆工具”和“矩形工具”绘制多个图形进行点缀，这样完成“儿童字幕模板底 1”的制作，如图 5-1-36 所示。

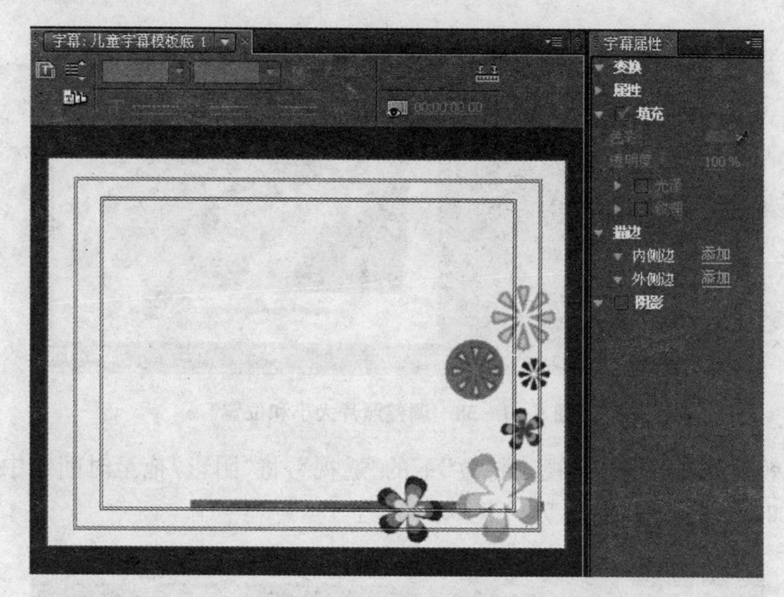

图 5-1-36　绘制图形

(4) 放置背景

① 从项目窗口中将“儿童字幕模板底 1”拖至时间线中的“视频 1”轨道中，长度设为 6 秒。这样前两个照片都使用“儿童字幕模板底 1”作为背景。

② 从项目窗口中将“花瓣背景 01.jpg”拖至时间线中的“视频 1”轨道中的“儿童字幕模板底 1”之后，长度设为 3 秒。这样第三个照片都使用“花瓣背景 01.jpg”作为背景，如图 5-1-37 所示。

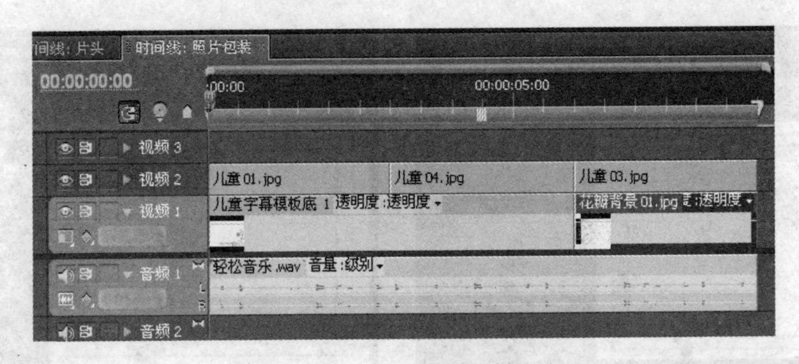

图 5-1-37　放置背景素材

(5) 调整照片

① 在时间线选中“儿童 01. jpg”,在“效果控制”窗口将比例设为“75”,位置设为“325, 260”,如图 5-1-38 所示。

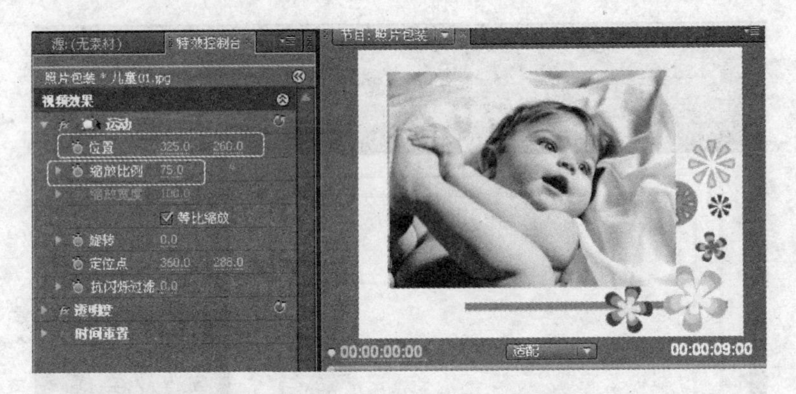

图 5-1-38　调整照片大小和位置

② 在“效果”窗口中展开“视频特效”下的“透视”,将“阴影”拖至时间线中“儿童 01”上,为其添加投影的效果,如图 5-1-39 所示。

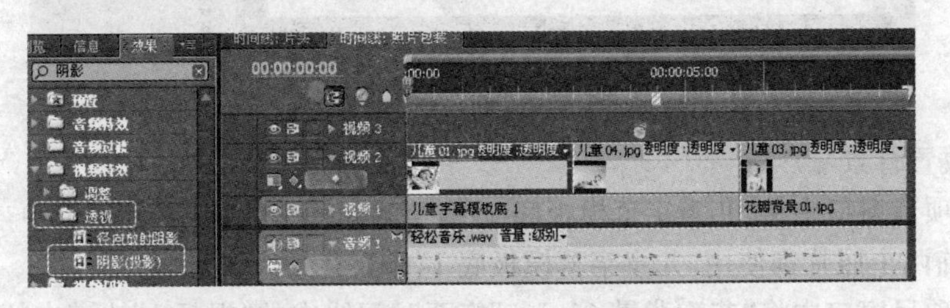

图 5-1-39　添加特效

③ 在“效果控制”窗口将“阴影”下的透明度设为“80%”,距离设为“20”,柔化设为“100”。这样照片与背景之间有了更好的层次感,如图 5-1-40 所示。

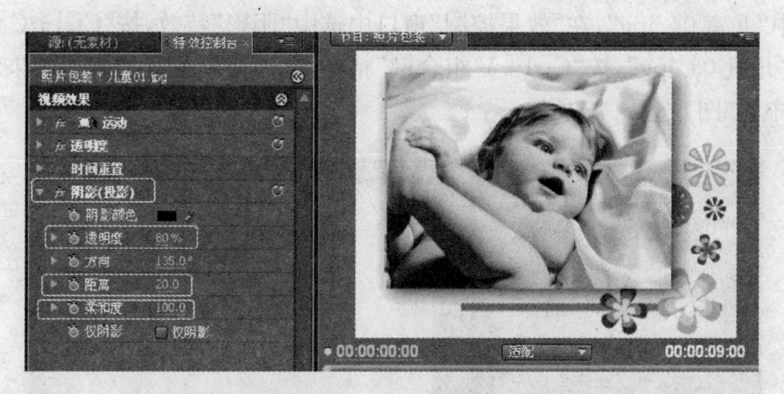

图 5-1-40　阴影效果

④ 选中“儿童 01. jpg”，按“Ctrl＋C 组合键”复制，再选中“儿童 04. jpg”，按“Ctrl＋Alt＋V 组合键”粘贴属性，这样“儿童 04. jpg”也具有了相同的大小、位置和阴影了，如图 5-1-41 所示。

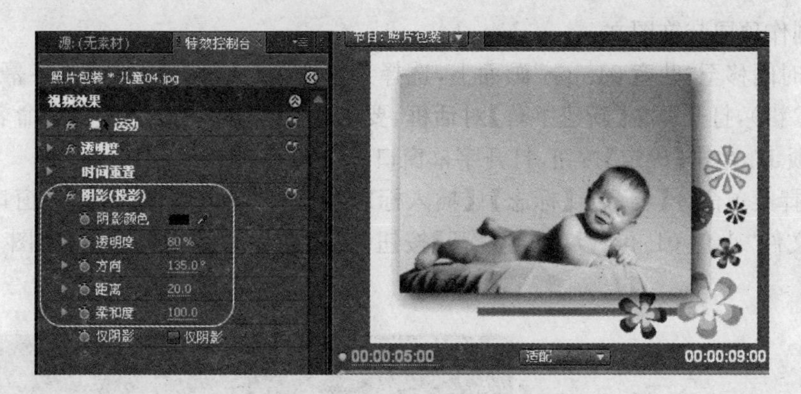

图 5-1-41　复制和粘贴图像属性

⑤ 选中“儿童 03. jpg”，在“效果控制”窗口中将比例设为“90”，将旋转设为“－15°”，如图 5-1-42 所示。

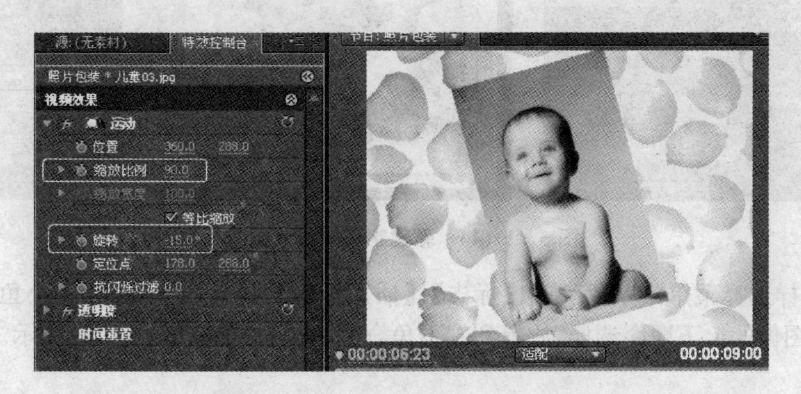

图 5-1-42　调整图片大小和角度

⑥ 选中“儿童 04. jpg”，在“效果控制”窗口中选中“阴影”特效，按“Ctrl＋C 组合键”复制，再选中“儿童 03. jpg”，按“Ctrl＋V 组合键”粘贴，这样将设置好的阴影效果复制到“儿童 03. jpg”中，如图 5－1－43 所示。

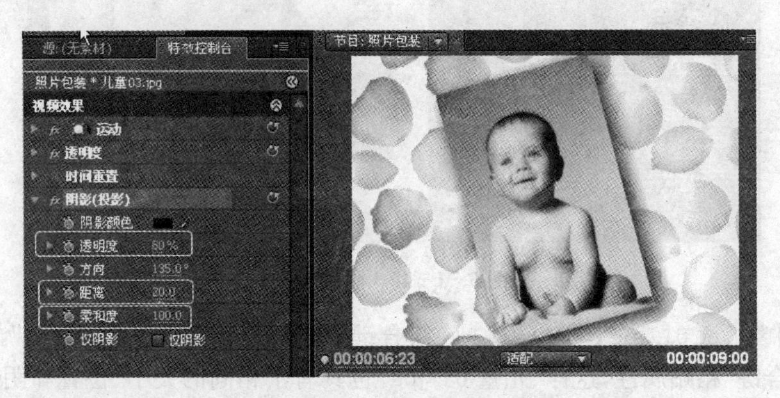

图 5－1－43　复制和粘贴特效

(6) 制作顶层装饰图文

① 将时间移至“儿童 01. jpg”画面上，选择菜单命令【文件】|【新建】|【字幕】(快捷键为 Ctrl＋T 键)，打开一个【新建字幕】对话框，要求输入字幕名称，这里将其命名为“儿童字幕模板顶 1”，单击【确定】按钮，打开字幕窗口。

② 选择菜单命令【字幕】|【标志】|【插入标志】，打开“导入图像为标志”窗口，找到并选择图像文件“小鱼 01. tga”，单击【打开】按钮，将图像导入到字幕窗口，如图 5－1－44 所示。

图 5－1－44　新建字幕并导入图像

③ 同样选择菜单命令【字幕】|【标志】|【插入标志】，再导入图像文件“小鱼 02. tga”，并将两个图像的上下顺序调换，放置到左下角合适的位置，如图 5－1－45 所示。

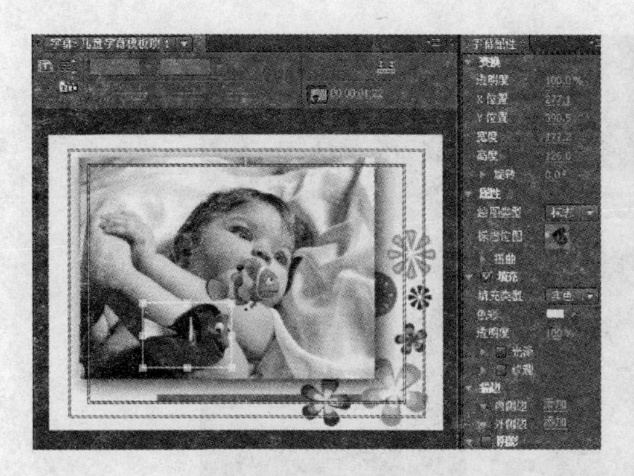

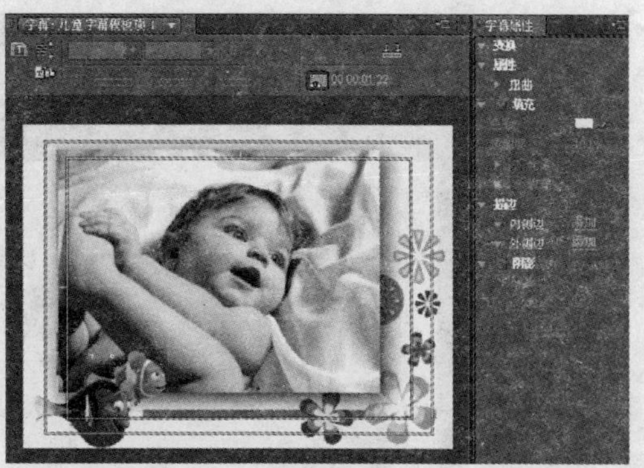

图 5-1-45　导入图像并调整顺序和位置

④ 使用“文字工具”建立“我的地盘”文字，对其进行适当的设置，字体为“舒体”，字体大小为“56”，“填充”下的色彩为“绿色”，数值为“RGB(155,255,0)”，将其“变换”下的旋转设为“345°”，如图 5-1-46 所示。

图 5-1-46　建立文字文本

⑤ 在其“描边”下的“外侧边”后单击【添加】，为其添加一个“外侧边”，类型为“边缘”，尺寸为“45”，色彩为“RGB(220,80,120)”。然后再单击【添加】，添加第二个“外侧边”，将其类型设为“凸出”，尺寸为“50”，色彩为“RGB(235,255,0)”，勾选【阴影】，为其添加投影效果，如图 5-1-47 所示。

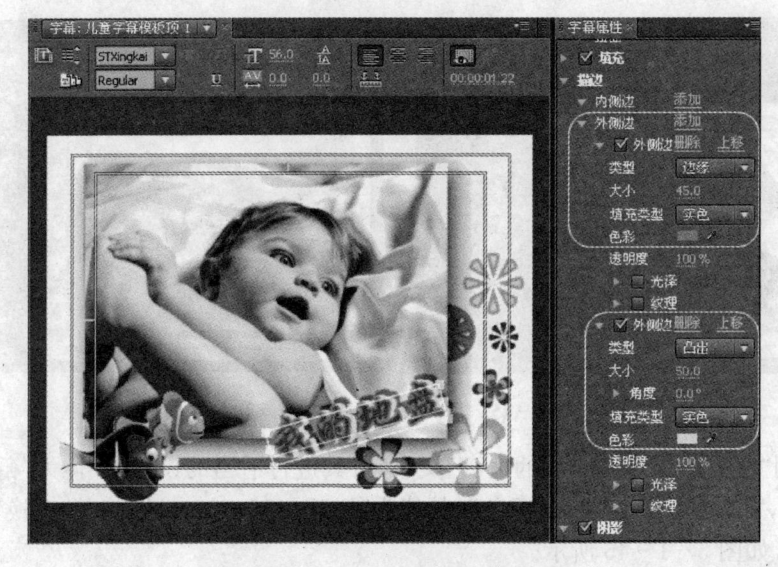

图 5－1－47　设置文字效果

⑥ 在制作完“儿童字幕模板顶 1”后，单击其字幕窗口左上部的【基于当前字幕新建字幕】按钮，建立一个“儿童字幕模板顶 2”字幕，并将时间移至第二幅画面“儿童 04. jpg”上，修改字幕中的文字，并使用“钢笔工具”和“椭圆工具”制作简单图形元素点缀画面，如图 5－1－48所示。

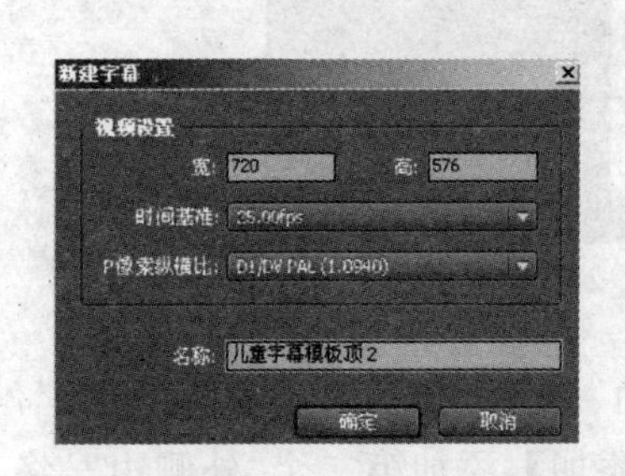

图 5－1－48　新建文字并绘制线条元素

⑦ 将时间移至第三幅画面“儿童 03. jpg”上，因为这个画面空白较少，这里只为其添加文本字幕即可，选择菜单命令【文件】|【新建】|【字幕】(快捷键为Ctrl＋T键)，打开一个【新建字幕】对话框，将其命名为“儿童字幕模板顶 3”，然后在字幕窗口中建立合适的文字。这里使用“文字工具”建立了“快乐似神仙”五个独立的文字，为其设置合适的“字体”、“大小”、“颜色”及“位置”等，如图 5－1－49 所示。

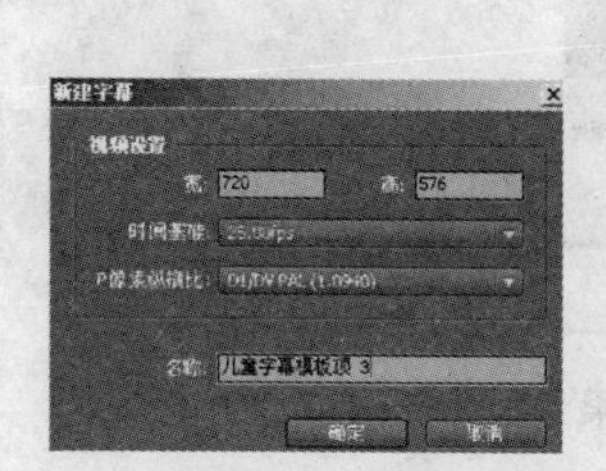

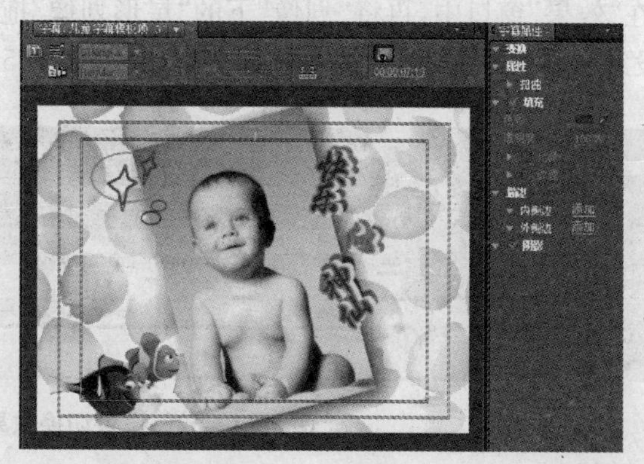

图 5－1－49　新建文字

(7) 放置顶层装饰图文

从项目窗口将“儿童字幕模板顶 1”、“儿童字幕模板顶 2”和“儿童字幕模板顶 3”分别拖至时间线“视频 3”轨道中，与三幅照片对应，如图 5－1－50 所示。

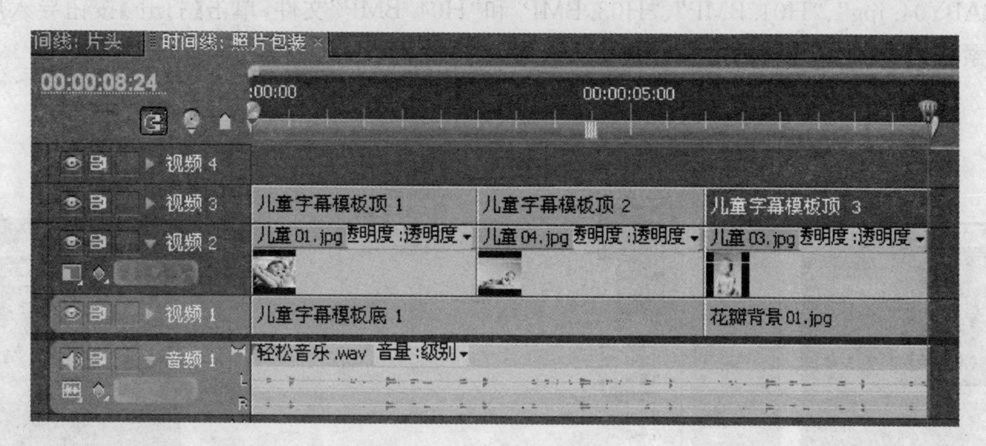

图 5－1－50　放置顶层素材

(8) 设置切换效果

① 在“效果”窗口中，展开“视频切换效果”下的“划像”，从中将“圆形划像”拖至时间线中“第 3 秒”处“视频 2”轨道、“视频 3”轨道中前两段素材之间，如图 5－1－51 所示。

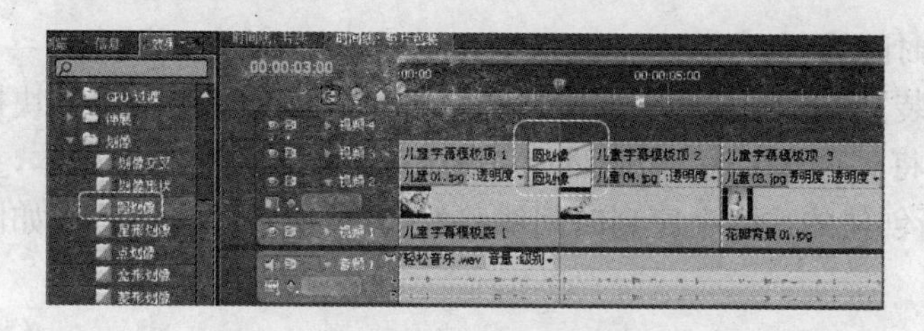

图 5－1－51　设置切换效果

② 在“效果”窗口中,再将“划像”下的“星形划像”拖至时间线中“第 6 秒”处各个轨道中的两段素材之间,同时多出的音频部分剪切掉,如图 5-1-52 所示。

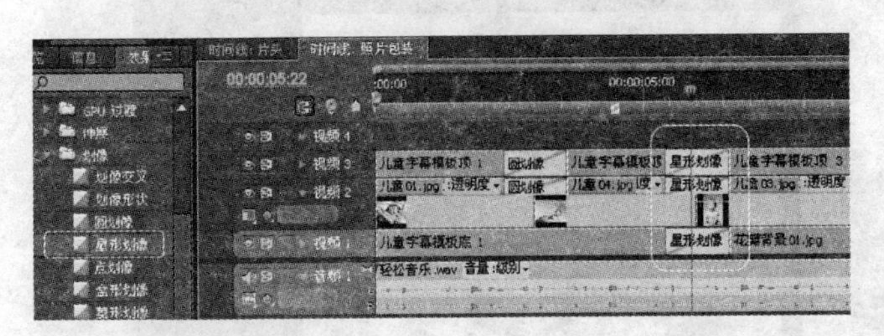

图 5-1-52　设置切换效果

5. 制作其他相片

(1) 导入其他相片

选中项目窗口中的“其他照片”文件夹,选择菜单命令【文件】|【导入】(快捷键为 Ctrl+I 键)导入素材,在弹出的“导入”窗口中,选择素材“BABY01. jpg”、“BABY03. jpg”、“BABY04. jpg”、“H01. BMP”、“H03. BMP”和“H04. BMP”文件,单击【打开】按钮导入所选素材到“其他照片”文件夹内,如图 5-1-53 所示。

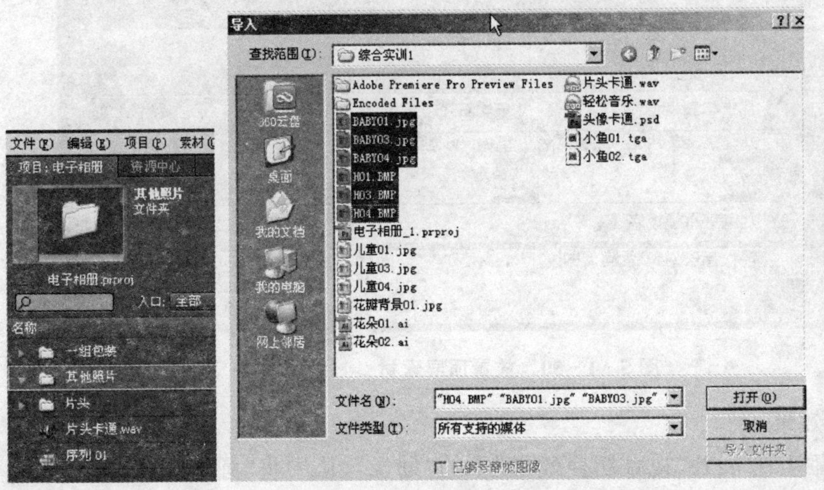

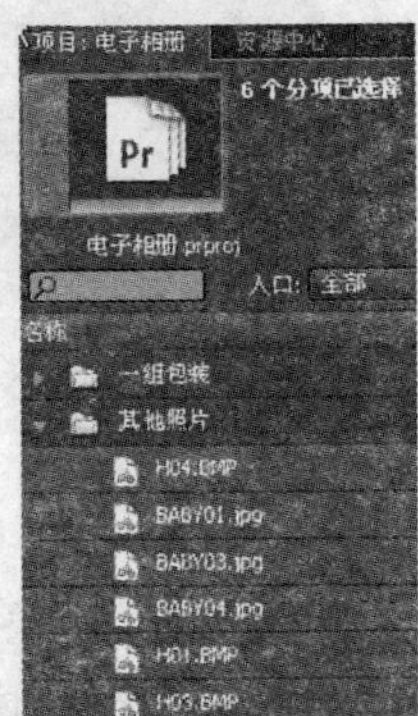

图 5-1-53　导入素材

(2) 复制“照片包装”序列时间线

① 在项目窗口的“一组包装”下选中“照片包装”,选择菜单命令【编辑】|【副本】(快捷键 Ctrl+/键),创建一个副本,将其重命名为“其他照片包装 1”,同样再创建一个副本,重命名为“其他照片包装 2”,将新创建的这两个序列时间线移至“其他照片”文件夹下,如图 5-1-54 所示。

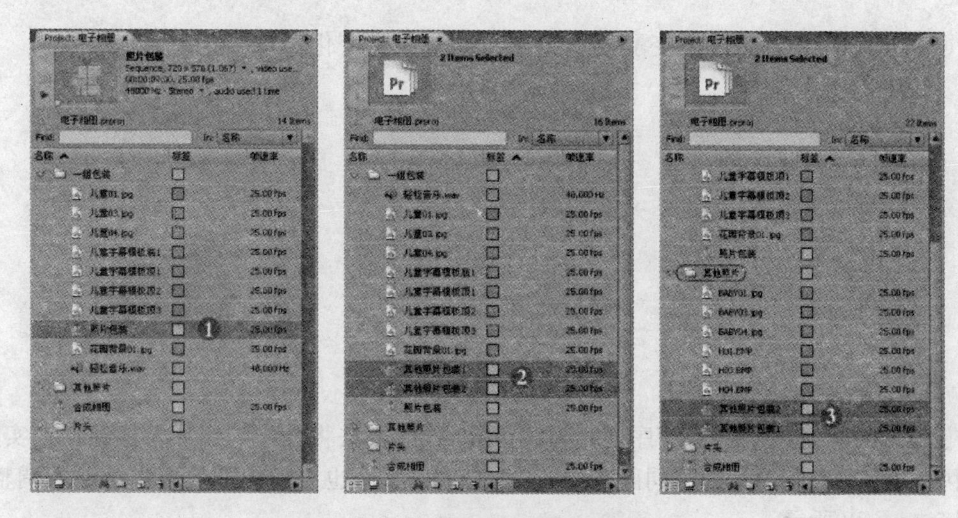

图 5-1-54　复制和移动序列时间线

② 打开“其他照片包装 1”序列时间线，选中需要替换的照片，右键单击，选择【替换素材】|【从素材】菜单，将照片替换，或配合“Alt 键”从项目窗口中将“BABY01. jpg”拖至时间线中的“儿童 01. jpg”上将其替换，如图 5-1-55 所示。

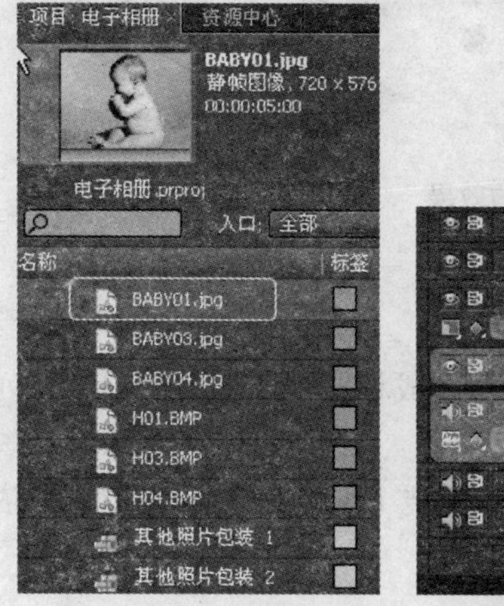

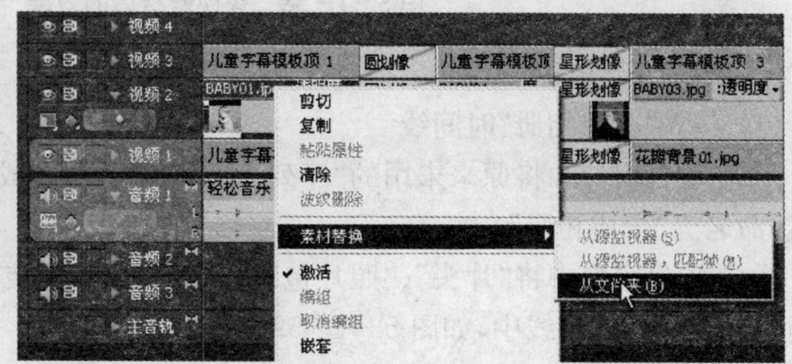

图 5-1-55　替换素材(1)

③ 用同样的方法将其他两幅照片也替换，如图 5-1-56 所示。

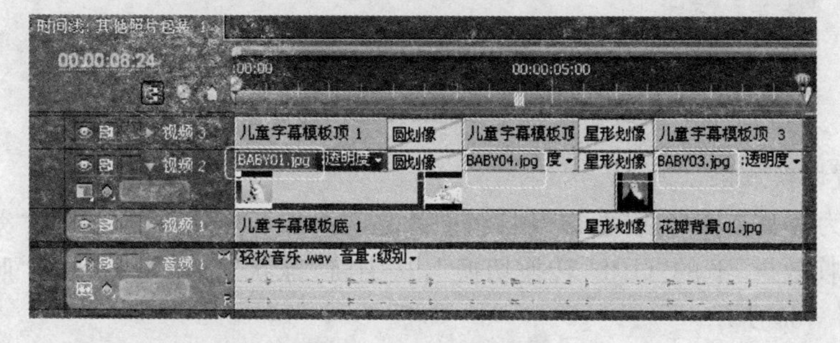

图 5-1-56　替换素材(2)

④ 替换后的照片人物改变了，所设置的效果均没有变化，如图 5-1-57 所示。

图 5-1-57　替换后的效果

⑤ 打开“其他照片包装 2”序列时间线，用同样的方法将其中的照片替换掉。在实际应用中，文字可以随照片的不同而有所改变，照片的大小也要随视觉效果作必要的调整，如图 5-1-58 所示。

图 5-1-58　替换素材后的效果

6. 合成电子相册

(1) 建立“合成相册”时间线

① 在项目窗口中将原来未用的“序列 01”重命名为“合成相册”(或者新建一个序列时间线，命名为“合成相册”)。

② 在项目窗口中将“片头”、“照片包装”、“其他照片包装 1”和“其他照片包装 2”依次拖至“合成相册”时间线中，如图 5-1-59 所示。

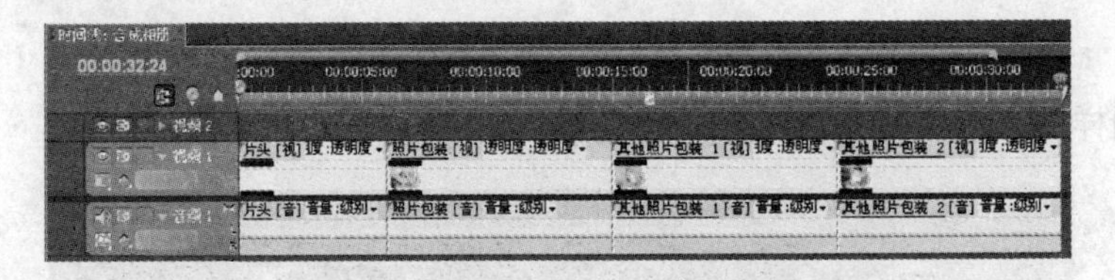

图 5-1-59　建立时间线并放置素材

(2) 设置切换效果

① 可以为片头与照片之间，以及各组照片之间添加切换效果。例如在“效果”窗口中展开“视频切换效果”下的“GPU 转换切换”，从中将“球状”拖至“片头”与“照片包装”之间，如图 5-1-60 所示。

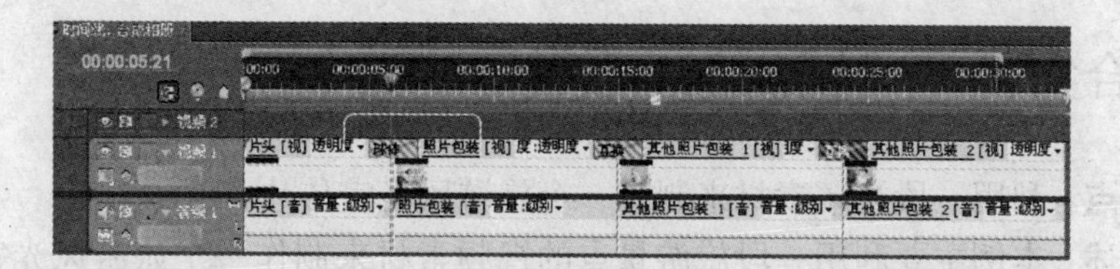

图 5-1-60　添加切换(1)

②“球状”的切换效果,如图 5-1-61 所示。

图 5-1-61　切换效果(1)

③ 在“效果”窗口展开“视频切换”效果下的“滑动”,将“交替”拖至“片头包装”与“其他照片包装 1”之间,以及“其他片头包装 1”与“其他照片包装 2”之间,如图 5-1-62 所示。

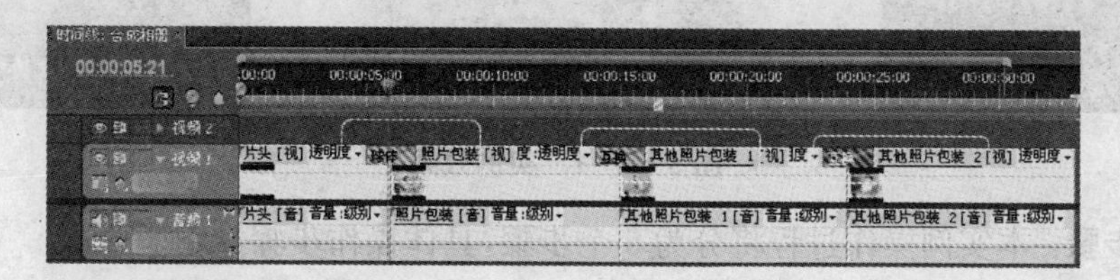

图 5-1-62　添加切换(2)

④“交替”效果如图 5-1-63 所示。

图 5-1-63　切换效果(2)

⑤ 对于照片较多较长,也可以在一组照片与另一组照片之间使用“白场”或“默场”来切换,将照片组分隔开,另外也可以制作简短的片花穿插其中。对于音频部分,实际应用中可以使用较长的、连续的音乐。制作完毕后就可以预览效果或输出成果了。

5.2 综合实训 2 制作旅游宣传片

技术要点：利用一段视频素材来制作一个旅游风光宣传片。

实例概述：本例主要利用一段旅游景点的视频素材来制作一个旅游风光宣传片。素材的长度为 5 分钟，宣传片的标题为“海南之旅”。有三个部分的内容，第一部分为“天涯海角”，第二部分为“海底世界”，第三部分为“海山奇观”。要求制作一个 18 秒长的片头，为三个部分各制作一个 8 秒长的片花。第一部分内容的长度为 1 分钟，片头、片花及内容总长为 3 分 42 秒。另外还需提供相应的三段内容文字简介，同时在制作中还要挑选片头音乐、片花音乐和内容的背景音乐。在大多数宣传片中还有播音员的解说部分，由于篇幅有限及所侧重的专业技术点不属于本书范围，这里暂作忽略。另外宣传片制作中剪辑占有比较大的分量，因此本例中对剪辑操作进行了较多描述。进行完本例的制作后，相信在剪辑操作上读者会总结出自己的经验技巧。实例效果如图 5-2-1 所示。

图 5-2-1 实例效果

制作步骤：本实例操作过程将分为 5 个步骤，具体操作步骤如下所述。

1. 准备素材

(1) 新建项目文件

① 启动 Adobe Premiere Pro CS4 软件，单击【新建项目】按钮新建一个项目文件，打开“新建项目”窗口。

② 在打开的“新建项目”窗口中，展开 DV-PAL，选择国内电视制式通用的 DV-PAL 下的“标准 48 kHz”。

③ 在“位置”项右侧单击【浏览】按钮，打开“浏览文件夹”窗口，新建或选择存放项目文件的目标文件夹，这里为“旅游宣传片”。

④ 在“新建项目”窗口的“名称”项中输入所建项目文件的名称，这里为“旅游宣传片”，单击【确定】按钮完成项目文件的建立，进入 Adobe Premiere Pro CS4 的操作界面。

(2) 导入素材文件

① 选择菜单命令【文件】|【导入】(快捷键为 Ctrl+I 键)导入素材，在弹出的“导入”窗口中，选择“综合实训 2”文件夹中“原始素材. avi”、“片头音乐. wav”、“片花音乐. mp3”和“背景音乐. wma”4 个文件，单击【打开】按钮将其导入项目窗口中，如图 5-2-2 所示。

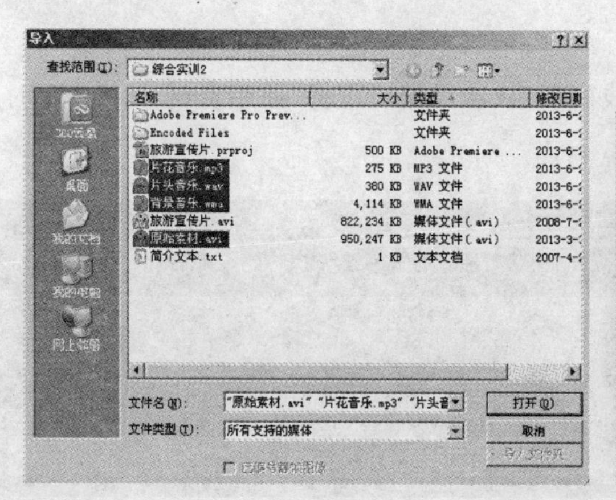

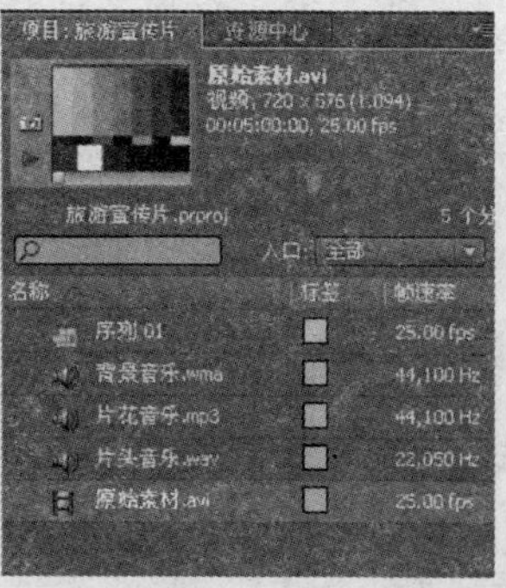

图 5-2-2　导入素材文件

② 在项目窗口中建立好相应的文件夹和时间线，为以后的制作做准备。选择菜单命令【文件】|【新建】|【文件夹】(快捷键为 Ctrl+/键)，在项目窗口中建立一个名为“素材”的文件夹，选择导入的 4 个素材文件，将其拖至“素材”文件夹中。

③ 默认的时间线“序列 01”重新命名为“原始素材剪辑”。

④ 再选择菜单命令【文件】|【新建】|【文件夹】(快捷键为 Ctrl+/键)，在项目窗口中建立一个名为“字幕”的文件夹。

⑤ 同样，在项目窗口中建立一个名为“嵌套时间线”的文件夹。

⑥ 选择菜单命令【文件】|【新建】|【序列】(快捷键为 Ctrl+N 键)，新建一个时间线，将其命名为“旅游宣传片”。

⑦ 同样，在项目窗口中再分别建立“片头”、“片花 1”、“片花 2”和“片花 3”4 个时间线，如图 5-2-3 所示。

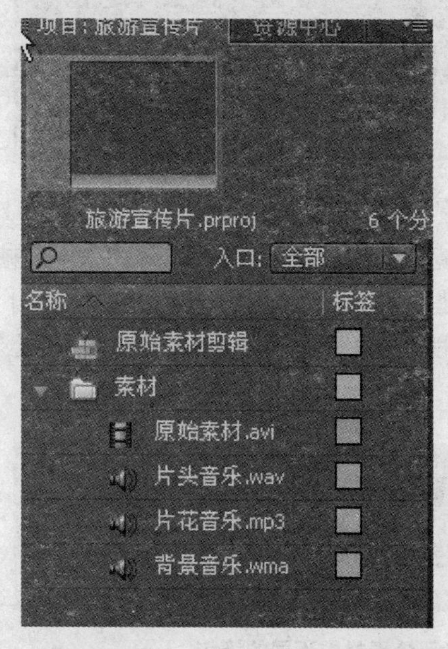

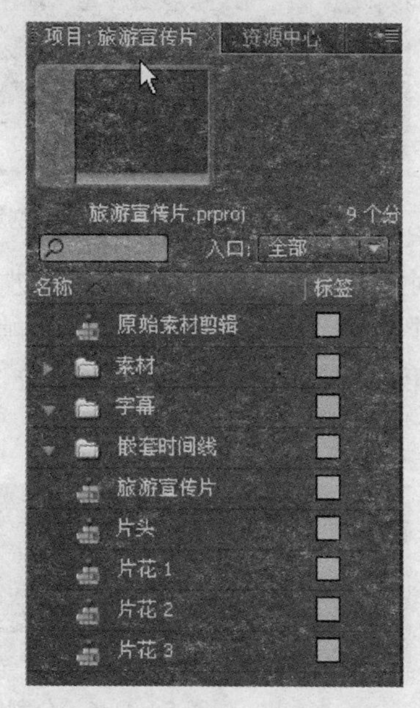

图 5-2-3　建立文件夹和时间线

(3) 剪辑分割原始素材

① 打开"原始素材剪辑"时间线窗口,从项目窗口中将"原始素材.avi"拖至时间线中,如图 5-2-4 所示。

图 5-2-4 素材拖至时间线中

② "原始素材剪辑"是一段长度为"5 分钟"的素材,内容是旅游景区的视频素材,前后各有"5 秒"的彩条,整个视频内容分为三个部分:前约三分之一为"天涯海角"的内容,中间约三分之一为"海底世界"的内容,后面约三分之一为"海山奇观"的内容。不同的内容之间有"黑场"做间隔,其中"海底世界"中的镜头较多,并且有两个黑场将其中的海洋奇异生物、海龟和鱼群分隔开。在时间线中将时间移至主要镜头的分隔点处,按"Ctrl+K 组合键"分割素材。这里先对第一部分"天涯海角"的内容进行镜头分割。一边移动时间线一边预览画面,在"第 5 秒"处彩条和视频之间按"Ctrl+K 组合键"分割开,接着在"26 秒 12 帧"处、"34 秒 05 帧"处、"37 秒 08 帧"处、"39 秒 18 帧"处、"52 秒 22 帧"处、"57 秒 20 帧"处、"1 分 03 秒 03 帧"处、"1 分 09 秒 13 帧"处、"1 分 12 秒 17 帧"处、"1 分 19 秒 14 帧"处、"1 分 25 秒 15 帧"处分割不同镜头的素材,如图 5-2-5 所示。

图 5-2-5 分割第一部分素材中不同的镜头

③ 对第二部分"海底世界"的内容进行镜头分割。依次在"第 1 分 30 秒 15 帧"处、"第 2 分 03 秒 10 帧"处、"第 2 分 08 秒 10 帧"处、"第 2 分 24 秒 01 帧"处、"第 2 分 29 秒 01 帧"处、"第 2 分 33 秒 00 帧"处、"第 2 分 33 秒 03 帧"处、"第 3 分 09 秒 07 帧"处分割主要的镜头素材,如图5-2-6所示。

图 5-2-6 分割第二部分素材中不同的镜头

④ 其中在“第 2 分 33 秒 00 帧”处有一个“3 帧”长度的夹帧画面，在制作中需要注意，这里在其时间所在位置按一下小键盘的“ * 键”添加一个标记点，如图 5 - 2 - 7 所示。

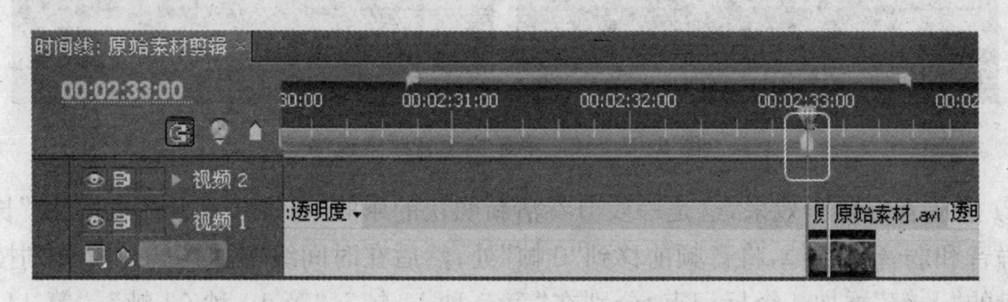

图 5 - 2 - 7　在夹帧画面处添加标记点

⑤ 对第三部分“海山奇观”的内容进行镜头分割。依次在“第 3 分 14 秒 07 帧”处、“第 3 分 18 秒 16 帧”处、“第 3 分 24 秒 18 帧”处、“第 3 分 33 秒 24 帧”处、“第 3 分 42 秒 19 帧”处、“第 3 分 50 秒 07 帧”处、“第 4 分 01 秒 05 帧”处、“第 4 分 10 秒 03 帧”处、“第 4 分 26 秒 18 帧”处、“第 4 分 34 秒 14 帧”处、“第 4 分 43 秒 08 帧”处、“第 4 分 55 秒 00 帧”处分割不同镜头的素材，如图5 - 2 - 8所示。

图 5 - 2 - 8　分割第三部分素材中不同的镜头

⑥ 其中在“第 4 分 01 秒 05 帧”处的画面开始有几帧的晃动，在制作中需要注意，所以这里在“第 4 分 02 秒 10 帧”处也将其分割开。在其时间所在位置也按一下小键盘的“ * 键”添加一个标记点，如图 5 - 2 - 9 所示。

图 5 - 2 - 9　在晃动画面处添加标记点

2. 制作片头

(1) 准备片头音乐

① 在项目窗口中双击“片头”打开其时间线窗口，从项目窗口中的“素材”文件夹下将“片头音乐. wav”拖至“片头”时间线的音频轨道中。因为这是一个单声道的音频文件，所以被放置到新添加的“音频 4”单声道音频轨道中。可以将右侧的滑条下拉将其轨道的显示上移以方便查看和操作，如图 5 - 2 - 10 所示。

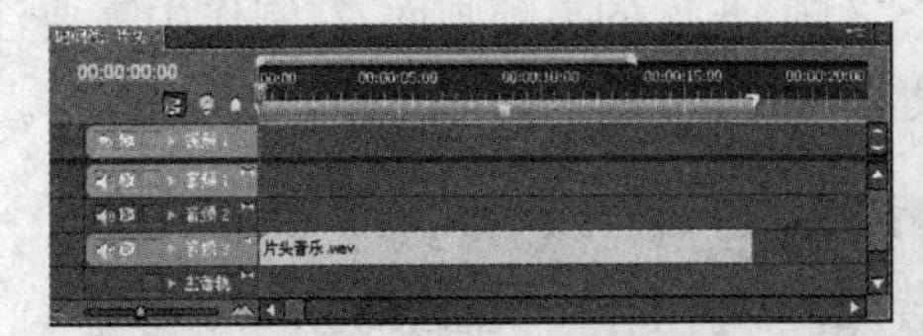

图 5－2－10　音乐拖至音频轨道中

② 播放音频预听效果，这是一段节奏清新明快的乐曲，可以将其开始处“1 秒”长度的部分静音和弱音剪切掉，将音频前移到“0 帧”处，然后在时间线中适当的位置分别按一下小键盘的“＊键”添加 4 个标记点，分别在“第 5 秒 11 帧”、“第 10 秒 03 帧”、“第 14 秒 10 帧”及“第 18 秒 00 帧”处。这样将“0 到 18 秒”之间分为 4 段，其中第一段准备制作“天涯海角”的内容，第二段准备制作“海底世界”的内容，第三段准备制作“海山奇观”的内容，第四段为显示标题字幕的时间段，如图 5－2－11 所示。

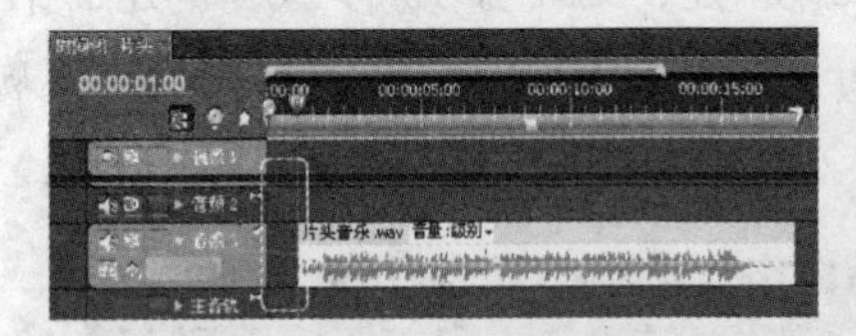

图 5－2－11　给音乐分段并添加标记点

(2) 准备片头第一部分素材

① 打开“原始素材剪辑”时间线窗口，从中选择一部分镜头用来作为制作片头的素材。先选择“天涯海角”的镜头，依次为前面剪辑分割过的“第 26 秒 12 帧”、“第 5 秒 00 帧”、“第 1 分 09 秒 13 帧”和“第 1 分 12 秒 17 帧”四个镜头素材。将这四个镜头素材选中后按“Ctrl＋C 组合键”复制，然后打开“片头”时间线窗口，选中“视频 1”轨道，按“Ctrl＋V 组合键”粘贴，将这四个素材放置到“视频 1”轨道中，并按需要的先后顺序放置，如图 5－2－12 所示。

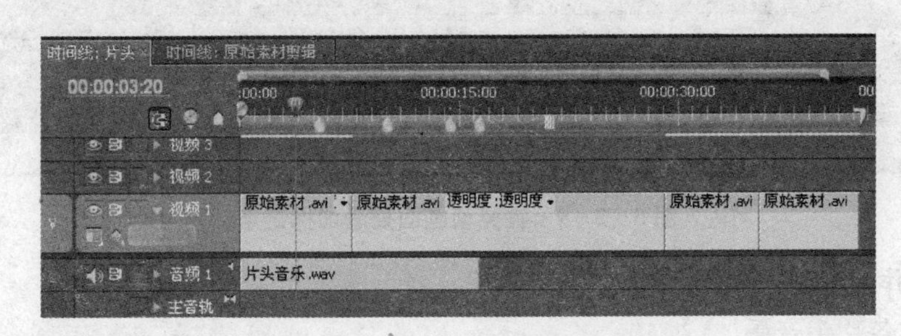

图 5－2－12　放置第一部分待剪辑素材

② 分别剪辑这四个镜头。在“第 4 分 18 秒”处分割第一个镜头，将前一部分速度设为“800％”，素材变短，将后一部分连接在前一部分之后，速度设为“70％”，并在“第 2 秒 02 帧”处分割开，删除后面部分，如图 5－2－13 所示。

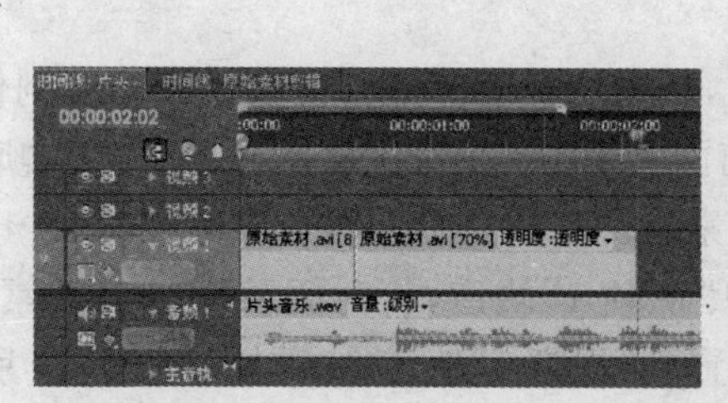

图 5-2-13　剪辑第一个镜头

③ 将第二个镜头拖至“视频 2”轨道中的“第 1 秒 15 帧”处，然后在“第 3 秒 07 帧”处将其分割开并删除后一部分。其与“视频 1”轨道中素材重叠部分用来在后面制作中添加切换，如图 5-2-14 所示。

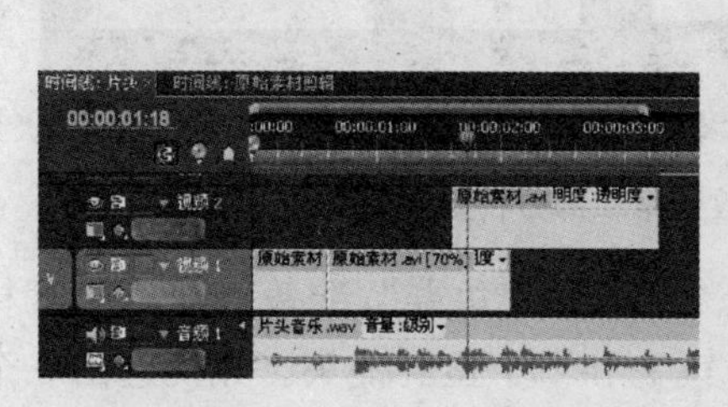

图 5-2-14　剪辑第二个镜头

④ 将第三个镜头拖至“视频 1”轨道中“第 2 秒 20 帧”处，速度设为“50%”，且在“第 5 秒”处分割开并删除后一部分，如图 5-2-15 所示。

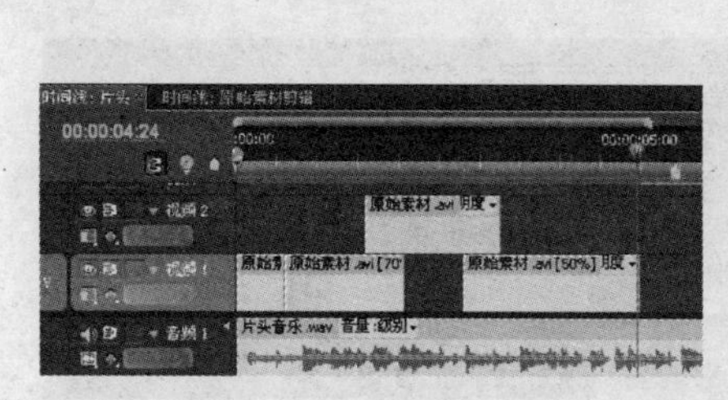

图 5-2-15　剪辑第三个镜头

⑤ 将第四个镜头拖至“视频 2”轨道中“第 4 秒 12 帧”处，且在“第 5 秒 23 帧”处分割开并删除后一部分，如图 5-2-16 所示。

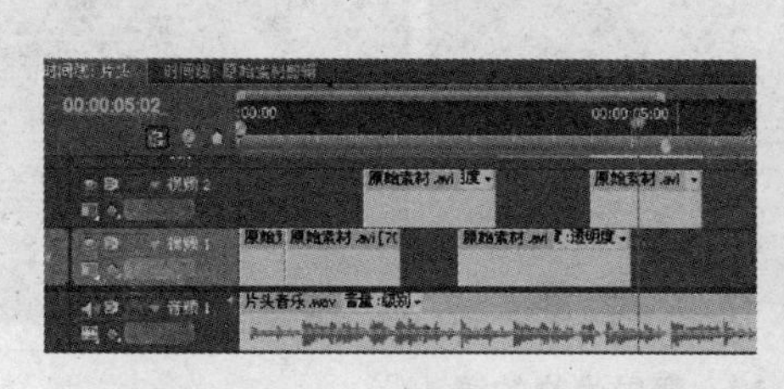

图 5-2-16　剪辑第四个镜头

(3) 准备片头第二部分素材

① 打开"原始素材剪辑"时间线窗口,从中选择第二部分镜头用来作为制作片头的素材。先选择"海底世界"的镜头,依次为前面剪辑分割过的"第 1 分 30 秒 15 帧"、"第 2 分 08 秒 10 帧"和"第 2 分 33 秒 03 帧"三段素材。将这三段素材选中后按"Ctrl+C 组合键"复制,然后打开"片头"时间线窗口,选中"视频 1"轨道,将时间移至已有的素材之后,按"Ctrl+V 组合键"粘贴,将这三段素材放置到"视频 1"轨道中,如图 5-2-17 所示。

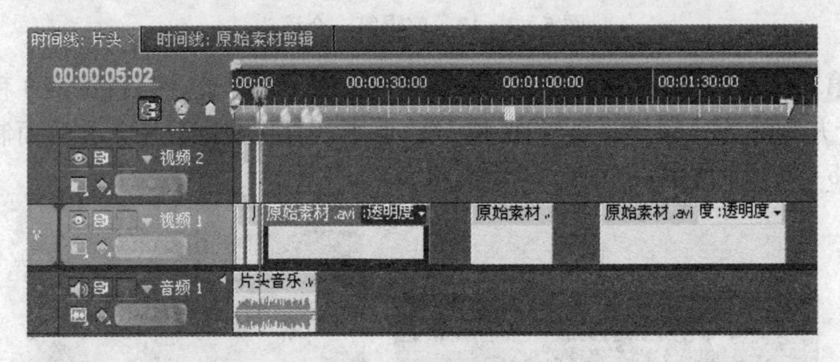

图 5-2-17　放置第二部分待剪辑素材

② 这段素材分别为"海洋奇异生物"、"海龟"和"鱼群",准备对这三段素材进一步处理,剪辑 3 个海洋奇异生物镜头、2 个海龟镜头和 2 个鱼群镜头。先挑选出 3 个海洋奇异生物镜头。将第一段素材移至"第 5 秒 11 帧"处,然后在"7 秒 06 帧"、"28 秒 05 帧"、"28 秒 11 帧"、"37 秒 13 帧"处分割开,并分别在分割开的两段长素材上单击鼠标右键,在弹出的菜单中选择【波纹删除】命令,删除这两段,这样挑选出 3 个海洋奇异生物镜头,时间线中所放置的时间范围为从"5 秒 11 帧"至"8 秒 05 帧",如图 5-2-18 所示。

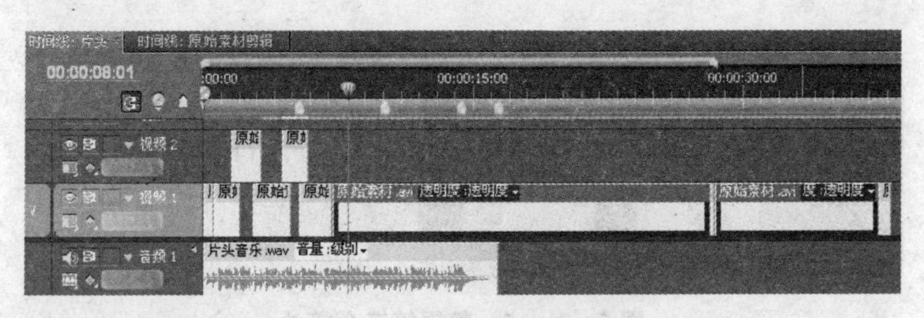

图 5-2-18　剪辑出奇异生物镜头

③ 这 3 个镜头分别如图 5-2-19 所示。

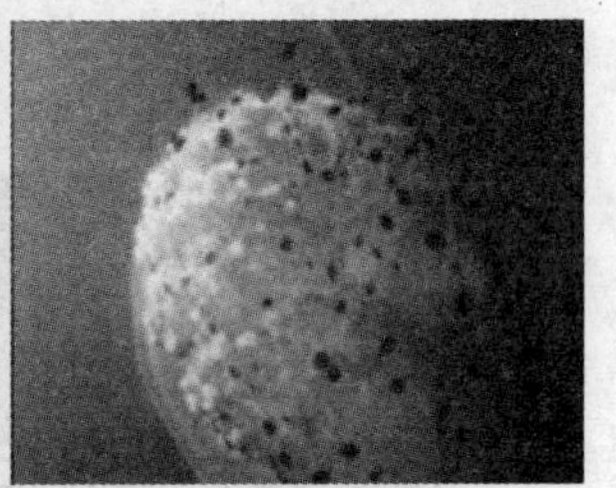

图 5-2-19　奇异生物的镜头

④ 在时间线中将第二段素材的海龟镜头移至“第 8 秒 05 帧”，在“8 秒 12 帧”、“19 秒 11 帧”及“19 秒 19 帧”处分割开，在分割开的这四段素材的第二、第四段上单击鼠标右键，在弹出的菜单中选择【波纹删除】命令，删除这两段，这样挑选出两个海洋海龟镜头，时间线中所放置的时间范围为从“8 秒 05 帧”至“8 秒 20 帧”，如图 5－2－20 所示。

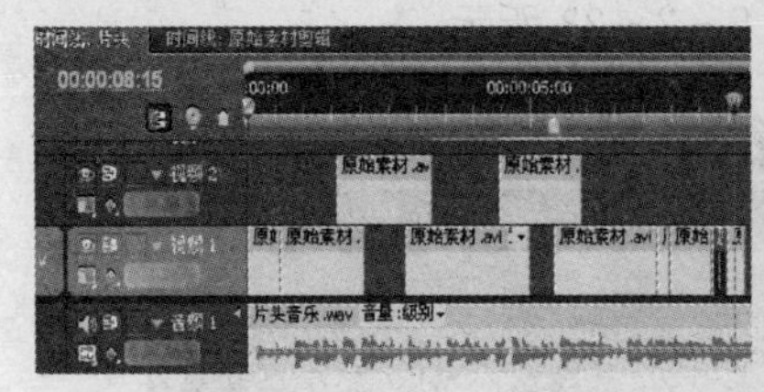

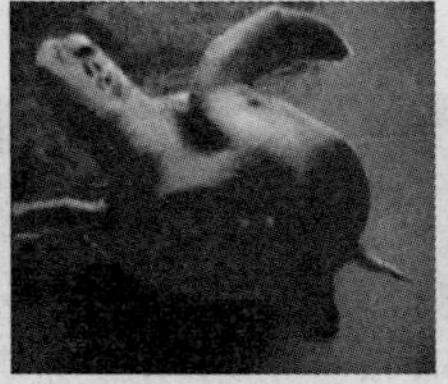

图 5－2－20　剪辑出海龟镜头

⑤ 再挑选出两个鱼群镜头。将第三段素材移至前面剪辑好的素材之后，即“8 秒 20 帧”处。在“第 9 秒 15 帧”、“第 37 秒 00 帧”、“第 37 秒 13 帧”处将其分割开，并分别在分割开的两段长素材上单击鼠标右键，在弹出的菜单中选择【波纹删除】命令，删除这两段，这样挑选出两个鱼群镜头，时间线中所放置的时间范围为从“8 秒 20 帧”至“10 秒 03 帧”，如图 5－2－21 所示。

图 5－2－21　剪辑出鱼群镜头

(4) 准备片头第三部分素材

① 打开“原始素材剪辑”时间线窗口，从中选择第三部分镜头用来作为制作片头的素材。先选择“海山奇观”的镜头，依次为前面剪辑分割过的“第 3 分 33 秒 24 帧”、“第 3 分 18 秒 16 帧”、“第 3 分 14 秒 07 帧”、“第 3 分 24 秒 18 帧”、“第 3 分 50 秒 07 帧”和“第 4 分 43 秒 08 帧”6 个镜头的素材。将这些素材选中后按“Ctrl＋C 组合键”复制，然后打开“片头”时间线窗口，选中“视频 1”轨道，将时间移至已有的素材之后，按“Ctrl＋V 组合键”粘贴，将这 6 段素材放置到“视频 1”轨道中，并按需要的先后顺序放置，调整顺序后的素材如图 5－2－22 所示。

图 5－2－22　放置第三部分待剪辑的素材

② 确认这些素材的顺序已调整，首尾相接放置在“视频 1”轨道中的“第 10 秒 03 帧”处。先挑选前三个镜头。将时间移至“第 16 秒 00 帧”、“第 16 秒 03 帧”、“19 秒 02 帧”和“25 秒 06 帧”处将其分割开，保留分割开的三个较短的镜头，将前三个镜头中分割出的另外四段较长的部分用【波纹删除】的命令删除，这样挑选出前三个镜头，时间线中所放置的时间范围从“10 秒 03 帧”至“10 秒 16 帧”，如图 5-2-23 所示。

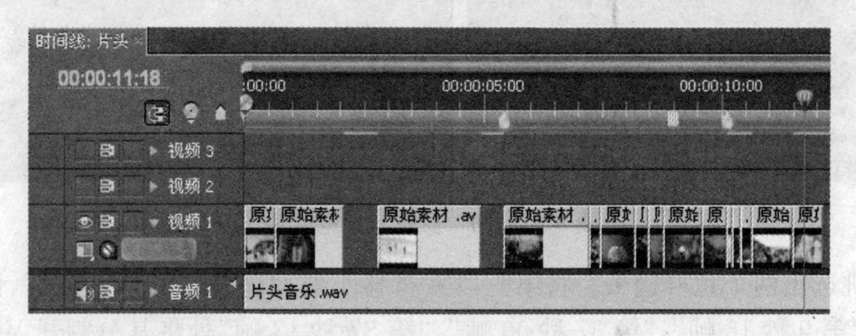

图 5-2-23　剪辑出前三个镜头

③ 这三个镜头分别如图 5-2-24 所示。

图 5-2-24　前三个镜头

④ 挑选第四个镜头，确认这段素材连接在“第 10 秒 16 帧”处，在“第 15 秒 23 帧”和“第 19 秒 06 帧”处将其分割成三段，选择【波纹删除】命令删除前一段，将第二段的速度设为“400%”，第三段连接其后。这样挑选出由两段组成的前快后慢的第四个镜头，时间线中所放置的时间范围从“10 秒 16 帧”至“12 秒 03 帧”，如图 5-2-25 所示。

图 5-2-25　剪辑出第四个镜头

⑤ 挑选第五个镜头，将第五个镜头素材移至“视频 2”轨道的“第 11 秒 16 帧”处，在“第 13 秒 19 帧”处剪切开并删除后一部分，如图 5-2-26 所示。

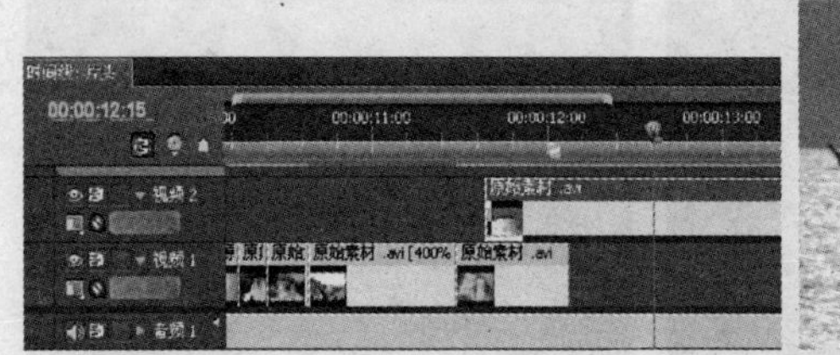

图 5-2-26　剪辑出第五个镜头

⑥ 挑选第六个镜头，将第六个镜头素材移至“视频 1”轨道的“第 13 秒 07 帧”处，在“第 18 秒 00 帧”处剪切开并删除后一部分，如图 5-2-27 所示。

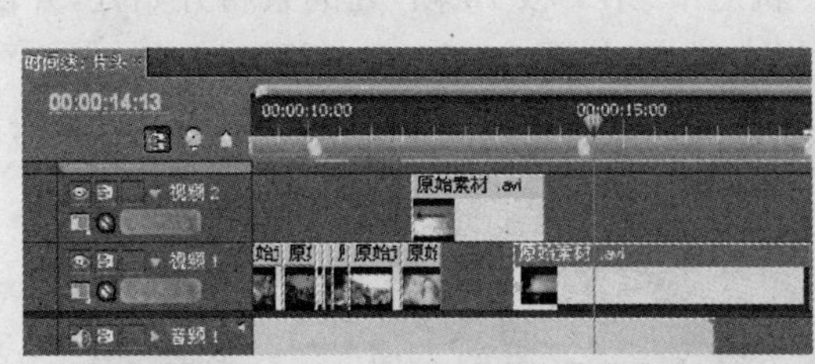

图 5-2-27　剪辑出第六个镜头

(5) 为片头素材调整亮度和添加切换

① 在预览素材的效果时，会发现“海底世界”部分的素材亮度较暗，对比度不高，需要将其调亮一些。打开“效果”窗口，展开“视频特效”下的“调整”，将其下的“自动对比度”拖至时间线中 6 秒至 10 秒之间“海底世界”部分的素材上，为其添加自动对比度效果，改善画面效果，如图 5-2-28 所示。

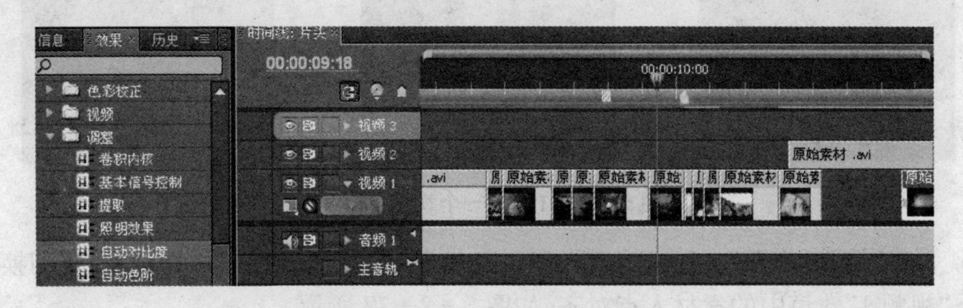

图 5-2-28　添加自动对比度

② 查看添加“自动对比度”效果前后的对比，如图 5-2-29 所示。

图 5－2－29　效果前后的对比

③ 为有重叠部分的素材添加切换效果。打开“效果”窗口，展开“视频切换效果”下的“擦除”，在其下将“擦除”拖至“视频 2”轨道中“第 1 秒 15 帧”处的素材开始处，并设置切换的长度与其下“视频 1”轨道中的素材出点对齐，如图 5－2－30 所示。

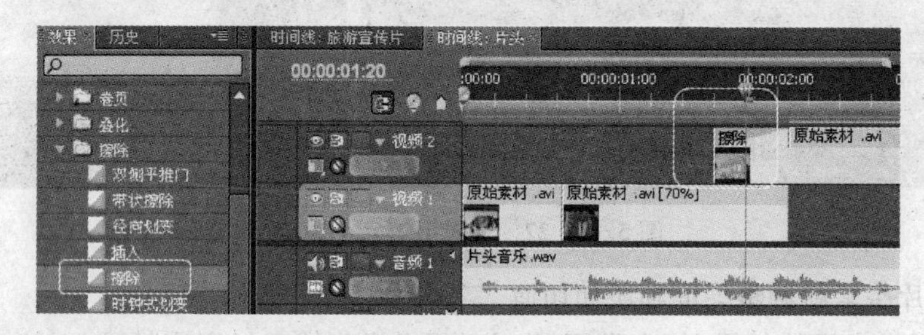

图 5－2－30　添加第一个切换

④ 切换效果是一个从左向右的水平擦除效果，如图 5－2－31 所示。

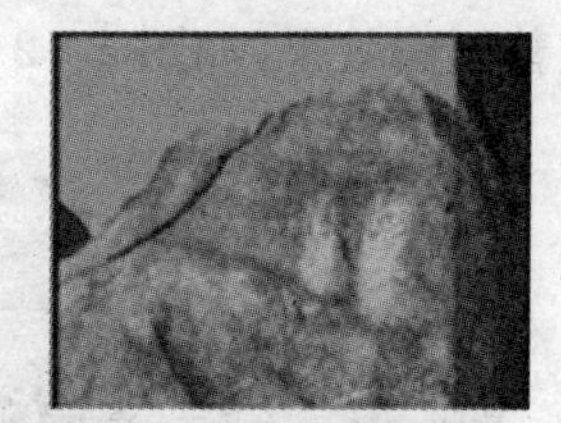

图 5－2－31　第一个切换的效果

⑤ 再将“擦除”拖至“视频 2”轨道“3 秒 07 帧”处的这段素材结束处，并设置切换长度与其下“视频 1”轨道中的素材入点对齐，如图 5－2－32 所示。

图 5－2－32　添加第二个切换

⑥ 在时间线中选中这个“擦除”切换，在其“效果控制”窗口中将其“擦除”下的“反转”勾选，反转切换的方向，切换效果从右向左水平擦除，如图 5－2－33 所示。

图 5－2－33　反转切换的方向

⑦ 在“视频切换效果”下的“擦除”中，将“渐变擦除”拖至“视频 2”轨道中“第 4 秒 12 帧”处的素材开始处，并设置切换的长度与其下“视频 1”轨道中的素材出点对齐，如图 5－2－34 所示。

图 5－2－34　添加第三个切换

⑧ 切换效果是一个从左上方向右下方的渐变擦除效果，如图 5－2－35 所示。

图 5－2－35　第三个切换效果

⑨ 同样，在“视频 2”轨道中“第 4 秒 12 帧”处的素材结束处，添加“渐变擦除”，设置切换的长度与其下“视频 1”轨道中的素材出点对齐。在时间线中选中这个“渐变擦除”切换，在其“效果控制”窗口中将其“渐变擦除”下的“反转”勾选，使切换效果的方向反向。

⑩ 最后为“视频 2”轨道中“第 11 秒 16 帧”处的素材也添加“渐变擦除”切换，并做相同的设置，如图 5－2－36 所示。

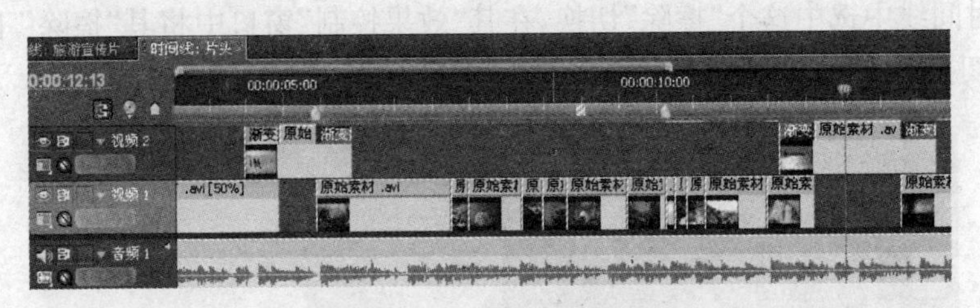

图 5-2-36　添加其他切换

(6) 为片头素材建立字幕

① 选择菜单命令【文件】|【新建】|【字幕】新建一个字幕，将其命名为“ptzm1”，选择“文字工具”在窗口中建立文字“天涯海角”，为其设置合适的“字体”、“大小”、“颜色”等。这里设置其字体为“菱形字体”，字体大小为“40”，字距为“50”，倾斜为“15°”，“填充”下的色彩为“RGB(0,118,255)”。展开“描边”，单击其下面“外侧边”后面的“添加”，将添加的“外侧边”的尺寸设为“40”，色彩设为“白色”，如图 5-2-37 所示。

图 5-2-37　新建第一个字幕

② 用“文字工具”单独选择其中的“海”字，设置其字体为“胖娃体”，字体大小为“60”，倾斜为“0°”，“填充”下的色彩为“RGB(255,96,0)”，外侧边不变，如图 5-2-38 所示。

图 5-2-38　设置字幕

③ 选择菜单命令【文件】|【新建】|【字幕】新建一个字幕，将其命名为“ptzm2”，选择“文字工具”在窗口中建立文字“海底世界”，为其设置合适的“字体”、“大小”、“颜色”等。这里设置其字体为“大黑体”，字体大小为“40”，字距为“50”，“填充”下的色彩为“RGB(45,120,0)”。展开“描边”，单击其下面“外侧边”后面的“添加”，将添加的“外侧边”的尺寸设为“40”，色彩设为“白色”，如图 5-2-39 所示。

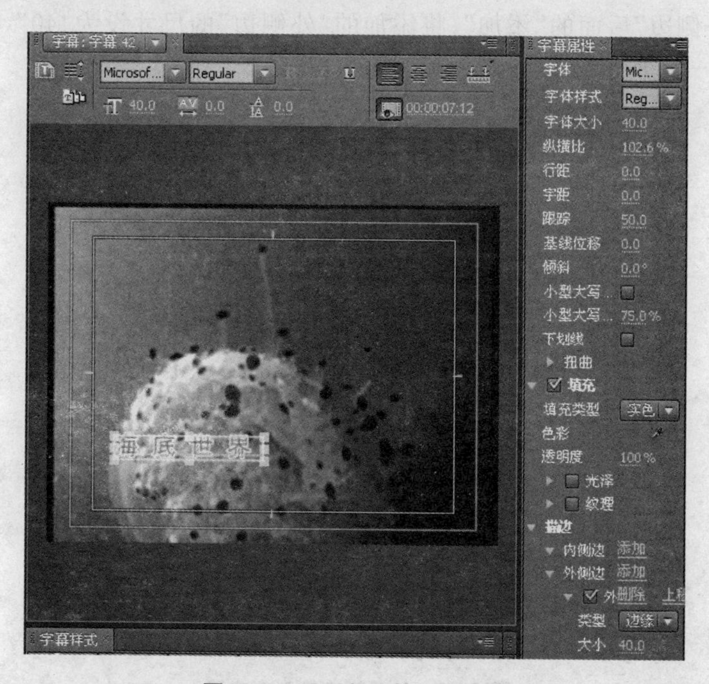

图 5-2-39　新建第二个字幕

④ 用“文字工具”单独选择其中的“海”字，设置其字体为“胖娃体”，字体大小为“60”，“填充”下的色彩为“RGB(0,118,255)”，外侧边不变，如图 5-2-40 所示。

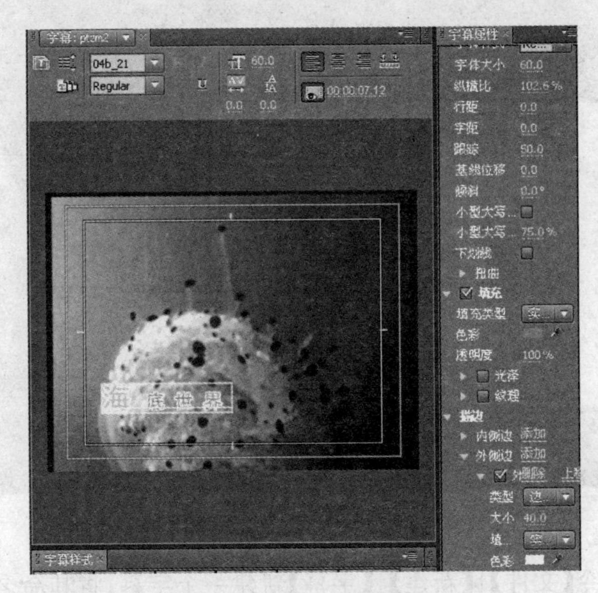

图 5-2-40　设置字幕

⑤ 选择菜单命令【文件】|【新建】|【字幕】新建一个字幕，将其命名为“ptzm3”，选择“文字工具”在窗口中建立文字“海山奇观”，为其设置合适的“字体”、“大小”、“颜色”等。这里设置其字体为“粗黑体”，字体大小为“40”，“填充”下的色彩为“黑色”。展开“描边”，单击其下面“外侧边”后面的“添加”，将添加的“外侧边”的尺寸设为“40”，色彩设为“白色”，如图 5-2-41 所示。

图 5-2-41　新建第三个字幕

⑥ 用“文字工具”单独选择其中的“海”字，设置其字体为“胖娃体”，字体大小为“70”，倾斜为“15°”，“填充”下的色彩为“RGB(255,245,0)”，“外侧边”下将色彩设为“黑色”，如图 5-2-42 所示。

图 5-2-42　设置字幕

⑦ 选择菜单命令【文件】|【新建】|【字幕】新建一个字幕，将其命名为“ptzm4”，选择“文字工具”在窗口中建立文字“海南之旅”，为其设置合适的“字体”、“大小”、“颜色”等。这里设置其字体为“黄草”字体，字体大小为“80”，“填充”下的色彩为“RGB(215,60,0)”。展开“描边”，单击其下面“外侧边”后面的“添加”，将添加的“外侧边”的类型设为“凸出”，尺寸设为“30”，色彩设为“白色”。勾选【阴影】，将其颜色设为“黑色”，距离设为“5”，如图 5-2-43 所示。

图 5-2-43　新建第四个字幕

⑧ 选择“文字工具”在窗口中文字“海南之旅”的下部建立字母“hainanzhilü”，为其设置合适的“字体”、“大小”、“颜色”等。这里设置其字体为“Lithos Pro 英文字体”，字体大小为“30”，“填充”下的色彩为“RGB(215,60,0)”。展开“描边”，单击其下面“外侧边”后面的“添加”，将添加的“外侧边”的类型设为“凸出”，尺寸设为“30”，角度为“330°”，色彩设为“白色”，如图 5-2-44 所示。

图 5-2-44　设置第四个字幕字母部分

(7) 为片头画面放置字幕

① 在项目窗口中将“ptzm1”拖至时间线“视频 3”轨道中的“第 1 秒 15 帧”处，并将其出点设为“第 5 秒 11 帧”处。

② 在项目窗口中将“ptzm2”拖至时间线“视频 3”轨道中的“第 5 秒 23 帧”处，并将其出点设为“第 9 秒 15 帧”处。

③ 在项目窗口中将“ptzm3”拖至时间线“视频 3”轨道中的“第 10 秒 12 帧”处，并将其出点设为“第 13 秒 19 帧”处。

④ 在项目窗口中将“ptzm4”拖至时间线“视频 3”轨道中的“第 14 秒”处，并将其出点设为“第 18 秒”处，如图 5－2－45 所示。

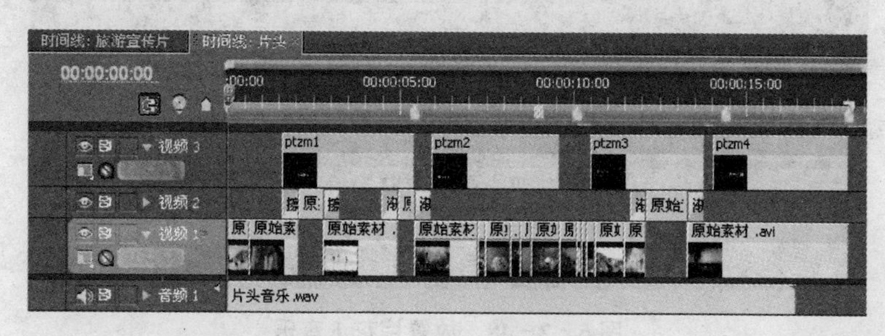

图 5－2－45　放置字幕

⑤ 打开“效果”窗口，展开“视频切换效果”下的“擦除”，在其下将“渐变擦除”拖至“视频 3”轨道中第 1 个字幕“天涯海角”的开始处，并设置切换的长度为“1 秒”。同样，将前三个文字的开始和结束处添加“1 秒”长度的“渐变擦除”切换，为第四个文字的开始处添加一个长为“1 秒 12 帧”的“渐变擦除”切换，如图 5－2－46 所示。

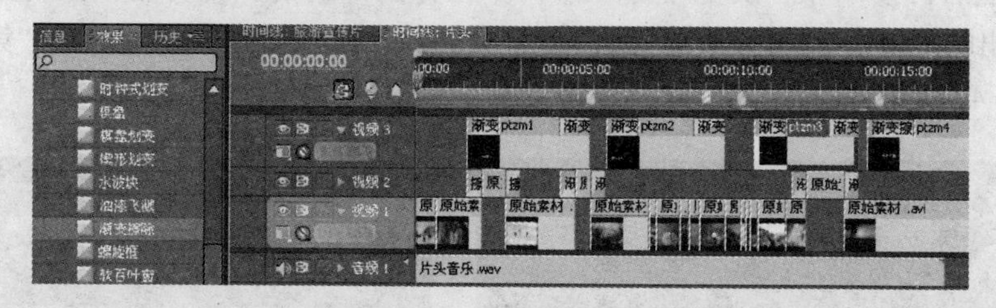

图 5－2－46　为字幕添加切换

⑥ 切换效果是一个从左向右的擦除效果，如图 5－2－47 所示。

图 5－2－47　字幕切换效果

3. 制作片花1

(1) 准备片花1音乐

① 以下要制作三个片花,先准备片花1的音乐。在项目窗口中双击"片花1"打开其时间线窗口,从项目窗口中的"素材"文件夹下将"片花音乐.mp3"拖至"片花1"时间线的"音频1"轨道中。这个音频长度有11秒多,不过在开始和结尾处有部分长度没有声音,如图5-2-48所示。

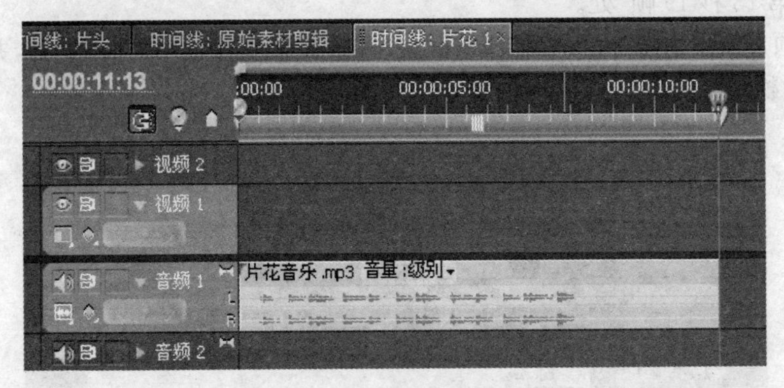

图5-2-48 放置片花1音乐

② 播放音频预听效果,这是一段节奏较强的乐曲,准备制作一个总长为"10秒"的片花,片花中的小标题文字从约"6秒"处出现,音乐部分只需要"6秒"左右,约在"6至8秒"处显示停留的片花小标题文字,最后多出"2秒"是为以后的切换的重叠部分作准备。这里将音频的前面一部分去掉。将时间移至"第1秒21帧"处,按"C键"选择"剃刀工具"将其分割开,然后再按"V键"恢复"选择工具"。在分割开的前一部分音频素材上单击鼠标右键,在弹出的菜单中选择【波纹删除】命令将其删除,同时后面的素材前移至"第0帧"处,如图5-2-49所示。

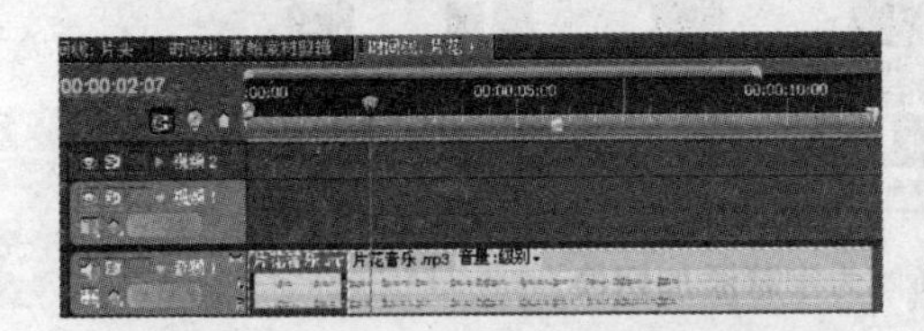 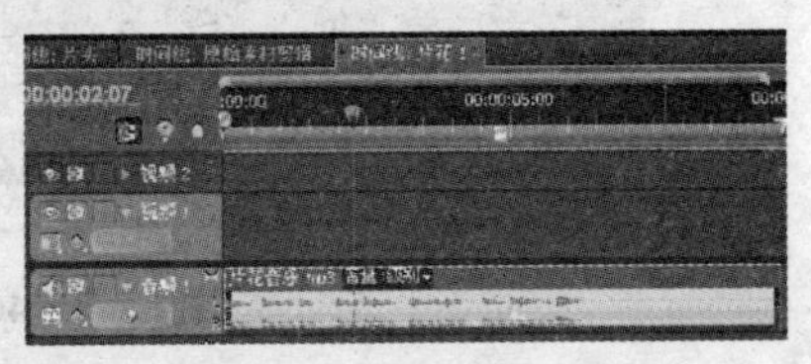

图5-2-49 剪辑音乐

③ 监听和分析这段音乐,然后在时间线中适当的位置分别按一下小键盘的"＊键"添加三个标记点,分别在"第2秒"、"第5秒20帧"及"第10秒"处。准备制作一个4个画中画的画面,在"第2秒"处从中间出现了一个光盘形状的圆形画中画,然后在"第50秒20帧"处出现片花小标题文字,整个片花到"第10秒"处结束,如图5-2-50所示。

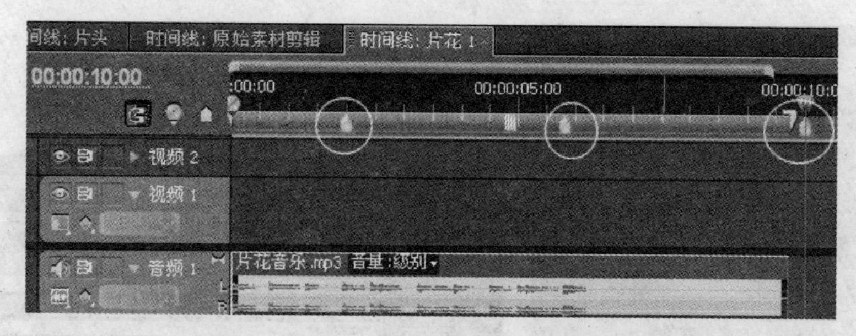

图 5-2-50　为音乐分段并添加标记点

(2) 建立“片花 1-1”时间线

① 选择菜单命令【文件】|【新建】|【序列】(快捷键为 Ctrl+N 键)新建一个时间线，将其命名为“片花 1-1”，准备在其中制作 4 个同屏显示的画中画效果，因此为其添加一个“视频 4”轨道。

② 在项目窗口中双击“原始素材. avi”，将其在素材源窗口中打开，将时间移至“第 5 秒”处，单击【设置入点】按钮，再将时间移至“第 14 秒 24 帧”处，单击【设置出点】按钮。这样挑选出第一段“10 秒”长的素材。在“片花 1-1”时间线窗口中选中“视频 1”轨道，并将时间移至“第 0 帧”处，然后在素材源窗口中单击【覆盖】按钮将素材添加到时间线的“视频 1”轨道中，如图 5-2-51 所示。

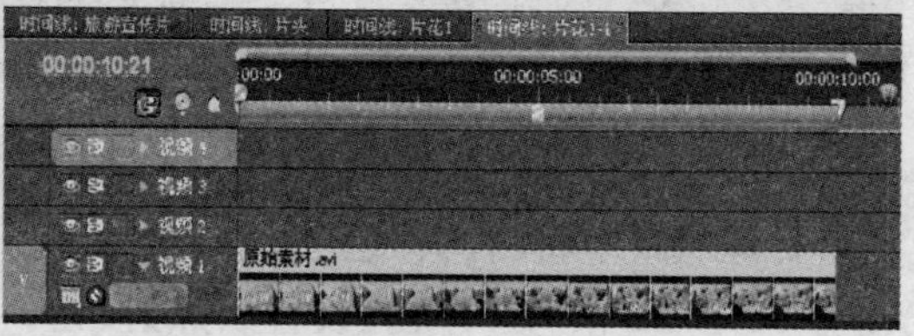

图 5-2-51　挑选第一段素材

③ 在素材源窗口中将时间移至“第 22 秒 10 帧”处，单击【设置入点】按钮，再将时间移至“第 32 秒 09 帧”处，单击【设置出点】按钮。这样挑选出第二段素材。在“片花 1-1”时间线窗口选中“视频 2”轨道，并将时间移至“第 0 帧”处，然后在素材源窗口单击素材添加到时间线的“视频 2”轨道中，如图 5-2-52 所示。

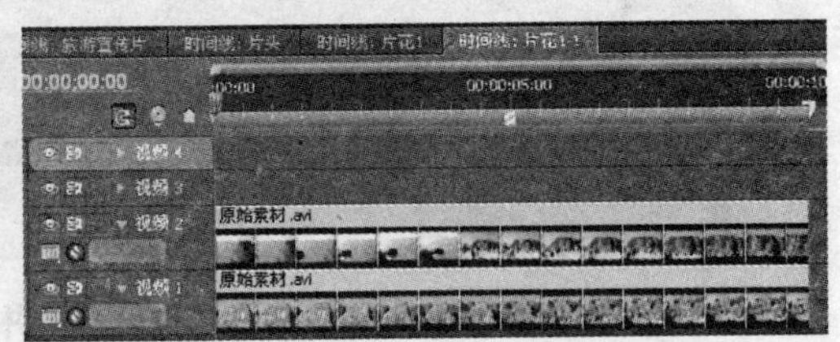

图 5-2-52　挑选第二段素材

④ 在素材源窗口中将时间移至“第 34 秒 05 帧”处，单击【设置入点】按钮，再将时间移至“第 44 秒 04 帧”处，单击【设置出点】按钮。这样挑选出第三段素材。在“片花 1-1”时间线窗口中选中“视频 3”轨道，并将时间移至“第 0 帧”处，然后在素材源窗口中单击【覆盖】按钮将素材添加到时间线的“视频 3”轨道中，如图 5-2-53 所示。

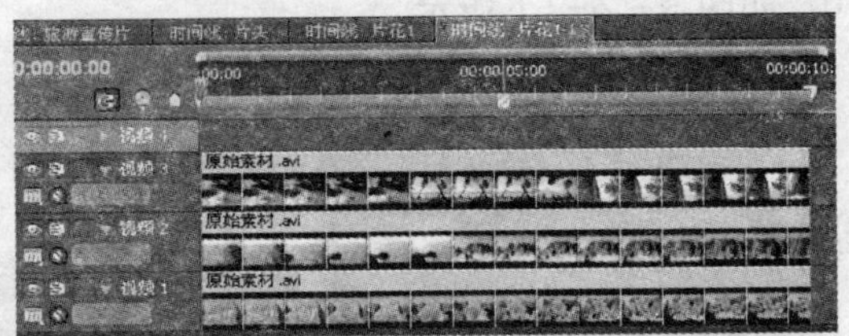

图 5-2-53　挑选第三段素材

⑤ 在素材源窗口中将时间移至“第 52 秒 22 帧”处，单击【设置入点】按钮，再将时间移至“第 1 分 02 秒 21 帧”处，单击【设置出点】按钮。这样挑选出第四段素材。在“片花 1-1”时间线窗口中选中“视频 4”轨道，并将时间移至“第 0 帧”处，然后在素材源窗口中单击【覆盖】按钮将素材添加到时间线的“视频 4”轨道中，如图 5-2-54 所示。

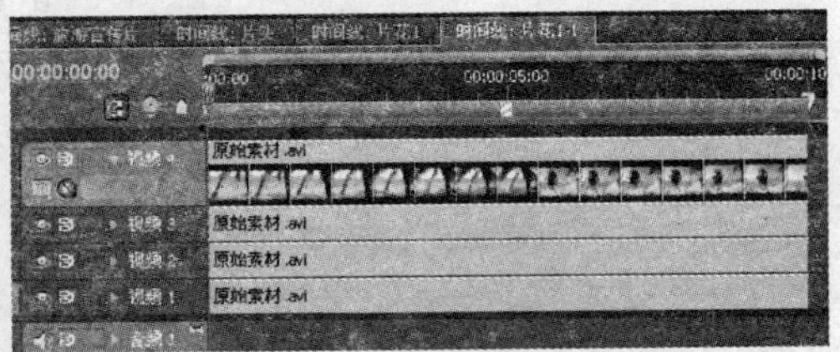

图 5-2-54　挑选第四段素材

⑥ 在时间线中选择“视频 4”轨道中的素材，在其“效果控制”窗口中设置其“大小”和“位置”，在“运动”下设置如下，比例为“48”，位置为“530，422”，如图 5－2－55 所示。

图 5－2－55　设置第四段素材大小和位置

⑦ 在时间线中选择“视频 3”轨道中的素材，在其“效果控制”窗口中的“运动”下设置如下，比例为“48”，位置为“190，422”，如图5－2－56所示。

图 5－2－56　设置第三段素材大小和位置

⑧ 在时间线中选择“视频 2”轨道中的素材，在其“效果控制”窗口中的“运动”下设置如下，比例为“48”，位置为“530，154”，如图5－2－57所示。

图 5－2－57　设置第二段素材大小和位置

⑨ 在时间线中选择“视频 1”轨道中的素材，在其“效果控制”窗口中的“运动”下设置如下，比例为“48”，位置为“190，154”，如图5－2－58所示。

图 5－2－58　设置第一段素材大小和位置

(3) 建立“片花 1－2”时间线

① 选择菜单命令【文件】|【新建】|【序列】(快捷键为 Ctrl＋N 键)新建一个时间线，将其命名为“片花 1－2”，准备在其中制作一个圆形光盘状的画中画效果。

② 在项目窗口中双击“原始素材. avi”，将其在素材源窗口中打开，将时间移至“第 1 分 16 秒 15 帧”处，单击【设置入点】按钮，再将时间移至“第 1 分 25 秒 14 帧”处，单击【设置出点】按钮。这样挑选出这段 9 秒长的素材。在“片花 1－2”时间线窗口中选中“视频 1”轨道，并将时间移至“第 0 帧”处，然后在素材源窗口中单击【覆盖】按钮将素材添加到时间线的“视频 1”轨道中，如图 5－2－59 所示。

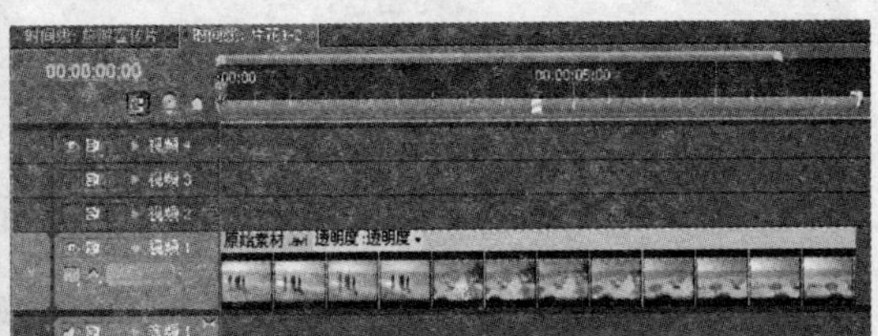

图 5－2－59　挑选 9 秒长的素材

③ 选择菜单命令【文件】|【新建】|【字幕】(快捷键为 Ctrl＋T 键)新建一个字幕文件，命名为“ph 圆形轮廓”，在字幕窗口中选择“椭圆工具”建立一个大圆，取消其“填充”，展开其“描边”，单击“内侧边”后的【添加】添加一个“内侧边”，将添加的“内侧边”的尺寸设为“10”，色彩设为“黑色”。可以分别单击【垂直居中】和【水平居中】按钮，确保其居中。

④ 然后同样再建立一个小圆，也取消其“填充”，添加一个“内侧边”，并将其尺寸设为“5”，其色彩设为“黑色”。可以分别单击【垂直居中】和【水平居中】按钮，确保其居中，如图 5－2－60 所示。

图 5-2-60　建立字幕“ph 圆形轮廓”

⑤ 单击字幕窗口中的【基于当前字幕新建字幕】按钮，在当前字幕的基础上新建一个名为“ph 大圆”的字幕，选中字幕中的“大圆”，勾选【填充】将其填充为任意颜色，如图 5-2-61所示。

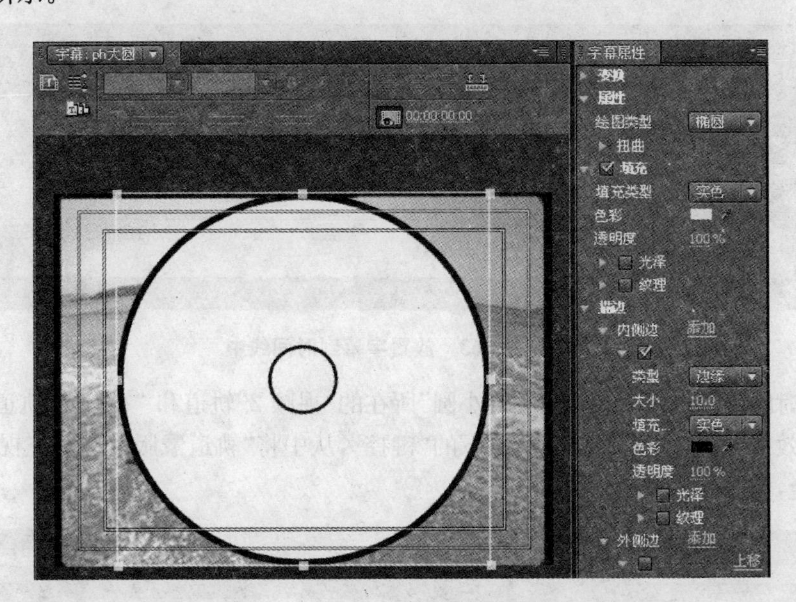

图 5-2-61　建立字幕“ph 大圆”

⑥ 单击字幕窗口中的【基于当前字幕新建字幕】按钮，在当前字幕的基础上新建一个名为“ph 小圆”的字幕，先选中字幕中的“大圆”，将其删除掉，然后选中“小圆”，勾选【填充】将其填充为任意颜色，如图 5-2-62 所示。

图 5-2-62　建立字幕“ph 小圆”

⑦ 从项目窗口中将“ph 大圆”拖至“视频 2”轨道中，将“ph 小圆”拖至“视频 3”轨道中，将“ph 圆形轮廓”拖至“视频 3”轨道上方的空白处，会自动添加一个“视频 4”轨道并放置在其中，如图 5-2-63 所示。

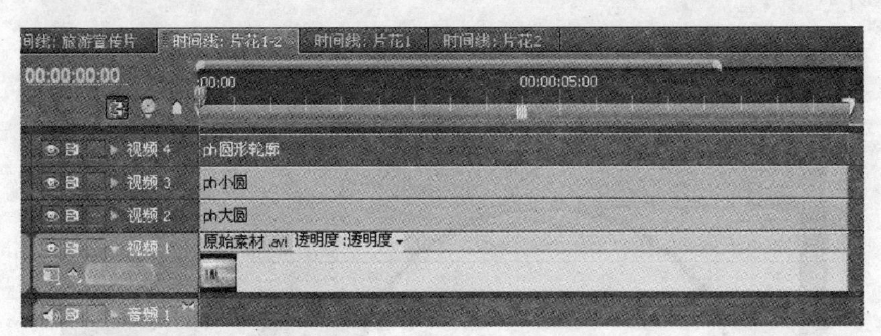

图 5-2-63　放置字幕到时间线中

⑧ 在时间线中将“ph 大圆”和“ph 小圆”所在的“视频 2”轨道和 “视频 3”轨道的显示关闭。打开“效果”窗口，展开“视频特效”下的“键控”，从中将“轨道蒙版键”拖至“视频 1”轨道中的素材上，如图 5-2-64 所示。

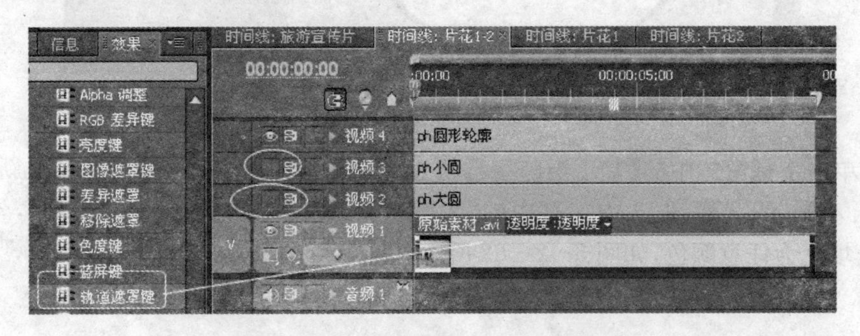

图 5-2-64　添加第一个轨道蒙版键

⑨ 在时间线选中“视频 1”轨道中的素材，在“效果控制”窗口进行设置。将“轨道蒙版键”下的“蒙版”设为“视频 2”，这样大圆形状的圆形范围内显示出素材图像，如图 5-2-65 所示。

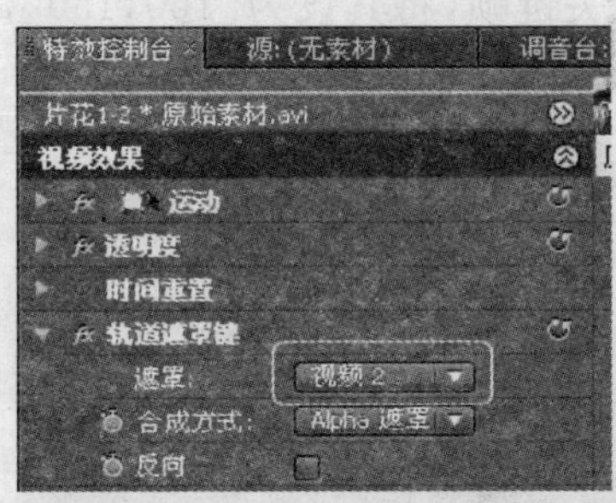

图 5-2-65　第一个轨道蒙版键的效果

⑩ 再为其添加一个“轨道蒙版键”，在“效果控制”窗口对其进行设置。将第二个“轨道蒙版键”下的“蒙版”设为“视频 3”，同时勾选中【反转】，这样小圆形状的圆形范围内素材图像被排除，如图5-2-66所示。

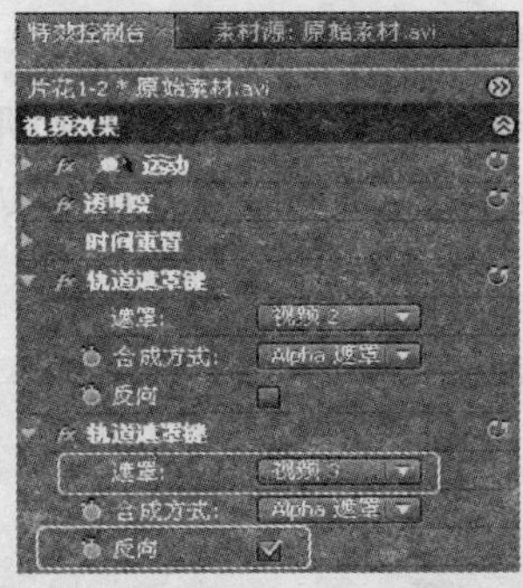

图 5-2-66　添加第二个轨道蒙版键效果

(4) 合成片花 1

① 回到“片花 1”时间线窗口，选择菜单命令【文件】|【新建】|【彩色蒙版】新建一个任意颜色的遮罩，将其命名为“色彩背景”，将其从项目窗口中拖至时间线的“视频 1”轨道中，并将长度设为“10 秒”。

② 打开“效果”窗口，展开“视频特效”下的“生成”，从中将“四色渐变”拖至“视频 1”轨道中的“色彩背景”上，为其添加一个“四色渐变”效果，如图 5-2-67 所示。

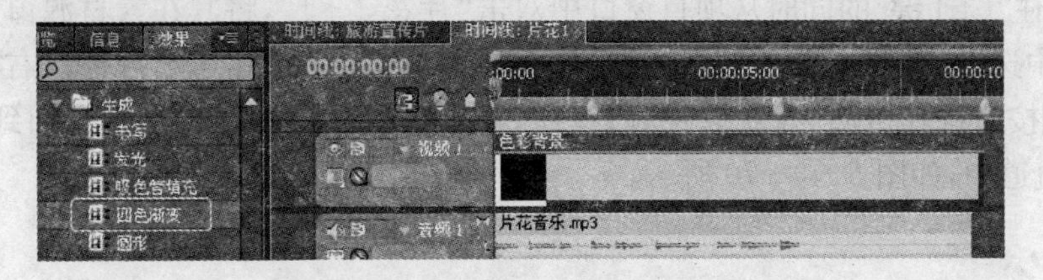

图 5-2-67　添加一个四色渐变效果

③ 在时间线中选中“色彩背景”，并将时间移至“第 0 帧”处，在其“效果控制”窗口中对“四色渐变”进行设置。将色彩 1 设为“RGB(255,255,50)”，色彩 2 设为“RGB(255,120,0)”，色彩 3 设为“RGB(200,30,0)”，色彩 4 设为“RGB(250,180,0)”。然后单击打开“方位 1”前面的码表，记录其位置的动画关键帧，将其设为“160,150”，如图 5-2-68 所示。

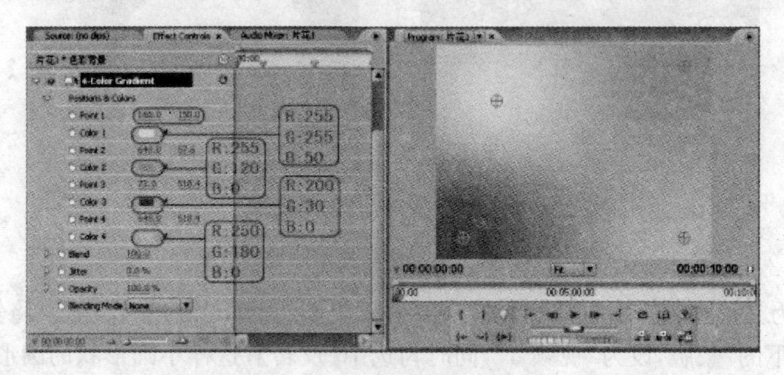

图 5-2-68 四色渐变的设置

④ 接下来将时间移至“第 3 秒 08 帧”处，将方位 1 设为“600,280”。将时间移至“第 6 秒 16 帧”处，将方位 1 设为“160,460”。将时间移至“第 9 秒 24 帧”处，将方位 1 设为“160,150”。同时调整这几个位置点的关键帧曲线手柄，将其调整为圆形，如图 5-2-69 所示。

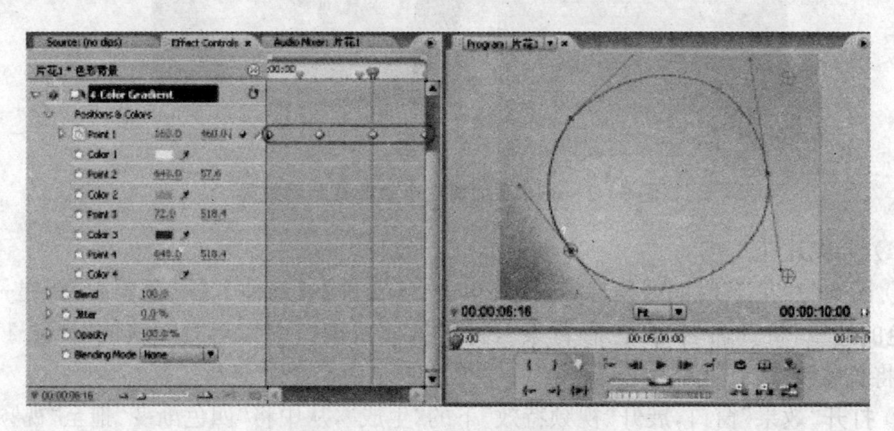

图 5-2-69 几个关键帧设置

⑤ 按住“Ctrl 键”的同时从项目窗口中双击“片花 1-1”，将其在素材源窗口中打开。在时间线中选中“视频 2”轨道，并将时间移至“第 0 帧”处。单击素材源窗口右下角的【获取视音频】按钮将其切换为【获取视频】按钮，再单击【覆盖】按钮将素材添加到时间线的“视频 2”轨道中，如图 5-2-70 所示。

图 5 - 2 - 70　放置“片花 1 - 1”

⑥ 按住“Ctrl 键”的同时从项目窗口中双击“片花 1 - 2”，将其在素材源窗口中打开。在时间线中选中“视频 3”轨道，并将时间移至“第 1 秒”处。单击素材源窗口右下角的【获取视音频】按钮将其切换为【获取视频】按钮，再单击【覆盖】按钮将素材添加到时间线的“视频 3”轨道中的“第 1 秒”位置处，如图 5 - 2 - 71 所示。

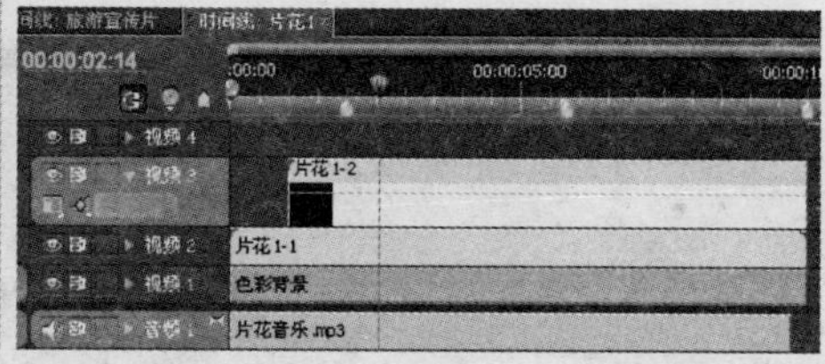

图 5 - 2 - 71　放置“片花 1 - 2”

⑦ 在时间线中选中“视频 3”轨道中的“片花 1 - 2”，在其“效果控制”窗口中的“运动”下为其设置关键帧动画。将时间移至“第 2 秒”处，单击“位置”、“比例”和“旋转”前面的码表，记录动画关键帧。设置位置为“360，288”，比例为“60”，旋转为“0°”，如图 5 - 2 - 72 所示。

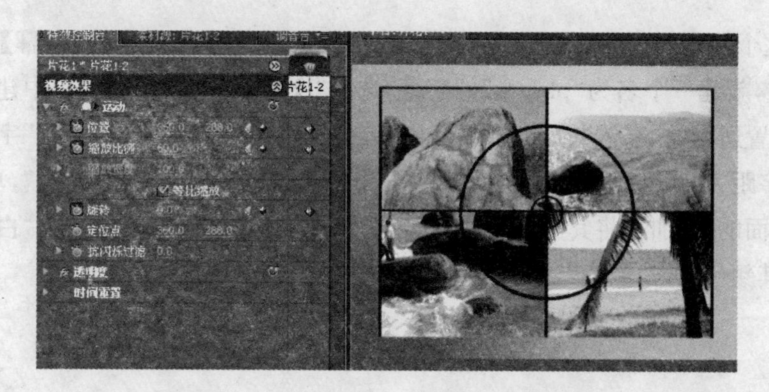

图 5 - 2 - 72　片花 1 - 2“第 2 秒”处设置

⑧ 将时间移至“第 1 秒”处，设置位置为“800，288”，比例为“30”，旋转为“360°”，即1×0°，如图 5-2-73 所示。

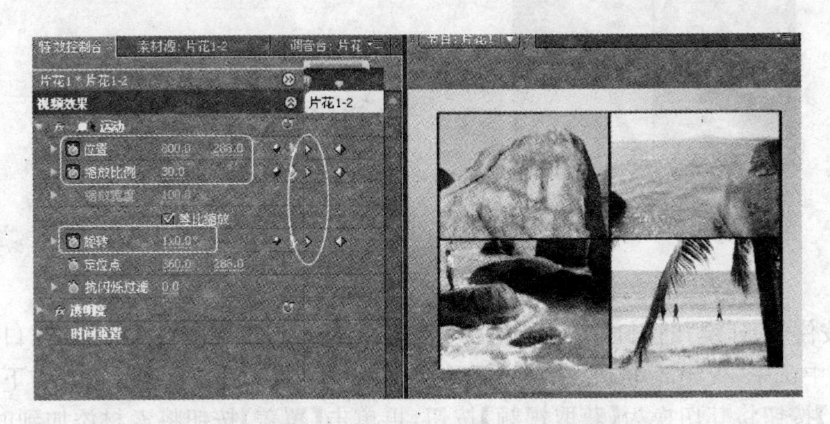

图 5-2-73　片花 1-2“第 1 秒”处设置

⑨ 在时间线的“视频 2”轨道中选中“片花 1-1”，在其“效果控制”窗口中的“运动”下将其比例设为“90”，略微缩小一些，使其画面的边缘显示在屏幕中。这样就设置完了这个片花的画面部分，如图 5-2-74 所示。

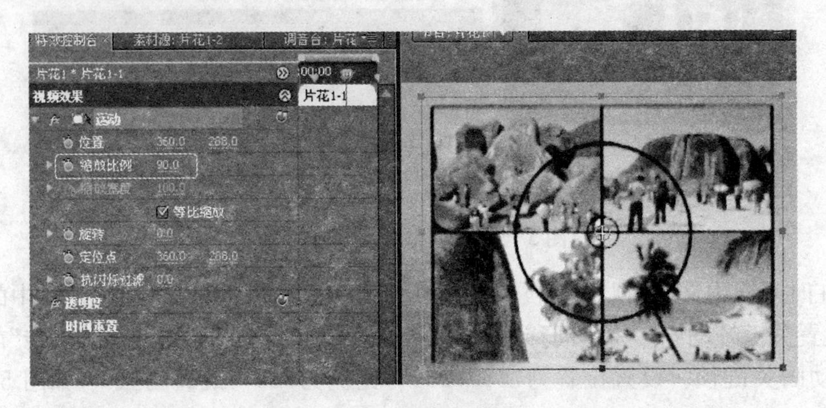

图 5-2-74　缩小“片花 1-1”

⑩ 为这个片花制作小标题文字，选择菜单命令【文件】|【新建】|【字幕】(快捷键为 Ctrl+T 键)，新建一个名为“ph1zm”的字幕，选择“文字工具”在字幕窗口中建立文字“天涯海角”，设置适当的“字体”、“尺寸”、“颜色”等。这里设置其字体为“黄草”字体，字体大小为“75”，字距为“20”，“填充”下的色彩为“RGB(215，60，0)”。展开“描边”，单击其下面“外侧边”后面的【添加】，将其类型设为“凸出”，尺寸设为“30”，将颜色设为“白色”。勾选【阴影】，将其颜色设为“黑色”，距离设为“5”，如图 5-2-75 所示。

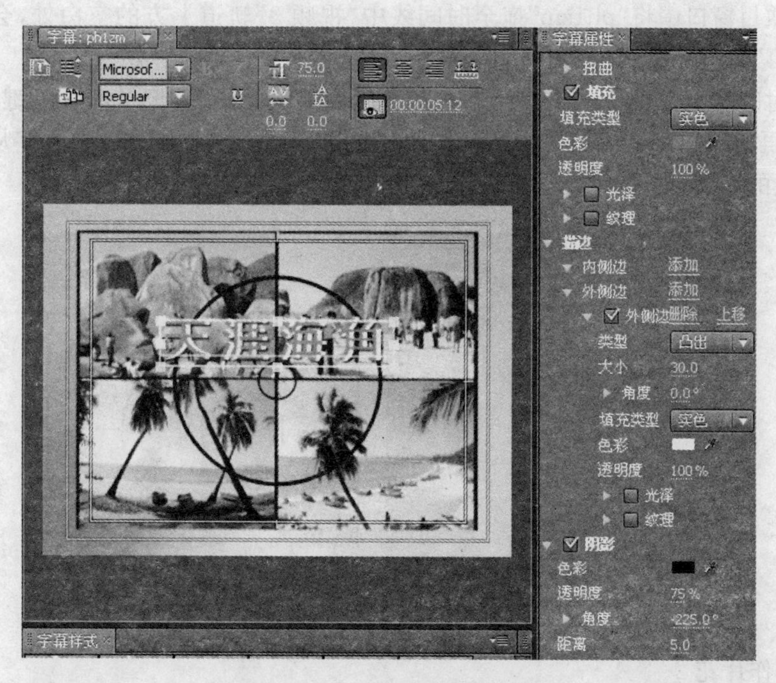

图 5－2－75　建立文字“天涯海角”

⑪ 选择“文字工具”在窗口中文字“天涯海角”的下部再建立字母“tianyahaijiao”，为其设置合适的“字体”、“大小”、“颜色”等。这里设置其字体为“Lithos Pro 英文”字体，字体大小字体尺寸为“25”，字间距为“45”，“填充”下的色彩为“RGB(215,60,0)”。展开“描边”，单击其下面“外侧边”后面的【添加】，将其类型设为“凸出”，尺寸设为“30”，角度为“30°”，将颜色设为“白色”。勾选【阴影】，将其颜色设为“黑色”，将距离设为“5”，如图 5－2－76 所示。

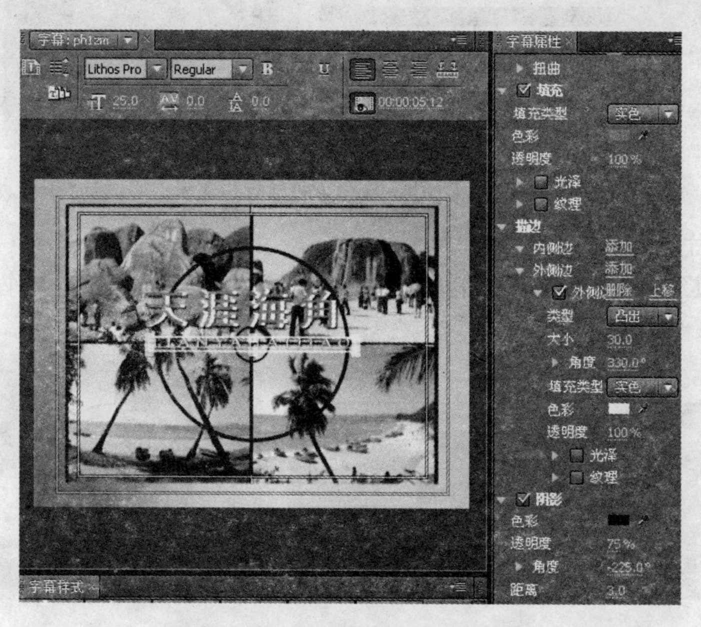

图 5－2－76　设置字母“tianyahaijiao”

⑫ 从项目窗口中将“ph1zm”拖至时间线中“视频 3”轨道上方的空白处，会自动添加一个“视频 4”轨道并放置在其中。将“ph1zm”移至“第 5 秒 15 帧”处。

⑬ 将时间移至“第 6 秒 05 帧”，单击打开比例前面的码表，记录动画关键帧，当前值为“100”。再将时间移至“第 5 秒 15 帧”，将比例设为“0”。这样制作一个文字从屏幕中心处推出放大的动画，如图 5-2-77 所示。

图 5-2-77 设置字幕动画

(5) 制作片花 2

由于“片花 2”与“片花 1”形式相同，只有画面内容和文字不同，所以可以利用由“片花 1”建立副本，然后通过修改其副本来制作新的“片花 2”，这里不再详述。制作后的时间线及效果如图 5-2-78 所示。

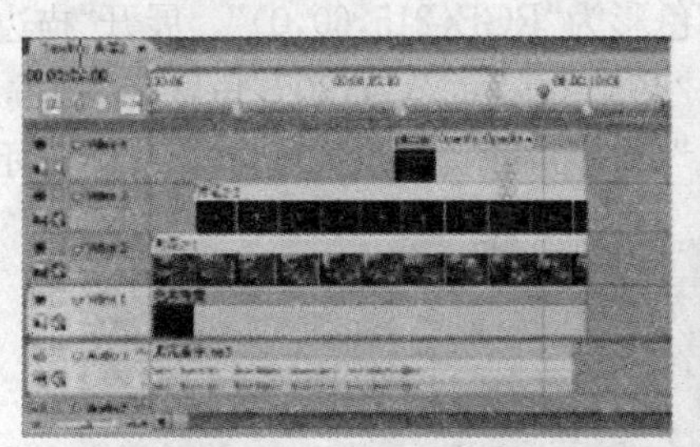

图 5-2-78 片花 2 时间线和效果

(6) 制作片花 3

同样，通过建立和修改副本来制作新的“片花 3”，这里不再详述。制作后的时间线及效果如图 5-2-79 所示。

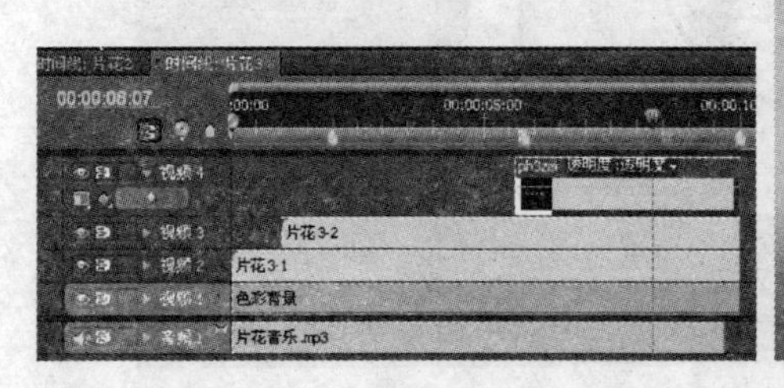

图 5-2-79 片花 3 时间线和效果

4. 剪辑宣传片

(1) 整理项目窗口内容

至此制作完片花部分，此时在项目窗口中已经建立了多个名称的时间线，将其分类整理，放置在相应文件夹中，使操作井井有条。将所有字幕全部选中拖至“字幕”文件夹中，将嵌套在 3 个片花时间线中的下级时间线拖至“嵌套时间线”文件夹中，如图 5-2-80 所示。

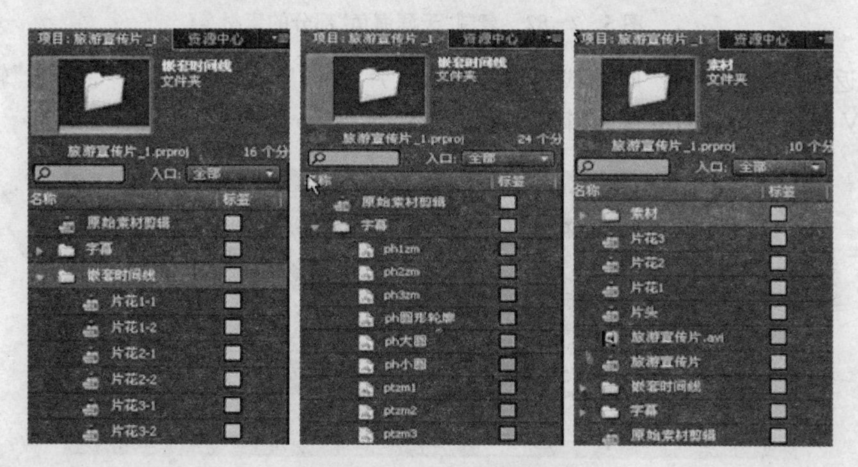

图 5-2-80　整理项目窗口

(2) 剪辑第一部分内容

① 在项目窗口中双击“旅游宣传片”打开其时间线窗口。

② 从项目窗口中将“片头”拖至时间线的“视频 1”轨道中的“第 0 帧”处。

③ 从项目窗口中将“片花 1”拖至时间线的“视频 2”轨道中，紧接在“片头”之后，即“第 18 秒”处，如图 5-2-81 所示。

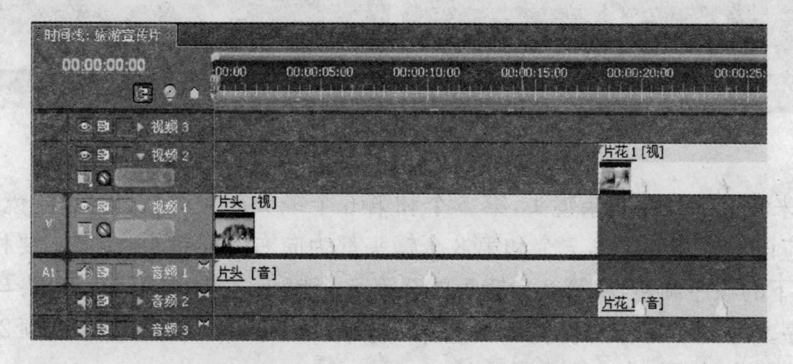

图 5-2-81　放置“片头”和“片花 1”

④ 从项目窗口中双击“原始素材剪辑”打开其时间线窗口，从中选择“天涯海角”部分的素材，按“Ctrl+C 组合键”复制，如图 5-2-82 所示。

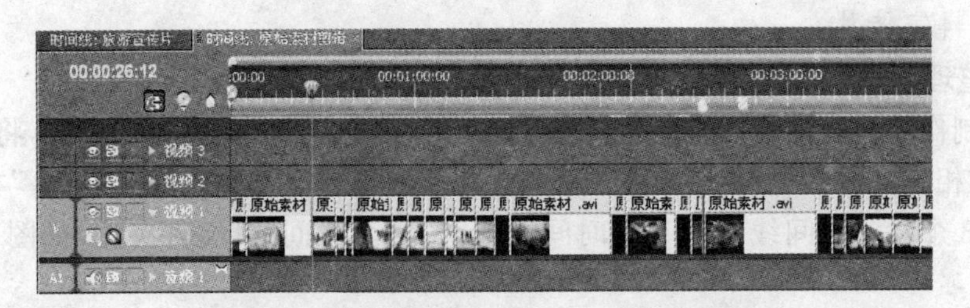

图 5-2-82　复制“天涯海角”部分的素材

⑤ 返回“旅游宣传片”时间线，将时间移至“片花 1”后，并确认选中“视频 1”轨道，按“Ctrl＋V 组合键”粘贴，准备剪辑第一部分内容，如图 5-2-83 所示。

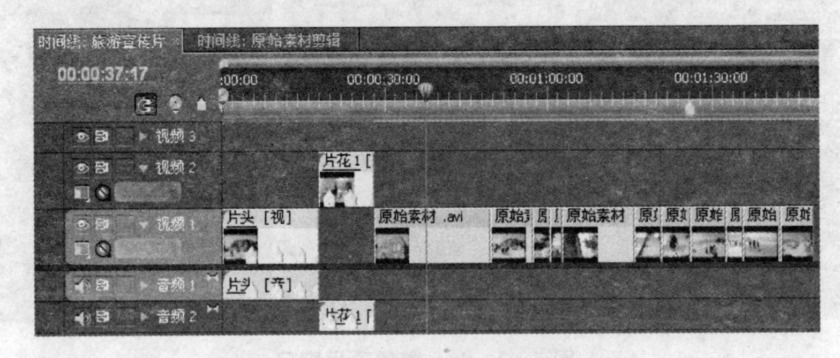

图 5-2-83　粘贴“天涯海角”部分的素材

⑥ 对第一部分素材的顺序进行调整，这里第 1 个镜头为“海角”的内容，第 2 个镜头为“天涯”的内容，将其调换一下次序。操作方法是按住“Ctrl 键”将“天涯”镜头拖至“海角”镜头的入点处释放即可，如图 5-2-84 所示。

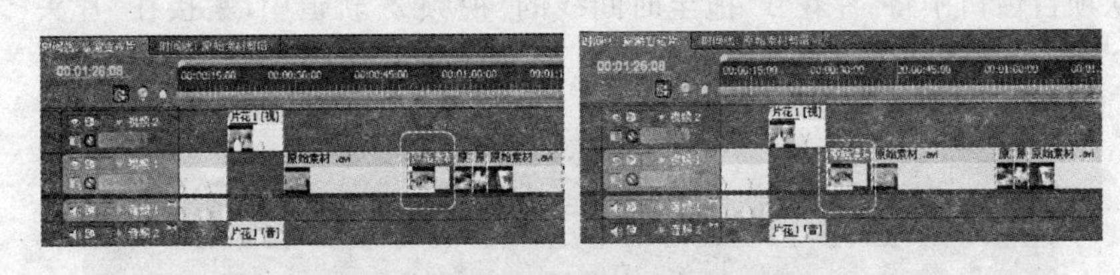

图 5-2-84　调整前两个镜头次序

⑦ 再来看这部分的其余镜头，第 5 个和第 6 个镜头都为将画面推远的镜头，这两个镜头之间应该不要相邻。第 7 个和第 8 个镜头都为向右的摇镜头，应该不要相邻。综合分析，作如下的顺序调整，将第 3 个镜头放至第 5 个镜头之后，将第 6 个镜头与第 7 个镜头调换次序。为了不混淆次序，可以先将第 3 个镜头和第 6 个镜头拖至“视频 2”轨道中相应的位置处暂放，如图 5-2-85 所示。

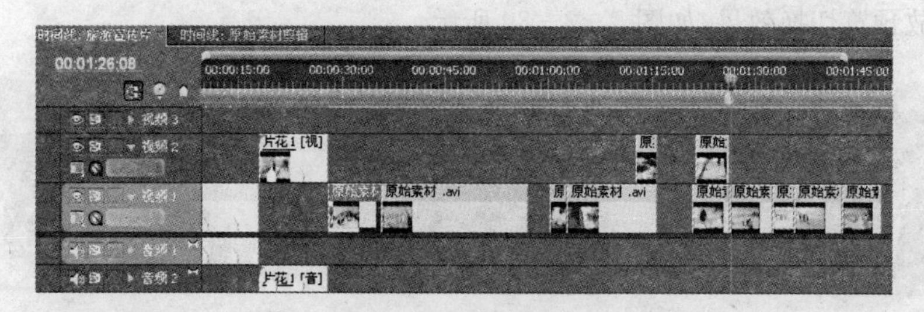

图 5-2-85 移开第 3 和第 6 个镜头

⑧ 将"视频 1" 轨道中需要调整次序的镜头前移，如图 5-2-86 所示。

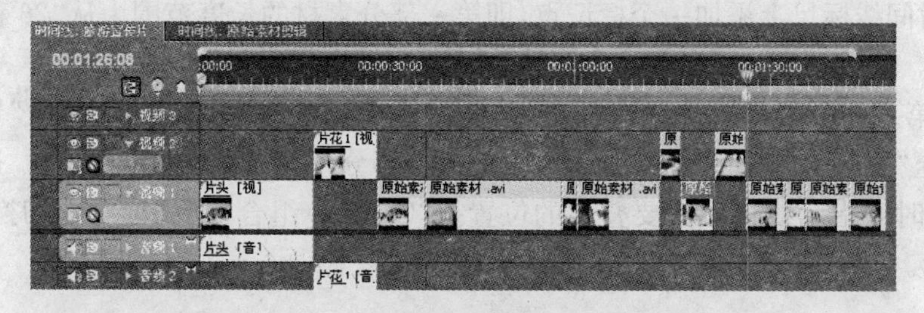

图 5-2-86 前移调整次序的镜头

⑨ 将"视频 2"轨道中的素材放置"视频 1"轨道中，如图 5-2-87 所示。

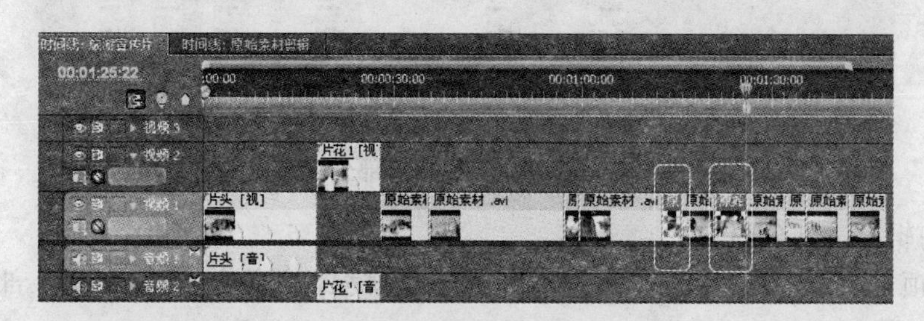

图 5-2-87 放置第 3 和第 6 个镜头

⑩ 调整好素材的次序之后，在适当的素材之间添加切换。先给片花和内容之间添加一个切换效果。将时间移至"第 26 秒"处，将内容素材前移至这个时间指示线位置，然后打开"效果"窗口，展开"视频切换效果"下的"划像"，在其下将"圆形划像"拖至"视频 2"轨道中"片花 1"的出点处，为其添加一个"2 秒"长的"圆形划像"切换，如图 5-2-88 所示。

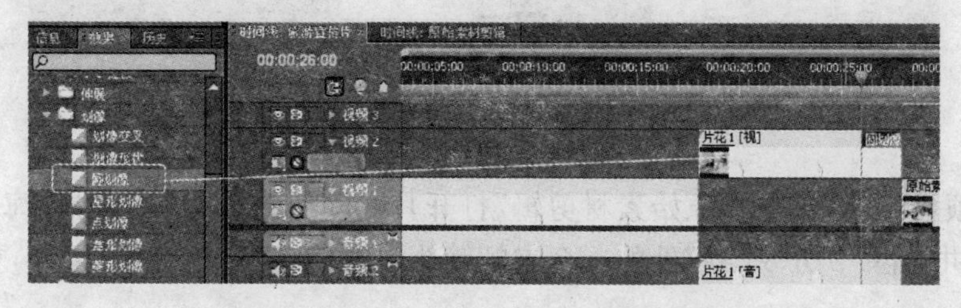

图 5-2-88 给片花和内容之间加切换

⑪ 播放预览切换效果，如图 5-2-89 所示。

图 5-2-89　预览切换效果

⑫ 将第一部分素材长度剪辑为“1 分钟”。将时间移至“第 1 分 26 秒”处，按小键盘的“*键”在时间线标尺上添加一个标记点，即第一部分素材的长度范围为从“26 秒”至“1 分 26 秒”。

⑬ 对第一部分素材进行适当的剪辑，为了在部分镜头之间添加“叠化”切换，将部分镜头移至“视频 2”轨道中，然后为需要叠化的部分预留出“2 秒”的重叠。选中“视频 2”轨道，将时间指示线移至需要叠化的位置按“Ctrl+D 组合键”添加叠化切换，如图 5-2-90 所示。

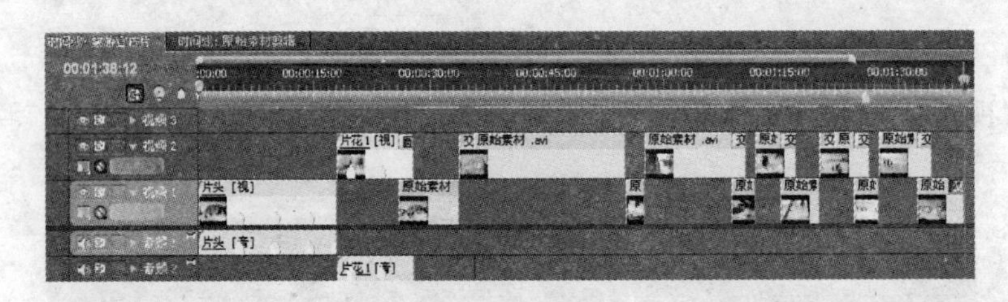

图 5-2-90　剪辑第一部分内容

(3) 剪辑第二部分内容

① 从项目窗口中将“片花 2”拖至时间线的“视频 2”轨道中，紧接在第一部分内容之后，即“第 1 分 26 秒”处，如图 5-2-91 所示。

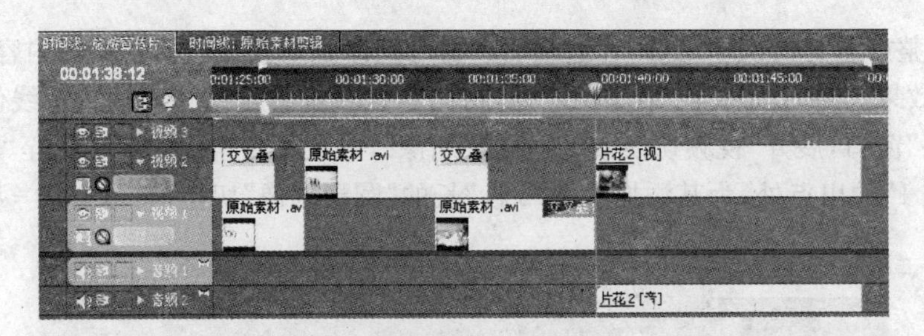

图 5-2-91　放置“片花 2”

② 从项目窗口中双击“原始素材剪辑”打开其时间线窗口，从中选择“海底世界”部分的素材，并排除“2 分 33 秒”处的一个夹帧镜头，按“Ctrl+C 组合键”复制，如图 5-2-92 所示。

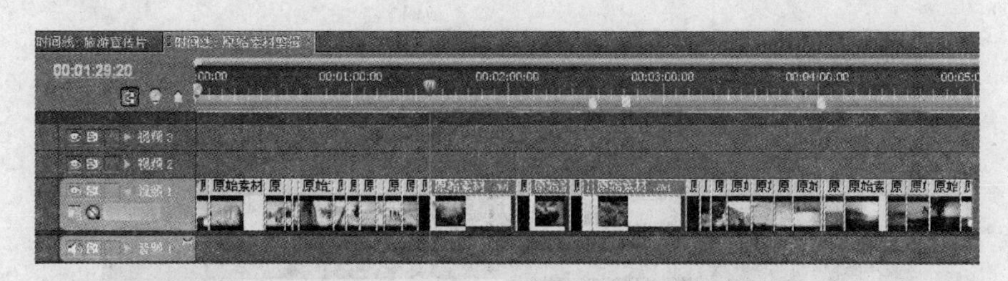

图 5－2－92　复制"海底世界"部分的素材

③ 返回"旅游宣传片"时间线中，将时间移至"片花 2"后，并确认选中"视频 1"轨道，按"Ctrl＋V 组合键"粘贴，剪辑第二部分内容，如图 5－2－93 所示。

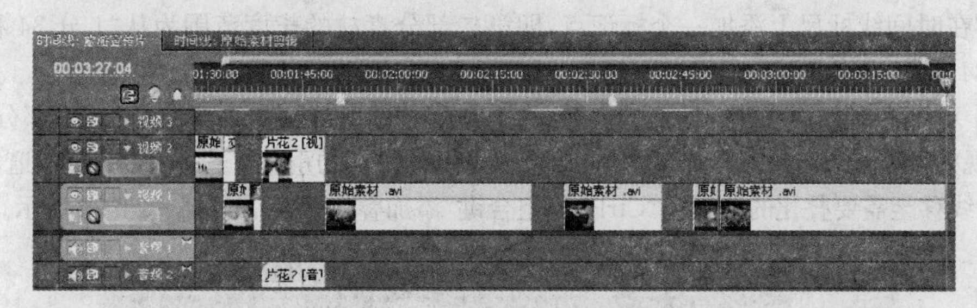

图 5－2－93　粘贴"海底世界"部分的素材

④ 因为第二部分素材的亮度和对比度不是很好，因此这里为其添加自动对比度，改善画面效果。打开"效果"窗口，展开"视频特效"下的"调整"，将其下的"自动对比度"拖至时间线中"海底世界"部分的素材上即可，如图 5－2－94 所示。

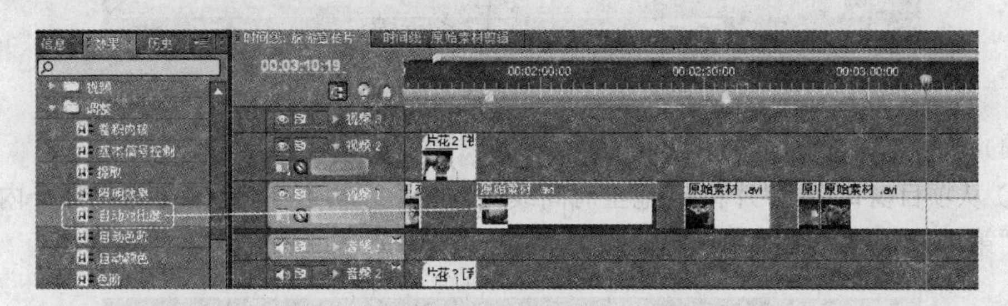

图 5－2－94　添加自动对比度

⑤ 调整好素材的对比度之后，给片花和内容之间添加一个切换效果。将时间移至"第 1 分 34 秒"处，将内容素材前移至这个时间指示线位置，然后打开"效果"窗口，展开"视频切换效果"下的"划像"，在其下将"圆形划像"拖至"视频 2"轨道中"片花 2"的出点处，为其添加一个"2 秒"长的切换，如图 5－2－95 所示。

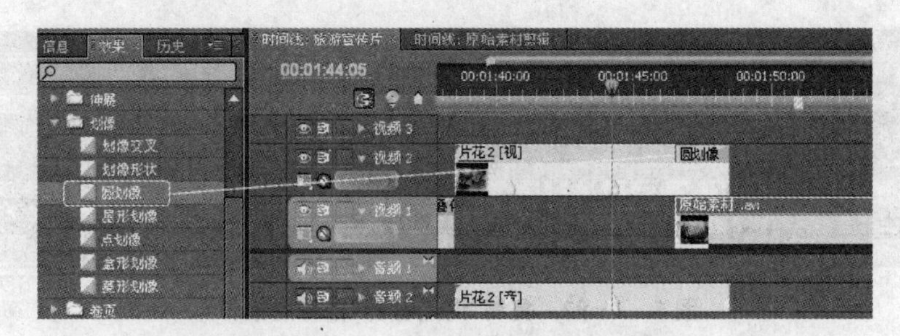

图 5－2－95　片花和内容之间添加切换

⑥ 将第二部分素材长度剪辑为“1 分钟”。将时间移至“第 2 分 34 秒”处，按小键盘的“＊键”在时间线标尺上添加一个标记点，即第二部分素材的长度范围为从“1 分 34 秒”至“2 分 34 秒”。

⑦ 对第二部分素材进行适当的剪辑，为了在部分镜头之间添加叠化切换，将部分镜头移至“视频 2”轨道中，然后为需要叠化的部分预留出“2 秒”的重叠。选中“视频 2”轨道，将时间指示线移至需要叠化的位置按“Ctrl＋D 组合键”添加叠化切换，如图 5－2－96 所示。

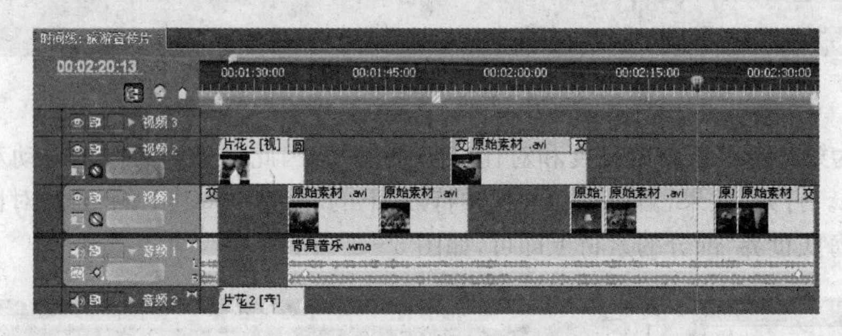

图 5－2－96　剪辑第二部分内容

(4) 剪辑第三部分内容

① 从项目窗口中将“片花 3”拖至时间线的“视频 2”轨道中，紧接在第一部分内容之后，即“第 2 分 34 秒”处，如图 5－2－97 所示。

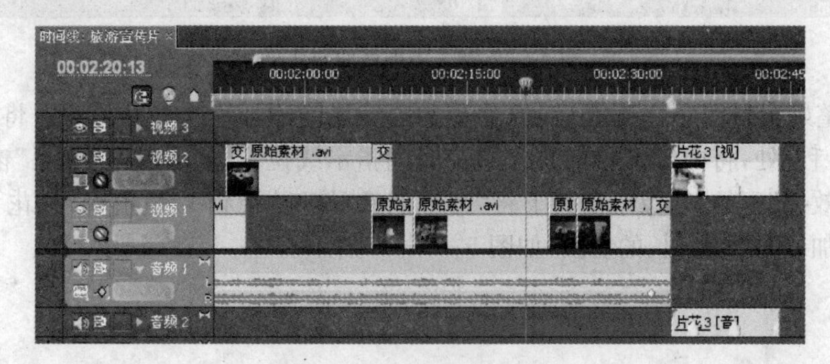

图 5－2－97　放置“片花 3”

② 从项目窗口中双击“原始素材剪辑”打开其时间线窗口，从中选择“海山奇观”部分的素材，并排除“4 分 1 秒 05 帧”处一个较短的晃动镜头，按“Ctrl＋C 组合键”复制，如图

5－2－98所示。

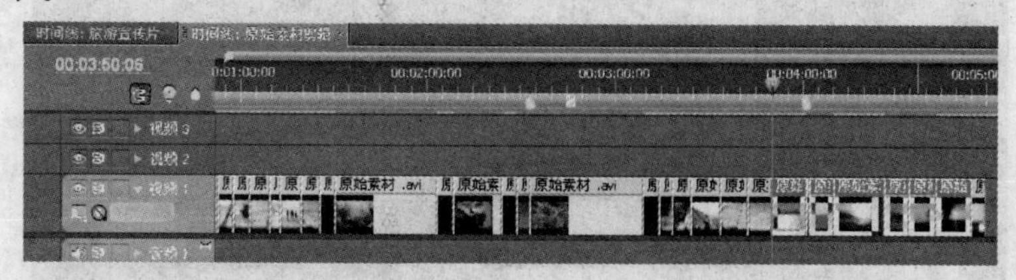

图 5－2－98　复制“海山奇观”部分的素材

③ 返回“旅游宣传片”时间线，将时间移至“片花 3”后，并确认选中“视频 1”轨道，按“Ctrl＋V 组合键”粘贴，准备剪辑第三部分内容，如图 5－2－99 所示。

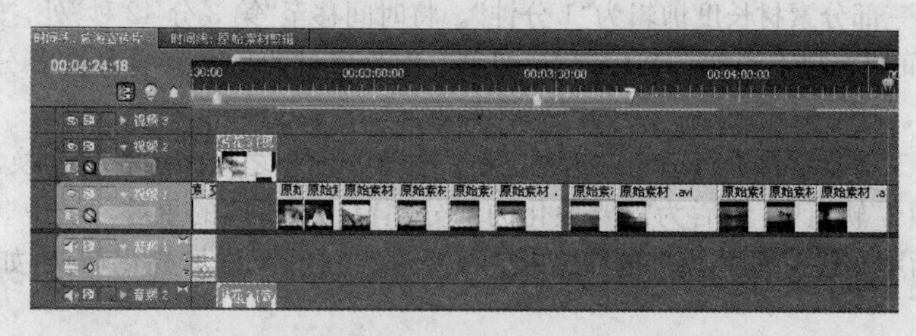

图 5－2－99　粘贴“海山奇观”部分的素材

④ 因为第三部分素材也有些亮度和对比度不是很好，因此这里也为其添加了自动对比度，改善画面效果。打开“效果”窗口，展开“视频特效”下的“调整”，将其下的“自动对比度”拖至时间线中“海山奇观”部分的素材上即可。这里对第三部分素材的第 7 个、第 9 个和第 10 个镜头添加了“自动对比度”效果，如图 5－2－100 所示。

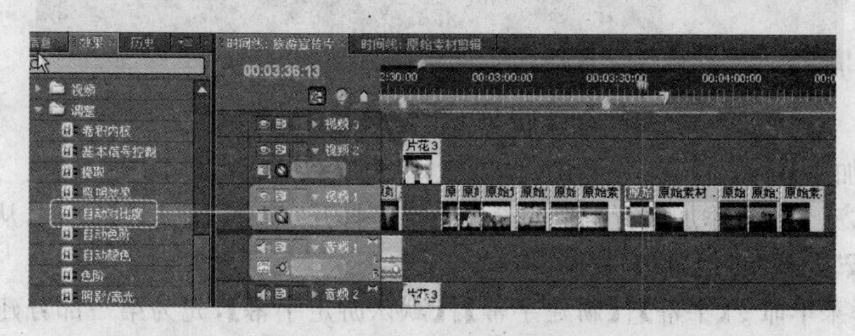

图 5－2－100　添加自动对比度

⑤ 调整好素材的对比度之后，给片花和内容之间添加一个切换效果。将时间移至“第 2 分 42 秒”处，将内容素材前移至这个时间指示线位置，然后打开“效果”窗口，展开“视频切换效果”下的“划像”，在其下将“圆形划像”拖至“视频 2”轨道中“片花 3”的出点处，为其添加一个“2 秒”长的切换，如图 5－2－101 所示。

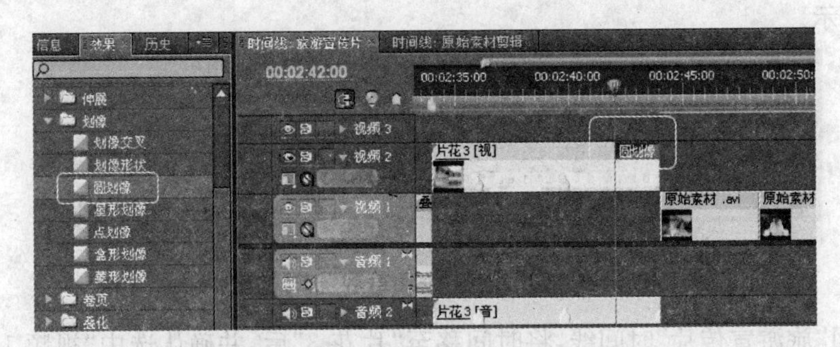

图 5 - 2 - 101　片花和内容之间添加切换

⑥ 将第三部分素材长度剪辑为“1 分钟”。将时间移至“第 3 分 42 秒”处，按小键盘的“＊键”在时间线标尺上添加一个标记点，即第二部分素材的长度范围为从“2 分 42 秒”至“3 分 42 秒”。

⑦ 对第三部分素材进行适当的剪辑，为了在部分镜头之间添加叠化切换，将部分镜头移至“视频 2”轨道中，然后为需要叠化的部分预留出“2 秒”的重叠。选中“视频 2”轨道，将时间指示线移至需要叠化的位置按“Ctrl＋D 组合键”添加叠化切换，如图 5 - 2 - 102 所示。

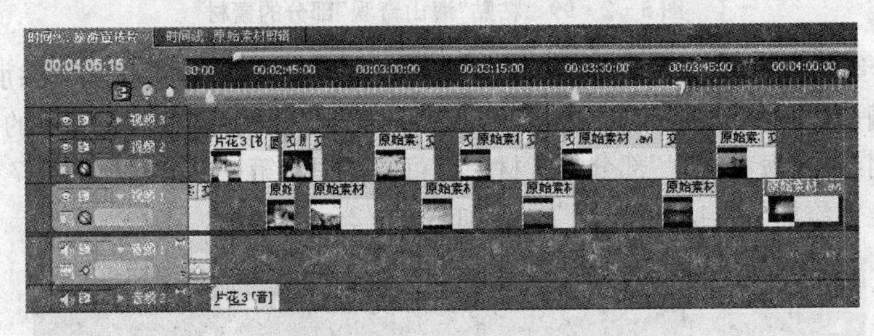

图 5 - 2 - 102　剪辑第三部分内容

(5) 添加字幕

① 为这三个部分添加底行游走的简介文字。打开“简介. txt”文本文件，从中选择第一段文字，按“Ctrl＋C 组合键”复制。

② 选择菜单命令【字幕】|【新建字幕】|【默认游走字幕】，先为第一部分建立一个字幕，将其命名为“左飞 1”。在字幕窗口中选择“文字工具”，在字幕窗口中单击，然后按“Ctrl＋V 组合键”粘贴文字，然后设置适当的字体、尺寸等。这里设置其字体为“大黑体”，字体大小为“35”，“填充”下的色彩为“白色”，展开“描边”，单击其下面“外侧边”后面的【添加】，为其添加“黑色”的描边。勾选【阴影】，为其添加“黑色”的阴影，如图 5 - 2 - 103 所示。

③ 在字幕窗口中选中字幕，选择菜单命令【字幕】|【位置】|【屏幕下方三分之一处】将其位置放置在屏幕底部字幕安全框的上面。然后单击字幕窗口中的【滚动/游动选项】按钮，打开“滚动/游动选项”窗口，从中勾选【开始于屏幕外】和【结束于屏幕外】，单击【确定】按钮，如图 5 - 2 - 104 所示。

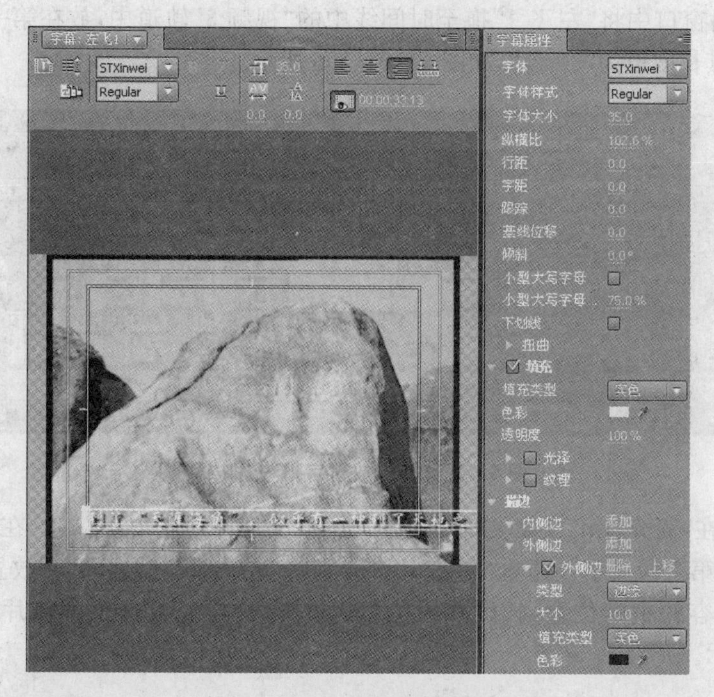

图 5-2-103　建立字幕“左飞 1”

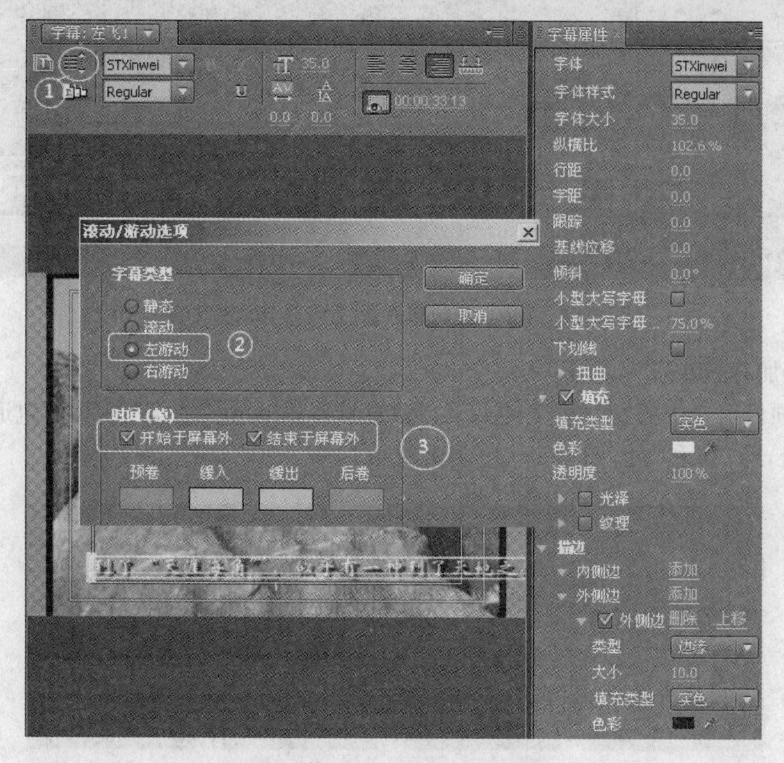

图 5-2-104　设置左飞动画

④ 从项目窗口中将“左飞 1”拖至时间线中的“视频 3”轨道中，放在第一部分内容的中间位置，将其长度设为“30 秒”，如图 5－2－105 所示。

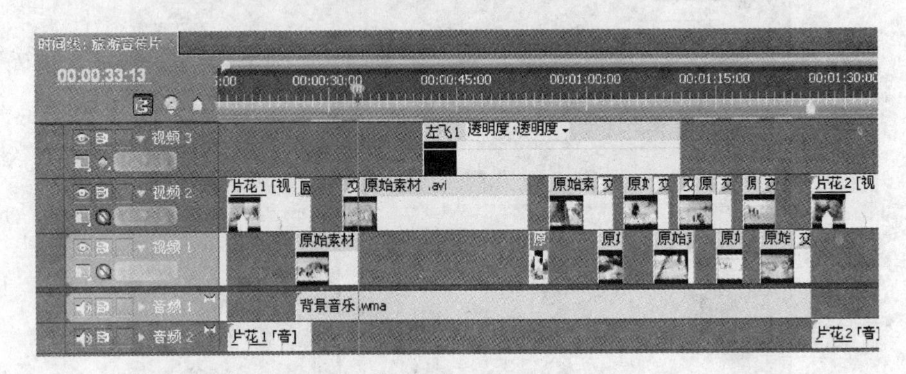

图 5－2－105　放置字幕“左飞 1”

⑤ 同样，在“简介. txt”文本文件中复制第二段文字并建立“左飞 2”。在“简介. txt”文本文件中复制第三段文字并建立“左飞 3”。分别将“左飞 2”和“左飞 3”放置在第二部分和第三部分内容的中间位置，长度均设为“30 秒”。这样完成这个宣传片的制作，如图 5－2－106所示。

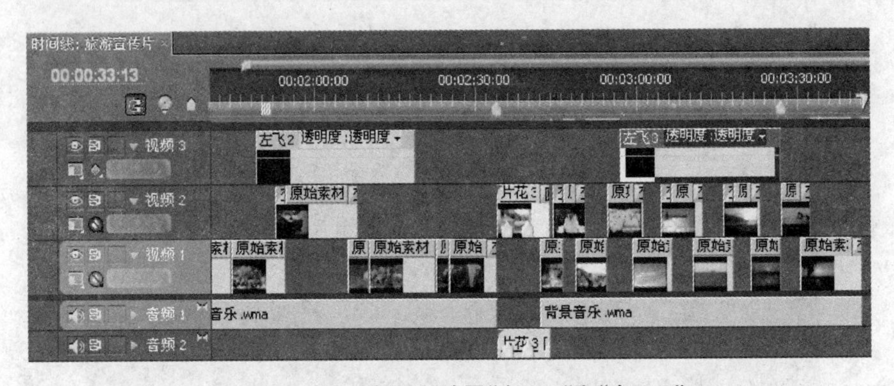

图 5－2－106　复制和放置“左飞 2”和“左飞 3”

(6) 添加背景音乐

① 从项目窗口中的“素材”文件夹下，将“背景音乐. wma”拖至“音频 1”轨道中第一部分的开始处，即“26 秒”处，如图 5－2－107 所示。

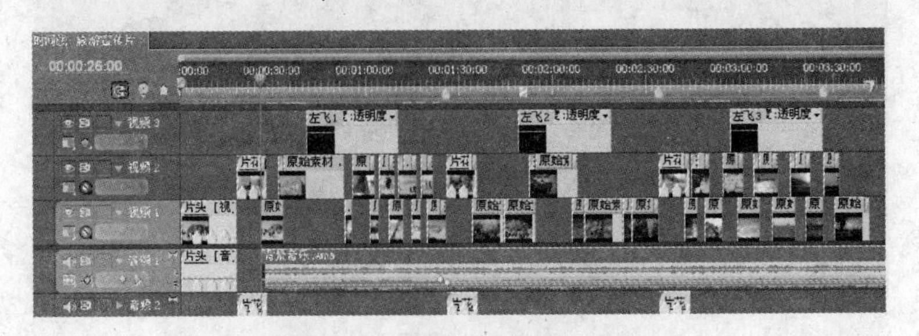

图 5－2－107　放置“背景音乐. wma”

② 由于“背景音乐. wma”的音量较大，可以将其适当地降低音量。在时间线中选中“背景音乐. wma”，在其“效果控制”窗口中先关闭“电平”记录关键帧状态的码表，然后将其设为“－6”，如图 5－2－108 所示。

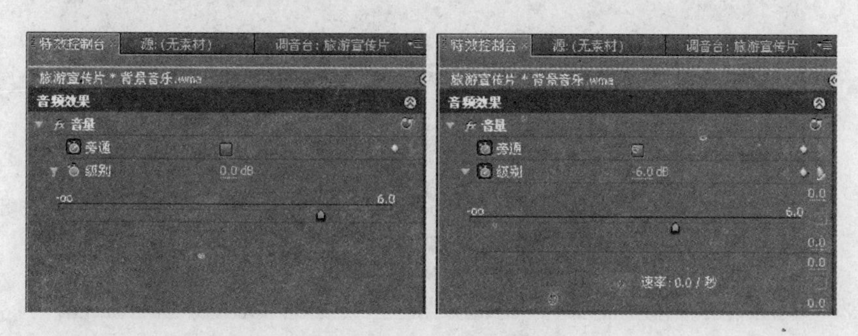

图 5－2－108　降低音量

③ 在时间线窗口第一部分的结束位置，即“1 分 26 秒”处，按“C 键”选择“剃刀工具”，将“背景音乐. wma”分割开。然后选中“背景音乐. wma”，在其“效果控制”窗口为其第一部分结束位置处的音乐设置一个音量逐渐落下去直到消失的效果。将时间移至“1 秒 24 帧”处，单击打开“电平”前面的码表记录动画关键帧，当前值为“－6”。再将时间移至“第 1 秒 26 帧”处，将“电平”音量的滑钮拖至最左侧设为最低音量，如图 5－2－109 所示。

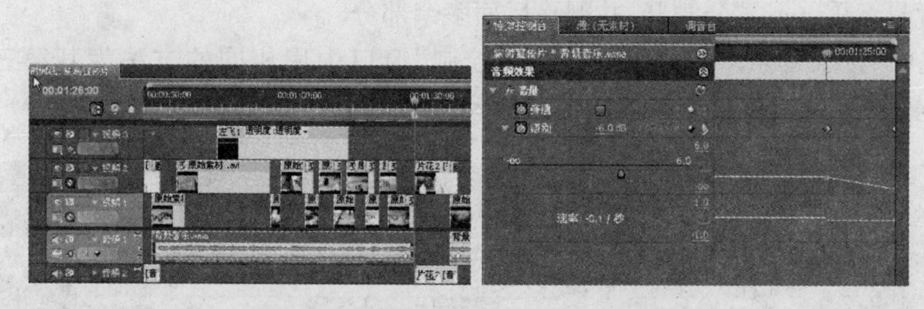

图 5－2－109　设置第一部分音乐渐落

④ 在时间线窗口中将被分割开的音频的后一半移至第二部分的开始位置，即“1 分 34 秒”处，然后将时间移至第二部分的结束位置，即“2 分 34 秒”处，按“C 键”选择“剃刀工具”，将“背景音乐. wma”分割开。

⑤ 选中“背景音乐. wma”，在其“效果控制”窗口中为其第二部开始位置处的音乐设置一个由无到有的渐起效果。将时间移至“第 1 秒 36 帧”处，单击打开“电平”前面的码表记录动画关键帧，当前值为“－6”。再将时间移至“第 1 秒 34 帧”处，将“电平”音量的滑钮拖至最左侧设为最低音量，如图 5－2－110 所示。

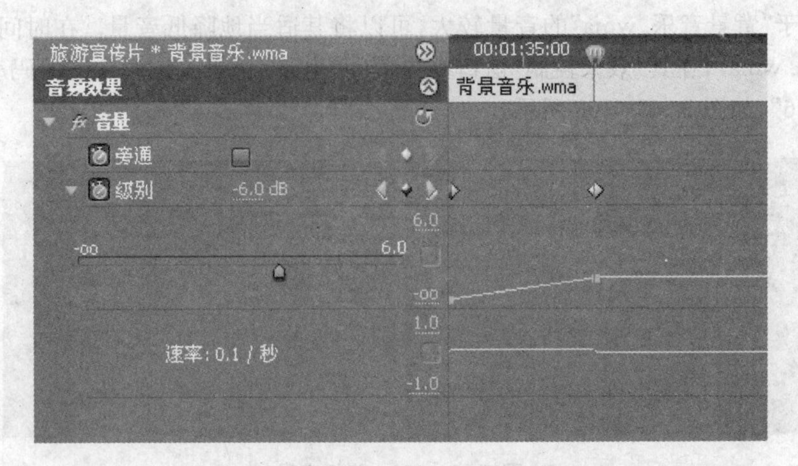

图 5-2-110　设置第二部分音乐渐起

⑥ 同样,在第二部分结束位置处的音乐制作一个渐落效果。将时间移至“第 2 秒 32 帧”处,单击关键帧按钮记录当前数值的关键帧,当前值为“-6”。再将时间移至“第 2 秒 34 帧”处,将“电平”音量滑钮拖至最左侧设为最低音量。

⑦ 在时间线窗口中继续将被分割的音频的后一半移至第三部分的开始位置,即“2 分 42 秒”处,然后将时间移至第三部分的结束位置,即“3 分 42 秒”处,按“C 键”选择“剃刀工具”,将“背景音乐. wma”分割开,并删除后面多余部分。

⑧ 选中“背景音乐. wma”,在其“效果控制”窗口中用相同的方法为其第三部开始和结束设置一个音量渐起和渐落的关键帧动画,如图 5-2-111 所示。

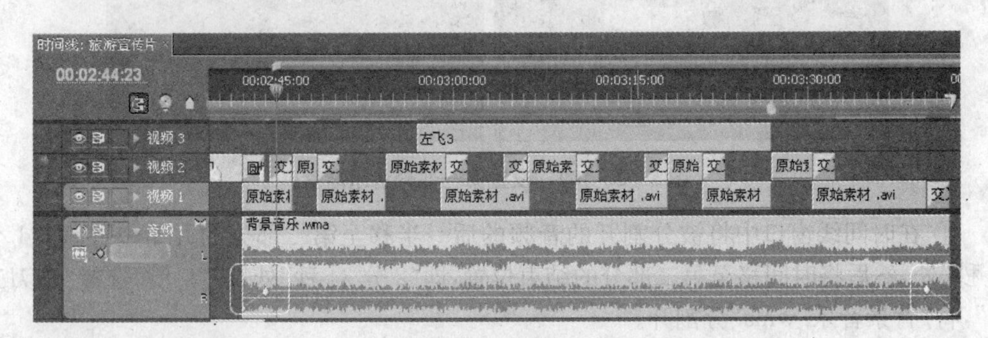

图 5-2-111　设置音乐其他位置渐起渐落的关键帧动画

5. 输出宣传片

(1) 渲染视频实时播放

① 在时间线中,有些时间段因为有多层素材或是素材添加了切换、特效等,使得在播放时会不流畅或出现停顿,同时在时间标尺下面有红色线显示。可以先设置好工作区域,然后按“Enter 键”在工作区域内渲染不能实时播放的部分,如图 5-2-112 所示。

② 渲染结束后,在时间标尺下面以绿色线显示,此时可以实时预览效果了,如图 5-2-113所示。

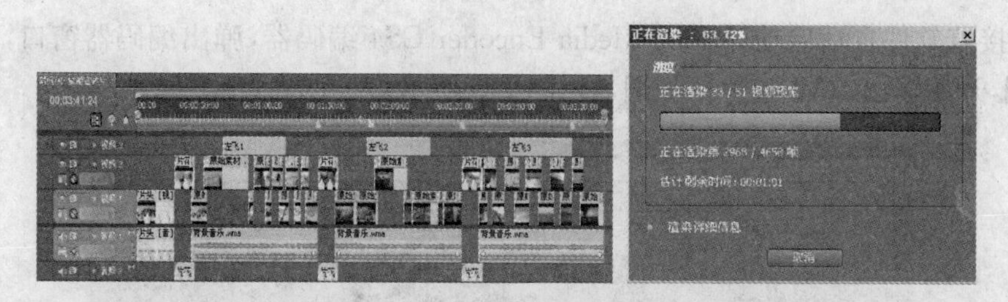

图 5－2－112　实时预览渲染

图 5－2－113　实时播放预览

(2) 输出成片为 avi 文件

① 可以将时间线中的成片内容输出为一个单独的视频文件，方便保存和使用。选择菜单命令【文件】|【导出】|【影片】，打开“导出设置”窗口，设置格式为“Microsoft AVI”，预置为“PAL DV”，然后确认好输出文件的位置和名称，这里为“旅游宣传片.avi”，单击【确定】按钮。如图 5－2－114 所示。

图 5－2－114　保存为 avi 文件的设置

② 接着软件自动启动 Adobe Media Encoder CS4 编码器，弹出编码器窗口，单击【开始队列】，开始输出 AVI 影片。如图 5-2-115 所示。

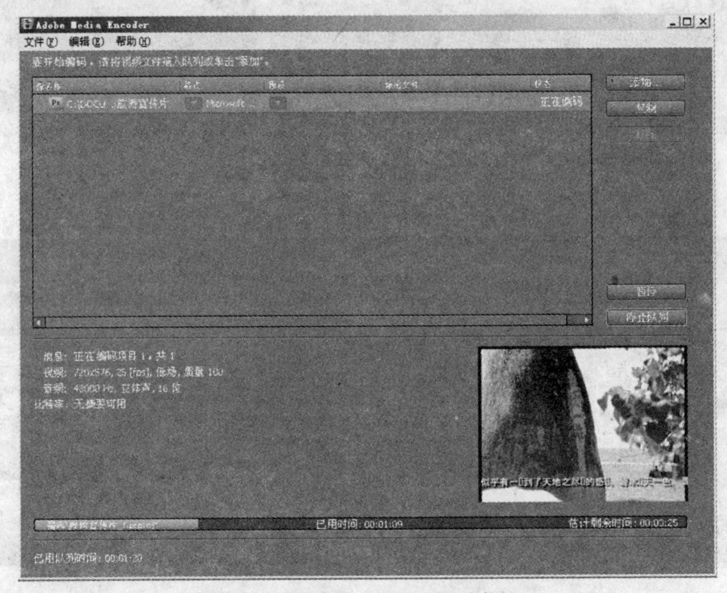

图 5-2-115　渲染生成 avi 文件

(3) 输出成片 MPEG1-VCD

① 可以将时间线中的成片内容输出为 MPG 文件，这样可以刻录成 VCD 光盘来播放。选择菜单命令【文件】|【导出】|【媒体】，打开"导出设置"窗口，设置格式为"MPEG1"，预置为"PAL VCD"，然后确认好输出文件的位置和名称，勾选【导出视频】和【导出音频】为勾选状态。在"多路复用器"下将多路复用选择为"VCD"，如图5-2-116所示。

图 5-2-116　保存为 VCD 文件的设置

② 单击【确定】按钮，在窗口中确认输出文件名称，这里为“旅游宣传片”，类型为“MPEG1 - VCD(* . mpg)”，单击【保存】按钮，如图 5 - 2 - 117 所示。

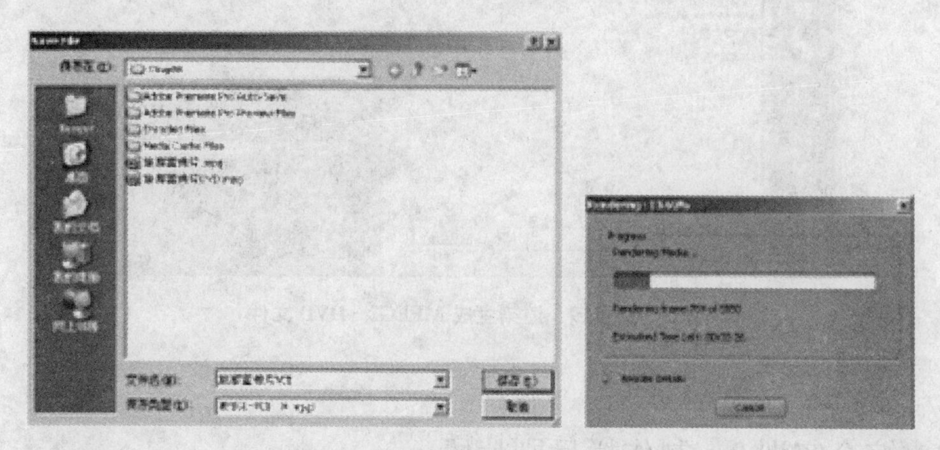

图 5 - 2 - 117　渲染生成 VCD 文件

(4) 输出成片 MPEG2 - DVD

① 可以将时间线中的成片内容输出为 MPEG2 文件，这样可以刻录成 DVD 光盘来播放。选择菜单命令【文件】|【导出】|【媒体】，打开“导出设置”窗口，设置格式为“MPEG2 - DVD”，预置为“PAL 高质量”，然后确认好输出文件的位置和名称，勾选【导出视频】和【导出音频】为勾选状态。在“多路复用器”下将多路复用选择为“DVD”，如图 5 - 2 - 118 所示。

图 5 - 2 - 118　保存为 MPEG2 - DVD 文件的设置

② 单击【确定】按钮，在窗口中确认输出文件名称，这里为“旅游宣传片”，类型为“MPEG2 - DVD(* . mpg)”，单击【保存】按钮，如图 5 - 2 - 119 所示。

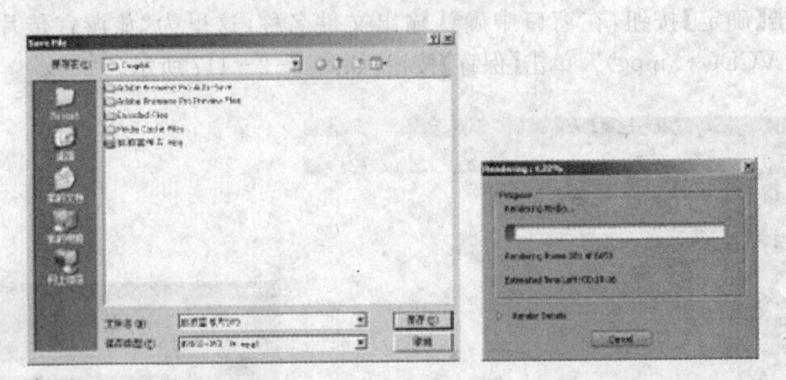

图 5-2-119　渲染生成 MPEG2-DVD 文件

5.3　综合实训 3　制作栏目剧片段

技术要点：精确剪辑视频、音频素材，加入音乐和台词字幕，输出影片。

实例概述：本实例是一个电视栏目剧片段制作练习。

制作步骤：本实例操作过程分为 6 个步骤：分别为导入素材、片头制作、正片制作、片尾制作、加入音乐、输出 DVD 文件。

1. 导入素材

(1) 启动 Premiere Pro CS4，打开【新建项目】对话框，在名称文本框中输入“贫困生柳红”，设置文件的保存位置，如图 5-3-1 所示，单击【确定】按钮。

(2) 打开【新建序列】对话框，在“序列预置”标签下的“有效预置”中展开“DV-PAL”，选择“标准 48 kHz”选项，在“序列名称”文本框中输入“序列 01”，如图 5-3-2 所示。单击【确定】按钮，进入 Premiere Pro CS4 的工作界面。

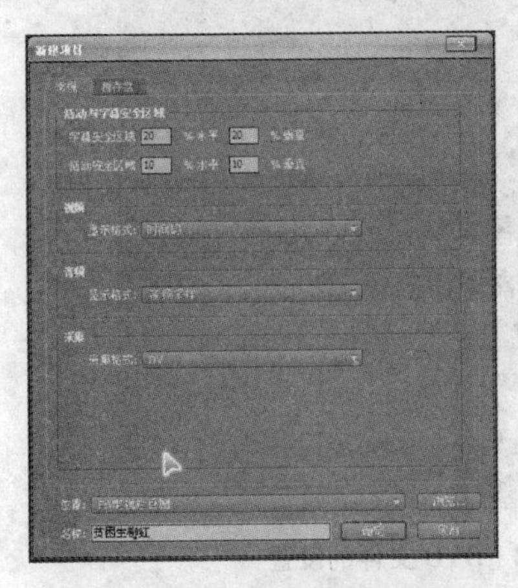

图 5-3-1　“新建项目”对话框

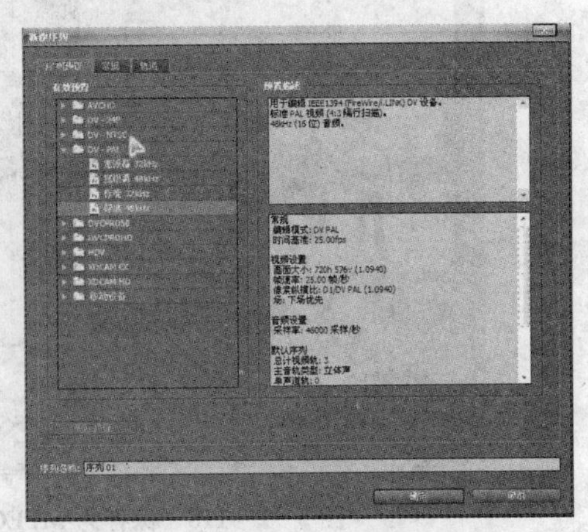

图 5-3-2　“新建序列”对话框

(3) 单击项目窗口下的【新建文件夹】按钮，新建两个文件夹，分别取名为“视频”和“音频”，如图 5－3－3 所示。

(4) 分别选择“视频”和“音频”文件夹，按“Ctrl＋I 组合键”，打开【导入】对话框，在该对话框中选择配套教学素材“综合实训 3\视频、音频”文件夹中的视频和音频素材，如图 5－3－4 所示。单击【打开】按钮，将所选的素材导入到项目窗口中。

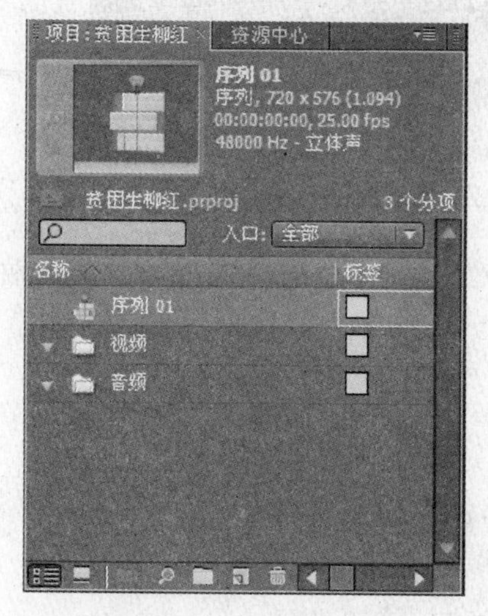

图 5－3－3　新建文件夹

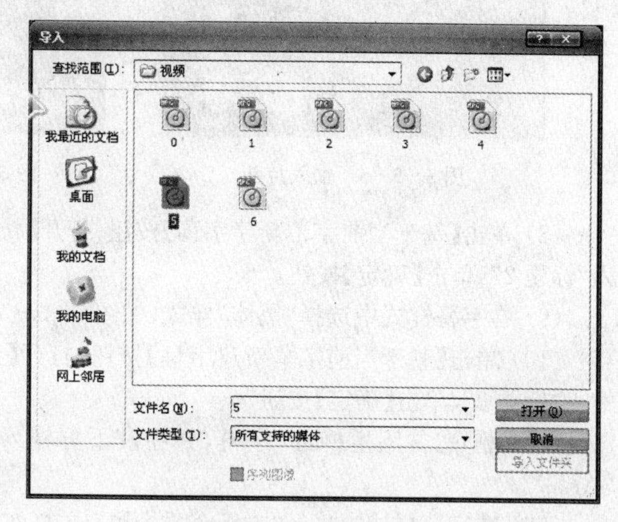

图 5－3－4　导入素材

(5) 在项目窗口分别双击“0～6”视频素材，将其在源监视器窗口中打开。

2. 片头制作

(1) 在源监视器窗口中选择视频“0. mpg”，按住【仅拖动视频】按钮，将电视栏目剧《雾都夜话》片头拖到时间线的“视频 1”轨道上，与起始位置对齐。

(2) 从项目窗口的“音频”文件夹中选择“雾都夜话片头音乐. mp3”并拖到“音频 1”轨道，如图 5－3－5 所示。

(3) 在源监视器窗口中选择“1. mpg”素材，确定入点为“8∶14”，出点为“25∶13”，将其窗口拖到时间线窗口，并与前一片段的末尾对齐。

(4) 执行菜单命令【字幕】|【新建字幕】|【默认静态字幕】，打开【新建字幕】对话框，在名称文本框内输入“标题 1”，将时基设置为“25”，单击【确定】按钮。

(5) 在屏幕上的任意位置单击，输入“贫困生柳红”五个字。

(6) 当前默认为英文字体，单击上方水平工具栏中的“经典行...”中的小三角形，在弹出的快捷菜单中选择“经典行楷简”。

(7) 在字幕样式中选择“方正金质大黑”样式，如图 5－3－6 所示。

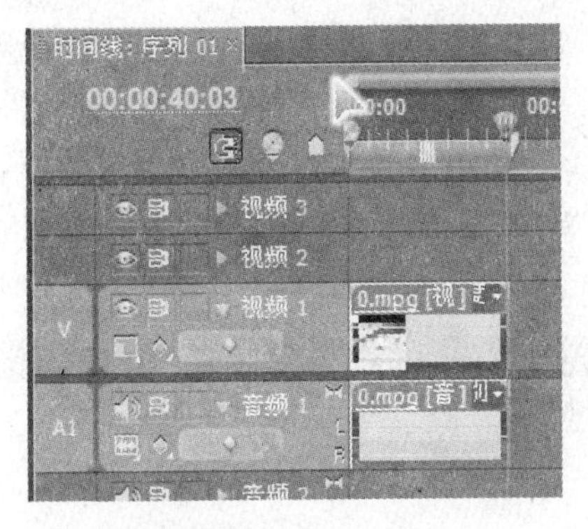

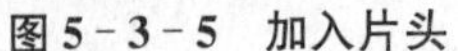
图 5-3-5 加入片头

图 5-3-6 “标题 1”选择样式

(8) 单击【基于当前字幕新建字幕】按钮，打开【新建字幕】对话框，在名称文本框内输入“标题 2”，单击【确定】按钮。

(9) 在字幕样式中选择“黑体”样式，如图 5-3-7 所示。

(10) 单击【基于当前字幕新建字幕】按钮，打开【新建字幕】对话框，在名称文本框中输入“标题 3”，单击【确定】按钮。

(11) 删除“贫困生柳红”字幕，并在其下方输入“Pin kun sheng liu hong”，字体为“Arial”。

(12) 在字幕样式中选择“方正金质大黑”样式，如图 5-3-8 所示。

(13) 单击【基于当前字幕新建字幕】按钮，打开【新建字幕】对话框，在名称文本框内输入“遮罩 01”，单击【确定】按钮。

(14) 在屏幕上绘制一个白色倾斜矩形，将拼音字幕删除，如图 5-3-9 所示。

图 5-3-7 “标题 2”选择样式

图 5-3-8 拼音字幕

图 5-3-9 遮罩

(15) 关闭字幕设置窗口，在时间线窗口中将当前时间指针定位到“43：03”位置。

(16) 将“标题 1”字幕添加到“视频 2”轨道中，使开始位置与当前时间指针对齐，长度为“10 秒”。

(17) 将“标题 2”字幕添加到“视频 3”轨道中，使开始位置与当前时间指针对齐。

(18) 将“标题 3”字幕添加到“视频 3”轨道中，使开始位置与“标题 2”末尾对齐。

(19) 鼠标右键单击“视频 3”轨道，从弹出的快捷菜单中选择【添加轨道】菜单项，打开【添加视音轨】对话框，设置添加 1 条视频轨道，如图 5-3-10 所示，单击【确定】按钮。

(20) 在时间线窗口中将当前时间指针定位到“45：00”位置。将“遮罩”添加到“视频 4”轨道，使开始位置与当前时间指针对齐，结束位置与“标题 2”的结束位置对齐，如图

5-3-11所示。

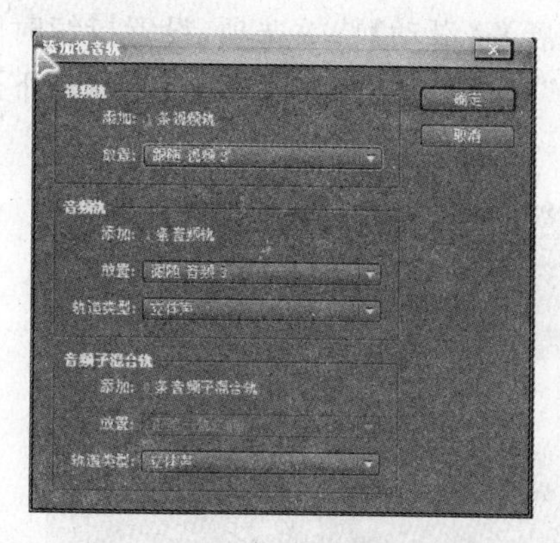

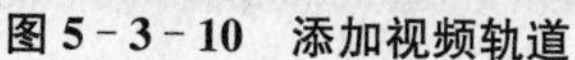

图 5-3-10 添加视频轨道

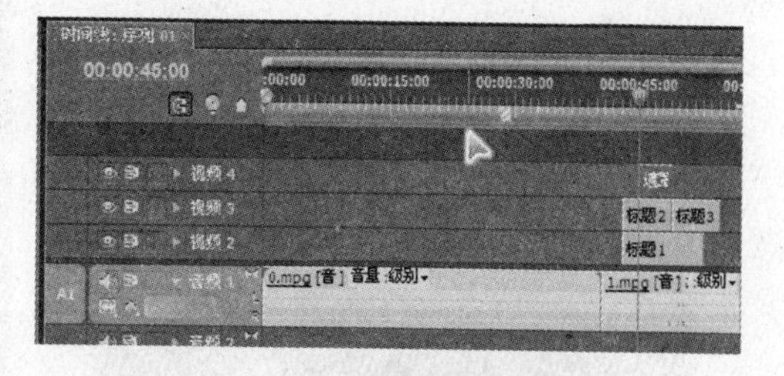

图 5-3-11 遮罩添加到“视频 4”

(21) 在效果窗口中展开【视频】|【擦除】选项，将其中的【擦除】特效添加到“标题 1”字幕的起始位置。

(22) 双击“擦除”特效，在特效控制台中展开【擦除】特效选项，设置持续时间为“2 秒”，如图 5-3-12 所示，使标题逐步显现。

(23) 选择“视频 4”轨道上的“遮罩”，在特效控制台窗口中展开【运动】选项，将当前时间指针定位到“45：00”位置，单击“位置”左边的【切换动画】按钮，加入关键帧。

(24) 将当前时间指针定位到“49：00”位置，选择【运动】选项，在节目监视器窗口将“遮罩”拖到字幕的右边，如图 5-3-13 所示。

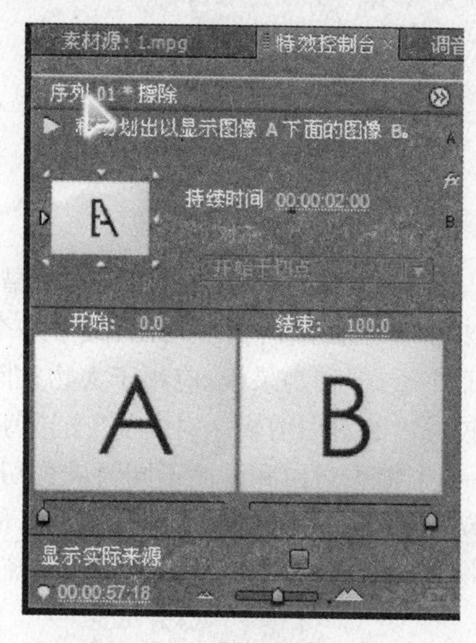

图 5-3-12 设置持续时间

图 5-3-13 运动设置

(25) 在效果窗口中展开【视频特效键】选项，将“轨道遮罩键”添加到“标题 2”字幕上。

(26) 在特效控制台窗口展开【轨道遮罩键】选项，设置遮罩为“视频 4”，合成方式为“Luma 遮罩”，如图 5-3-14 所示。

(27) 在特效窗口中展开【视频切换】|【滑动】选项，将“滑动”特效添加到“标题 3”字幕

的起始位置。

(28) 双击“滑动”特效，在特效控制台窗口中展开【滑动】特效选项，设置持续时间为“2 秒”，滑动时间为“2 秒”，滑动方向为“从南到北”，如图 5－3－15 所示，使标题从下逐步滑出，时间线窗口如图 5－3－16 所示。

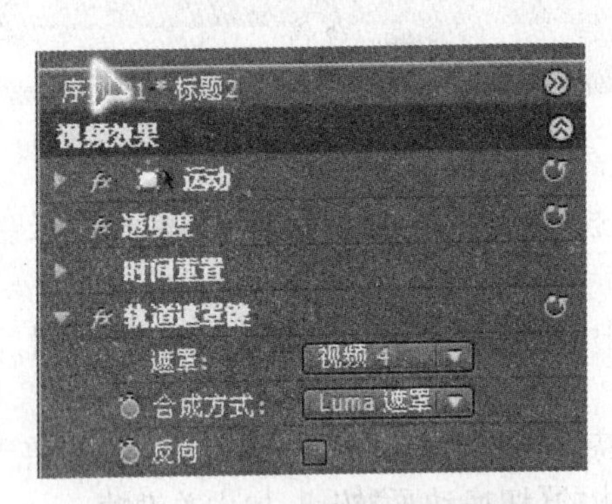

图 5－3－14 “轨道遮罩键”设置

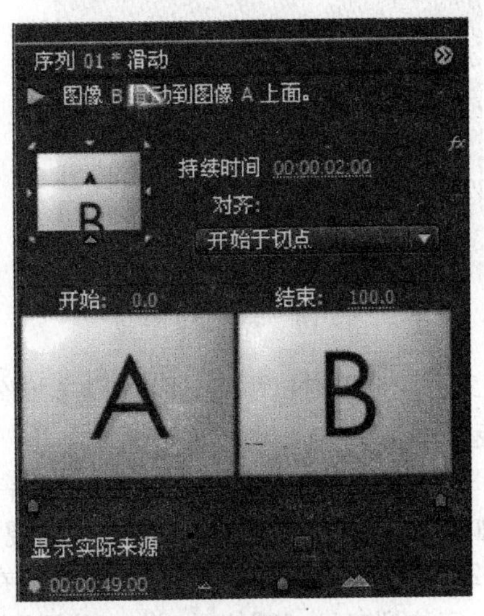

图 5－3－15 “滑动”参数设置

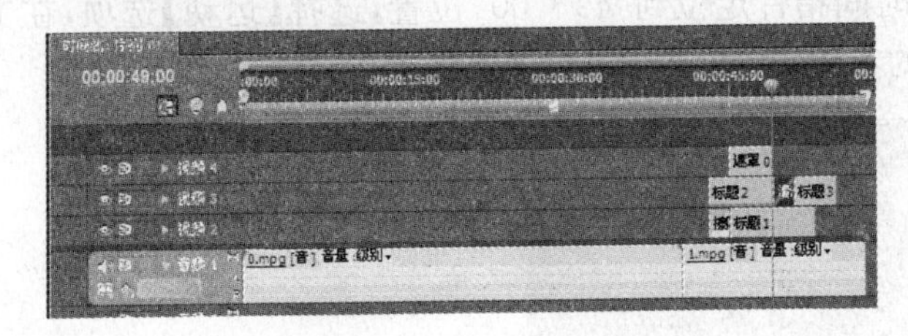

图 5－3－16 片段的排列

3. 正片制作

对于人物对白的剪辑，根据对白内容和戏剧动作的不同，有“平行剪辑”和“交错剪辑”两种方法。对白的“平行剪辑”是指上一个镜头对白和画面同时同位切出，或下一个镜头对白和画面同时同位切入，其效果是平稳、严肃而庄重，但稍嫌呆板，应用于人物空间距离较大、人物对话交流语气比较平稳、情绪节奏比较缓慢的对白剪辑。对白的“交错剪辑”是指上一个镜头对白和画面不同时同位切出，或下一个镜头对白和画面不同时同位切入，而将上一个镜头里的对白延续到下一个镜头人物动作上，从而加强上下镜头的呼应，使人物的对话显得生动、活泼、明快、流畅，它应用于人物空间距离较小、人物对话情绪交流紧密、语言节奏较快的对白剪辑。

(1) 执行菜单命令【文件】|【新建】|【序列】，打开【新建序列】对话框，输入序列名称后，选择视音频轨道，单击【确定】按钮。

(2) 将当前时间指针定位到“0”位置，将项目窗口中的“序列 01”添加到“视频 1”轨道中，并使起始位置与当前时间指针对齐，如图 5－3－17 所示。

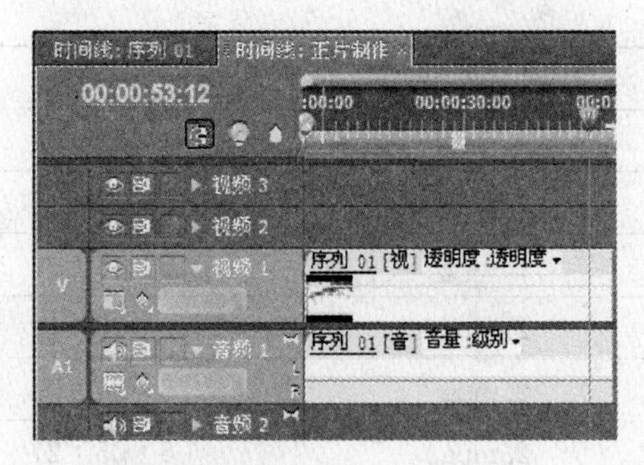

图 5－3－17　添加“序列 01”

（3）在源监视器窗口中按照电视画面编辑技巧，依次设置素材的入出点，并添加到时间线的“视频 1”轨道中，与前一片段对齐，具体设置如表 5－3－1 所示，在“视频 1”轨道的位置。

表 5－3－1　设置视频片段

视频片段序号	素材来源	入点	出点
片段 1	6. mpg	02：01	04：22
片段 2	1. mpg	31：11	34：24
片段 3	6. mpg	06：18	07：14
片段 4	1. mpg	36：02	38：00
片段 5	1. mpg	45：12	48：09
片段 6	1. mpg	49：09	53：15
片段 7	1. mpg	54：23	59：13
片段 8	1. mpg	1：49：15	1：55：03
片段 9	1. mpg	2：10：20	2：12：14
片段 10	4. mpg	6：05	18：10
片段 11	5. mpg	11：03	18：14
片段 12	4. mpg	25：23	44：21
片段 13	2. mpg	51：15	1：19：01
片段 14	3. mpg	00：24	03：08
片段 15	2. mpg	1：25：01	1：27：06
片段 16	2. mpg	3：02：03	3：04：21
片段 17	2. mpg	1：48：07	1：50：01
片段 18	2. mpg	3：59：06	4：02：00
片段 19	2. mpg	3：10：00	3：13：05
片段.29	2. mpg	4：05：02	4：11：08
片段 21	2. mpg	3：21：02	3：24：15

续表

视频片段序号	素材来源	入点	出点
片段 22	2. mpg	4：52：05	4：54：19
片段 23	2. mpg	5：18：11	5：22：15
片段 24	2. mpg	6：43：08	6：49：13
片段 25	2. mpg	5：55：12	6：00：08
片段 26	2. mpg	6：54：09	6：55：14
片段 27	2. mpg	6：05：21	6：07：21
片段 28	2. mpg	6：57：10	7：01：04
片段 29	2. mpg	7：01：04	7：03：18
片段 30	2. mpg	6：15：06	6：17：07
片段 31	2. mpg	7：06：20	7：12：17

(4) 选择"片段 12"，在特效控制台窗口中展开"透明度"参数，为"透明度"参数添加两个关键帧，时间位置为"2：01：20"和"2：03：21"，对应的参数设置为"0"和"100"，加入"淡出"效果。

(5) 选择"片段 13"，在特效控制台窗口中展开"透明度"参数，为"透明度"参数添加两个关键帧，时间位置为"2：04：07"和"2：05：21"，对应的参数设置为"0"和"100"，加入"淡入"效果，如图 5-3-18 所示。

图 5-3-18　添加多个片段

(6) 为影片添加台词字幕。执行菜单命令【字幕】|【新建字幕】|【默认静态字幕】，打开【新建字幕】对话框，在名称文本框中输入"字幕 1"，单击【确定】按钮。

(7) 打开【字幕】对话框，当前默认为英文字体，单击上方水平工具栏中的中的小三角形，在弹出的快捷菜单中选择"经典粗黑简"。

(8) 在"字幕属性"中，设置字体大小为"25"。单击屏幕中左下部位置，在字幕安全框内左对齐，根据演员台词按普通话文字将台词一段一段地输入到其中，不要标点符号。

本例解说词如下：

"喂，小心一点。""快，帮我抓住他，抢东西了，站住，站住。""喂，同学，东西掉了""站住，站住，站住。""站住，站住，抢东西了，快，站住。""喂，东西掉了。""站住，站住，我的包包，站住，不要跑""站住，站住，等等，我的包包、手机。你的包包""你的包包掉了""哎呀，哎,你要干什么。你的包包”“我的包包被抢了,你抓住我干什么?”“我的手机、钱包全部都在那里面。”“飞机晚点,手机被抢,还遇到个神经病。”“哪个? 是你,你跟踪我吗?”“你住这里?”“是的,你也住这里?”“嗯,我叫柳红。”“你怎么半夜到?”“火车到得晚,转了几趟才找到。”“好像还有一个同学没来。嗯,你的手机真的被抢了?”“那你报警了吗? 算了,人早就跑了,到哪里去找嘛?”“只有再买个新的了。对不起,都是因为我。”“算了,算了,没关系。”

(9) 在“字幕属性”中,设置描边为“外侧边”,其类型为“边缘”,大小为“30”,色彩为“黑色”,如图 5-3-19 所示。

(10) 制作完一段字幕后,单击【基于当前字幕新建字幕】按钮,打开【新建字幕】对话框,在名称文本框内输入“字幕 2”,单击【确定】按钮。

(11) 将第二段字幕复制并覆盖第一段字幕,如图 5-3-20 所示。重复第(10)～(11)步,依此类推,直到第一部分解说词制作完成为止。

图 5-3-19　输入文字

图 5-3-20　覆盖第一段字幕

(12) 关闭字幕设置窗口,在项目窗口新建一个名为“字幕”的文件夹,将素材文件“字幕 1～23”拖到其中。将“字幕”文件夹添加到“视频 2”轨道上,并适当调节字幕的“长度”、“位置”且“与声音同步”即可,如图 5-3-21 所示。

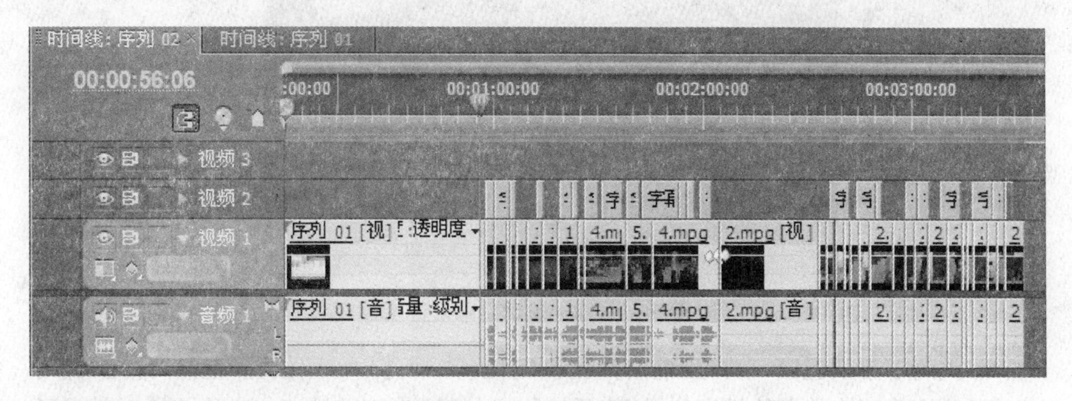

图 5-3-21　添加字幕

(13) 执行菜单命令【文件】|【保存】,保存项目文件,正片的制作完成。

4. 片尾制作

(1) 执行菜单命令【字幕】|【新建字幕】|【默认滚动字幕】,在【新建字幕】对话框中输入字幕名称,单击【确定】按钮,打开字幕窗口,并自动设置为“纵向滚动”字幕。

(2) 使用文字工具输入演职人员名单，插入赞助商的标志，并输入其他相关内容，字体选择“经典粗宋简”，字号为“45”。

(3) 在“字幕属性”中，设置描边为“外侧边”，类型为“边缘”，大小为“35”，色彩为“黑色”，如图 5-3-22 所示。

(4) 输入完演职人员名单后，按“Enter”键，拖动垂直滑块，将文字上移出屏幕为止。单击字幕设计窗口合适的位置，输入“单位名称”及“日期”，字号为“41”，其余同上，如图 5-3-23所示。

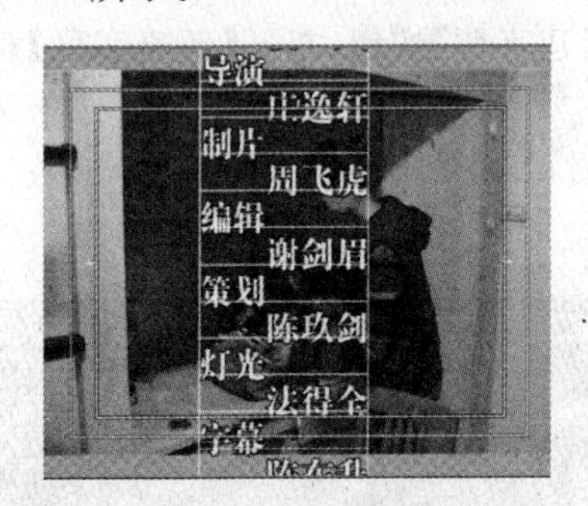

图 5-3-22　输入演职人员名单

图 5-3-23　输入单位名称及日期

(5) 执行菜单命令【字幕】|【滚动】|【游动选项】或单击字幕窗口上方的【滚动】|【游动选项】按钮，打开【滚动】|【游动选项】对话框。在对话框中勾选【开始于屏幕外】，使字幕从屏幕外滚动进入。设置完毕后，单击【确定】按钮即可，如图 5-3-24 所示。

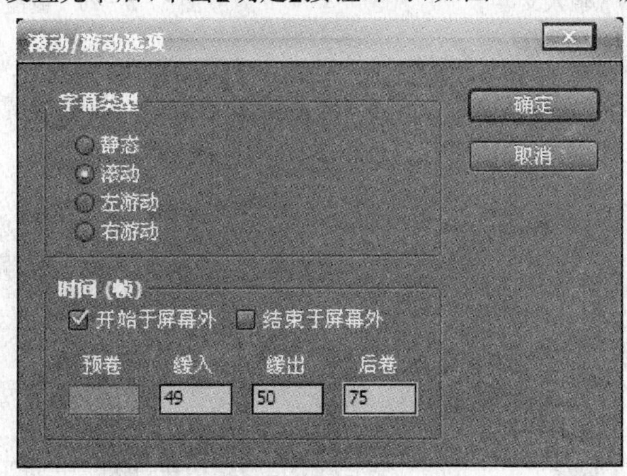

图 5-3-24　滚动字幕设置

(6) 关闭字幕设置窗口，将当前时间指针定位到“3：33：11”位置，拖放“片尾”到时间线窗口“视频 2”轨道上的相应位置，使开始位置与当前时间指针对齐，将持续时间设置为“12 秒”。

(7) 将画面的最后一帧输出为单帧，将时间线拖动到需要输出帧的位置处，如图 5-3-25所示。

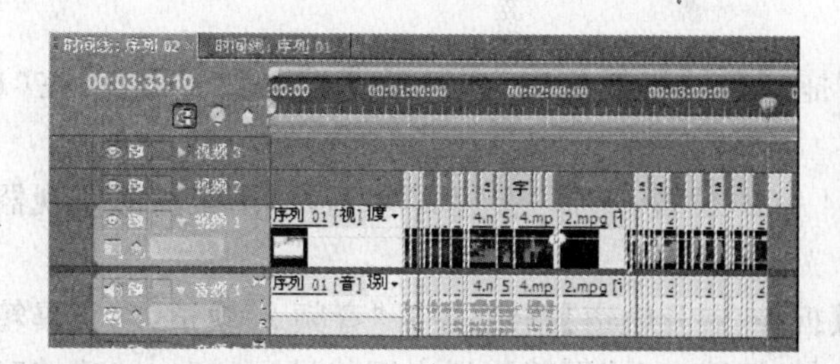

图 5-3-25　单帧位置及画面

(8) 执行菜单命令【文件】|【导出】|【媒体】，打开【导出设置】对话框，在【格式】下拉列表中选择“Targa”，在【预置】下拉列表中选择“PAL Targa”，如图 5-3-26 所示，单击【确定】按钮。

(9) 打开【输出单帧】对话框，如图 5-3-27 所示，输入文件名后，单击【保存】按钮，导出单帧文件。

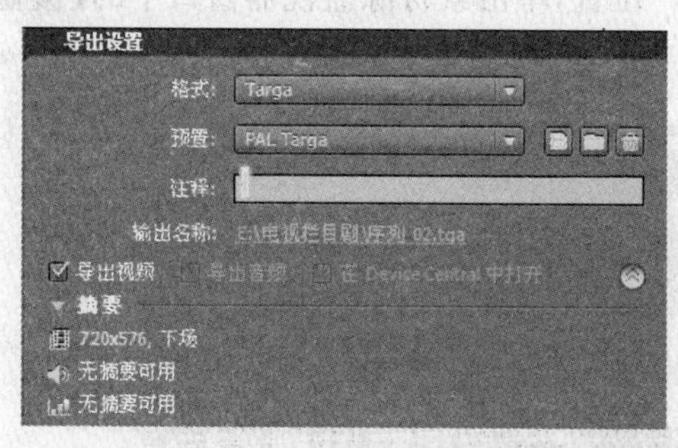

图 5-3-26　“导出设置”对话框

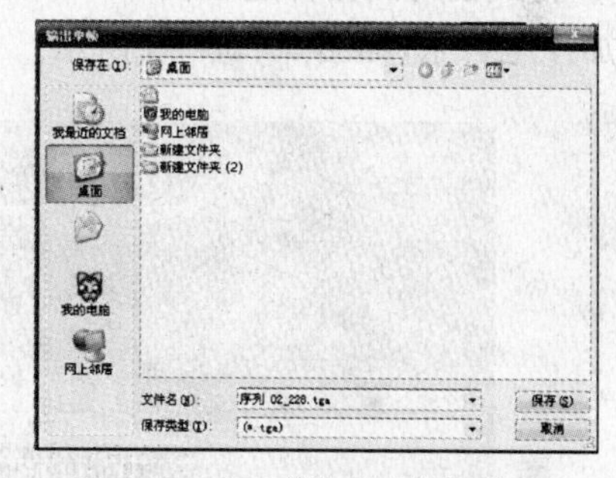

图 5-3-27　“输出单帧”对话框

(10) 将单帧文件导入到项目窗口，再将其拖入“视频 1”轨道，并与“片尾”对齐，如图 5-3-28 所示。

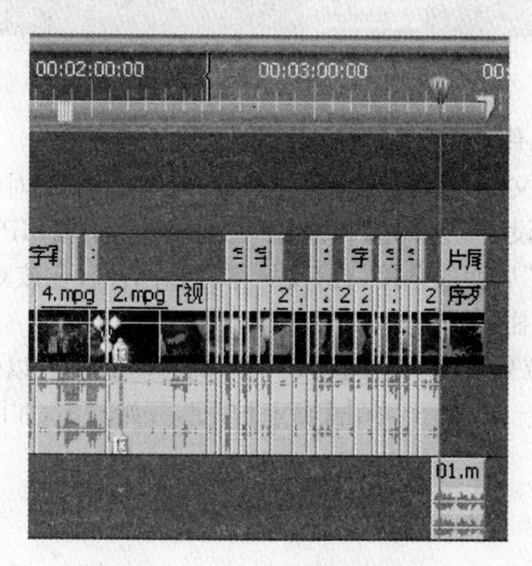

图 5-3-28　单帧的位置

5. 加入音乐

(1) 在项目窗口将"003. mpg"拖到源监视器窗口,在"23 : 06"处设置入点,在"1 : 02 : 14"位置设置出点。

(2) 将当前时间指针定位在"54 : 09"位置,选择"音频 2"轨道,单击素材源监视器窗口的【覆盖】按钮,加入片头音乐。

(3) 单击"视频 2"轨道左边的【折叠/展开轨道】按钮,展开"音频 2"轨道,在工具箱中选择"钢笔工具",按"Ctrl 键",鼠标在"钢笔工具"图标附近出现加号,在"54 : 09"、"56 : 09"、"1 : 31 : 17"和"1 : 33 : 17"位置上单击,加入 4 个关键帧。

(4) 放开"Ctrl 键",拖动起始点的关键帧到最低点位置上,这样素材就出现了"淡入/淡出"的效果。

(5) 在项目窗口将"01. mpg"拖到源监视器窗口,在"45 : 15"位置设置入点,在"1 : 00 : 01"位置设置出点。

(6) 将当前时间指针定位在"3 : 31 : 07"位置,单击素材源监视器窗口中的【覆盖】按钮,添加片尾音乐,如图 5-3-29 所示。

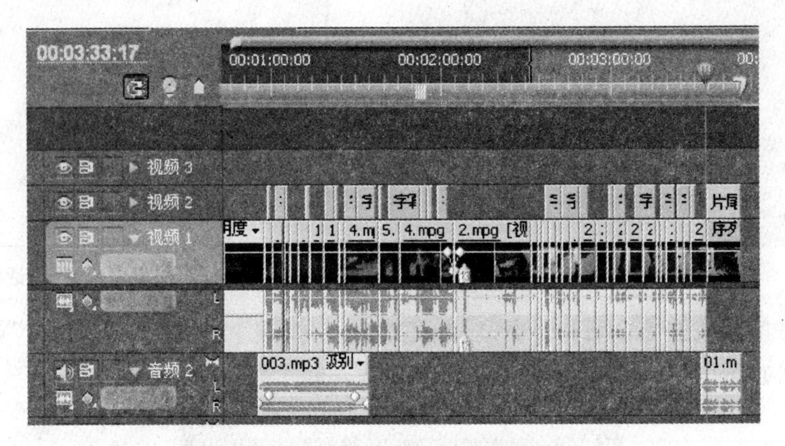

图 5-3-29 添加片尾音乐

6. 输出 MPEG2 文件

(1) 执行菜单命令【文件】|【导出】|【媒体】,打开【导出位置】对话框。

(2) 在右侧的"导出设置"中单击【格式】下拉列表框,选择【MPEG2】选项。

(3) 单击"输出名称"后面的链接,打开【另存为】对话框,在该对话框中设置保存的名称和位置,单击【保存】按钮。

(4) 单击【预置】下拉列表框,选择【PAL DV 高品质】选项,以输出高品质的 PAL 制 MPEG2 视频,如图 5-3-30 所示,单击【确定】按钮,开始输出,如图 5-3-31 所示。

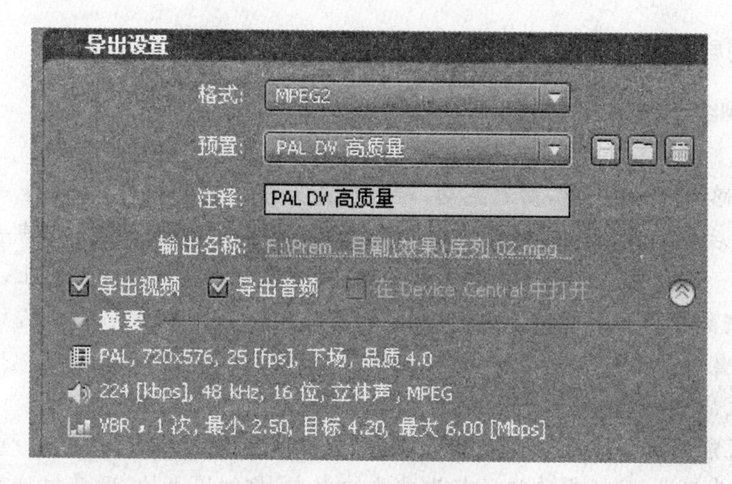

图 5-3-30　输出设置

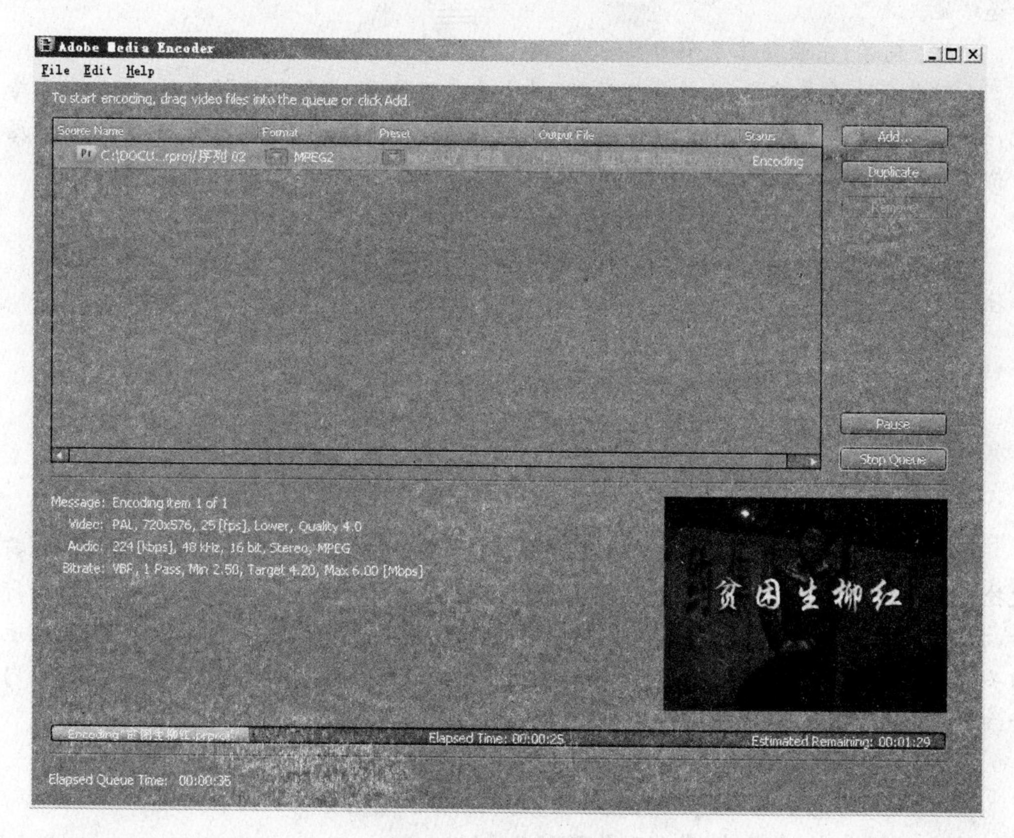

图 5-3-31　渲染影片

【附录】栏目剧剧本参考样本

《贫困生柳红》剧本片段

校园路上　夜

空旷的马路上，路灯昏黄，树影晃动，柳红提着大包小包的行李，艰难地走着，她有些胆怯地左右前后看了看，马路上空无一人，柳红稍微加快了脚步。突然一声女人的尖叫，（紧张的音乐）一个人影快速地从柳红身边跑过，柳红手中的包被撞掉在地上，柳红正要俯身去捡，身后突然冲出一个女孩子，女孩子被地上的包绊了一下摔倒在地上。柳红疑惑地看着她。女孩焦急地看着前方，挣扎着想爬起来。

女孩：（慌乱地）小偷，小偷！快！我的手机！

柳红：（赶紧去扶女孩）……

女孩挣扎着起来，顾不得手边的行李就要冲出去，柳红追上她，硬是把她拉住，要把行李递给她。

柳红：同学，东西整落了……

女孩焦急地看着前方，小偷快速地跑，马上要看不见了，柳红仍然拉着她，要把行李给她，她无奈地挣扎着，眼看着小偷的身影没入黑夜里，女孩挫败地，气地直跺脚，她用力甩开柳红的手，恶狠狠地瞪着她。

女孩：你要干啥子！我手机遭抢了，你拉倒我干啥子！

柳红被吼的愣住，疑惑地、怯怯地看着女孩。女孩狠狠瞪了柳红一眼，气愤地抢过行李往前走。

女孩：（抱怨地）飞机晚点，手机遭抢，还遇到个神经病……

女孩又怨愤地瞪了柳红一眼，泄愤地拍了拍身上的灰，扭头走了。

柳红怯怯地看着女孩的背影，又看了看小偷逃跑的方向，心里很愧疚。

女生寝室　夜

门被大力推开，按开关的声音，房里太亮，空旷的四人间学生寝室呈现在眼前。之前被抢走手机的女孩周婷提着行李走进来。她打量着四周的环境，选了一张桌子，放下行李，打开行李箱收拾东西。突然，门边悄悄弹出一只手抓住门框，周婷感觉不对劲，疑惑地回头看，一个人影快速地缩回门后。周婷被吓了一跳，怯怯地向门口走去。周婷站在门内仔细听了听，不敢走出去。

周婷：（怯怯地）哪个？

没回应，周婷想了想，鼓足勇气走出去，看见柳红提着行李低头站在门边。

周婷：（疑惑地、生气地）是你？你跟踪我吗？

柳红：（低头，支支吾吾）我，我……你住这里？

周婷上下打量着柳红，柳红一身乡土打扮，衣服有些旧了，行李包也是旧旧的脏脏的，周婷皱眉看着她。

周婷：（手叉腰）是！难道……你也住这里？

柳红：（看了看她，点头）嗯，你好，我叫柳红……

周婷有些惊讶，表情稍缓和，她又打量着柳红，想了想让到一边，让柳红进门。柳红提着行李，怯怯地走进寝室。

周婷：你哪个也半夜到？

柳红：（支支吾吾）火车到得晚，不晓得怎么坐车，转了几趟才找到。

周婷：（看了看床位）好像还有一个同学没来……

柳红：（观察周婷）你……你的手机真的遭抢了？是不是该报警啊？

周婷：（冷哼一声）算了撒，人早都跑了，到哪里去找嘛，再换个新的……

柳红：（愧疚地）对不起，都是因为我……

周婷：（挥挥手，打断她）算了撒，没啥子的。

周婷转身继续收拾行李，不再看柳红，柳红看了看她，很无奈。

参考文献

[1] 程明才. Premiere Pro CS3 视频编辑剪辑制作完美风暴[M]. 北京：人民邮电出版社，2009.

[2] 王同杰，王锋，沈嘉达. Premiere Pro CS4 中文版视频编辑经典 150 例[M]. 北京：中国青年出版社，2011.

[3] 尹敬齐. Premiere Pro CS4 视频编辑项目教程[M]. 北京：中国人民大学出版社，2010.

[4] 赵洛育，韩东晨. Premiere Pro CS4 影视编辑实例教程[M]. 北京：清华大学出版社，2010.